中国科学院科学出版基金资助出版

“十二五”国家重点图书出版规划项目
材料科学技术著作丛书

金属基复合材料设计引论

武高辉　著

科学出版社
北　京

内 容 简 介

金属基复合材料研究的科学与技术问题主要所涉及高品质制备技术、材料性能设计、界面控制三个方面。本书围绕这三方面的问题，介绍压力浸渗工艺的技术原理及其实验分析过程；介绍金属基复合材料热物性设计和尺寸稳定性设计的原理与方法；介绍 C-Al 界面、自润滑功能性界面以及高强韧固溶体界面等的界面设计原理与方法。本书对金属基复合材料的基本概念和未来发展趋势也进行了描述。

本书适合从事金属基复合材料研究的学者和相关领域的教师、学生阅读，也可以作为工程材料课程的参考教材，也可供航天器结构设计、惯性仪表设计人员参考。

图书在版编目(CIP)数据

金属基复合材料设计引论/武高辉著. —北京：科学出版社，2016.9
(材料科学技术著作丛书)
“十二五”国家重点图书出版规划项目
ISBN 978-7-03-049953-0

Ⅰ. 金…　Ⅱ. ①武…　Ⅲ. ①金属基复合材料-设计　Ⅳ. ①TB333.1

中国版本图书馆 CIP 数据核字(2016)第 225830 号

责任编辑：牛宇锋 / 责任校对：桂伟利
责任印制：吴兆东 / 封面设计：蓝正设计

科学出版社出版
北京东黄城根北街 16 号
邮政编码：100717
http://www.sciencep.com

北京科印技术咨询服务有限公司数码印刷分部印刷
科学出版社发行　各地新华书店经销

2016 年 9 月第　一　版　开本：720×1000　1/16
2024 年 9 月第六次印刷　印张：14
字数：265 000

定价：118.00 元

(如有印装质量问题，我社负责调换)

前　言

金属基复合材料大多是将粉末、纤维、晶须等不同形态的无机非金属作为增强体,将金属作为基体,采用人工的方法复合而成的新材料。无机非金属陶瓷材料通常与金属之间是不润湿的,要将互不润湿的陶瓷与金属材料用人工的方法复合到一起,就要解决两个问题:一是制备工艺问题,它决定了材料能否做得出来,是否可用;二是材料设计的问题,即选择哪种物质去复合。此外,金属基复合材料设计不单纯需要根据使用性能对基体与增强体组元进行选择和优化,更要求界面性能的设计和组织成分的调控。因此高品质制备技术、材料性能设计、界面控制是金属基复合材料研究的三大基础和核心问题。作者围绕这三类科学与技术问题,做了三十余年的工作,走过弯路、吃过苦头,然而更多的是收获。将收获与读者分享是一种快乐,也是责任。本书选择了作者研发的一种制备技术及五种复合材料与读者展开讨论,这五种材料分别针对五类不同的设计问题,其设计理论与经验均经过了工程实践的考核。

本书第 1 章对金属基复合材料的基本概念及其内涵做较为深入的分析和解释。第 2 章阐述作者发明的复合材料制备专利技术,即目前我国独有的自排气压力浸渗技术。本章通过实验检测金属溶液的浸渗过程,发现缺陷形成的原因,从而提出自排气压力浸渗的工艺方法,着重介绍分析过程与工艺原理。第 3 章和第 4 章介绍两类针对使用性能的材料设计方法与实践:一种是以电子封装材料为背景的复合材料热物性设计原理与方法,另一种是复合材料尺寸稳定性设计方法。第 4 章还将分析材料尺寸稳定性的金属学原理,介绍针对惯性仪表高精度及精度长期稳定性的需求而发展的材料设计理论和技术。复合材料界面设计与控制的问题较为复杂,分别在第 5、6、7 章进行分类讨论。其中第 5 章以碳纤维增强铝复合材料为背景介绍界面有害反应控制方法。作者推崇用工艺方法(而非纤维表面化学处理方法)抑制有害反应并将有害界面反应转化为有益界面反应,体现了作者用简单方法解决复杂问题的科研思想。第 6 章以自润滑为目标,通过功能性界面的设计,制备出 TiB_2/Al 自润滑复合材料,从宏观和微观上分析自润滑功能的设计原理和临界条件。第 7 章介绍一种高强韧性界面的获得方法,提出固溶体界面的设计思想,并以 W/Cu 复合材料为背景进行界面设计的实践。本书各章的内容均结合实际应用的案例。

金属基复合材料发展经历了五十余年,但材料性能设计与制备工艺还远远没有形成系统的理论,而仍然以经验型为主。本书基于金属学和金属工艺学的知识结构提出金属基复合材料设计方面的一些观点，描绘金属基复合材料设计的理论与技术雏形。作者在写作过程中力图展现研究分析方法、创新性思维方法，望与金属基复合材料研究的同仁共同商榷。

本书的读者对象为从事金属基复合材料研究的科学技术人员、材料工程专业本科生及研究生，也可以作为工程材料课程的参考教材，也可以供航天器结构设计人员、惯性技术领域设计人员参考。

本书是由作者和作者指导的学生们共同完成的，大家长期努力的成果成就了本书。参与与本书内容直接相关研究工作的博士研究生有(按照时间顺序)：赵永春、马森林、杨峰、姜龙涛、张强、王秀芳、栾伯峰、赵敏、陈国钦、修子扬、张云鹤、陈苏、王旭、吴哲、田首夫、王玺、李文君等，还有众多的硕士研究生、本科生的毕业论文为本书提供了有价值的数据和基本素材，硕士研究生(按照时间顺序)主要有邵华、张强、栾伯峰、孔海宽、陈剑锋、李晓玲、修子扬、张素梅、范瑞军、姜瑞娇、李冰、李艳、冯硕、王玺、宋卫涛、徐丽敏、王博、王平平、刘书涛、董蓉桦、王晨充、刘钧、赵永峰、关敬涛等，本科生主要有宋枭宇、张建宏、曲寿江、杨卫国、谭大斌、王东、修发贤、程刚、平夷、李志峰、陈苏、苟华松、朱晔、宋涛、徐培炎、王宁、李文照、杨文澍、张贵一、池海涛、柯慧彬、朱子晨、邹君玉、袁雨等。实际上远不止这些同学，还有许多同学的工作直接或间接地为本书提供了支援。当欣赏每一张图片、每一个公式的时候，他们的音容笑貌便浮现在眼前，一起艰苦奋斗、节假日加班的场景更是历历在目，在此表达作者由衷的感谢！

本书第 1 章、第 2 章由武高辉执笔，第 3～7 章分别由张强、姜龙涛、陈国钦、田首夫、吴哲执笔，全书由武高辉统稿。写作过程中杨文澍以及博士研究生王玺、王平平、丁伟、董蓉桦、徐中国、王雪丽，以及硕士研究生刘钧、王晨充等同学做了大量工作，在此表示感谢。

感谢杨德庄教授在本书规划过程中的具体指导和细致的审阅，感谢赵连城院士、周玉院士为本书提出的宝贵意见，他们的意见和建议对本书的完成起到了至关重要的作用。

由于本人的学识有限，书中难免出现谬误及不妥之处，如读者发现并能通过邮件(gaohui_wu@126. com)告知作者，这对作者将是莫大的帮助，作者会在未来再版时予以参考更正。

目　录

第1章　金属基复合材料概论

1.1　金属基复合材料的基本概念

复合材料是由不同成分、不同形态的材料构成的复合体。构成复合体的材料分为基体和增强体两类组分，基体(matrix)是复合材料中被强化的母材，增强体(reinforcement)是复合材料组分中以改善基体性能为目的的添加材料。按照基体的材料类别不同，复合材料分为聚合物基复合材料(polymer matrix composite，PMC)、金属基复合材料(metal matrix composites，MMC)和陶瓷基复合材料(ceramic matrix composites，CMC)三大类，统称为先进复合材料(advanced composite)。金属基复合材料是以金属为基体，其中添加无机非金属(或金属)增强体的复合材料[1]。金属基复合材料与普通的合金材料相比，其特征在于基体与增强体在复合材料中各自保持原有的物理与化学特性，不会完全地相互溶解或融合，可以被物理识别出来，相互之间存在界面；金属基复合材料的增强体可以为不同种类、不同尺寸的长纤维、短纤维、晶须、颗粒等金属、陶瓷材料(或碳材料)，与金属或合金相复合后，能够保持各组分材料性能的优点，又具有单一组分不具备的综合特性，复合材料的性能具有可设计性。

关于复合材料的基本概念，《美国复合材料手册》[2]和《日本金属基复合材料用语工业规范》[1]分别做了较为清晰、准确的描述。以下几点是需要强调的：一是基体。基体是复合材料中增强体尚未加入之前的母材或基材，多数情况下为连续相。例如，碳化硅颗粒增强铝复合材料(SiC_p/Al)，SiC是分散的，颗粒之间有一定间隙，而作为基体的铝合金是三维连续的。随着复合材料研究的发展，近期出现了增强体也是三维连续的情况。例如，在多孔石墨中渗入铝合金的耗散防热材料[3]中，铝合金是连续的，石墨也是连续的，但是按照“尚未加入增强体的母材”的理解，石墨应属于基体的范畴，按照“被增强”的材料去理解，石墨也属于基体的范畴。二是增强体。复合材料研究初期是以改善金属的强度为目标的，所以把向合金中添加的材料叫做增“强”体，但是一些新型复合材料的添加物质未必是起增强作用的。例如，在铝合金中加入钨酸锆获得的是超低膨胀性能[4]，此时强度不增加甚至弱化，但是约定俗成，通常仍将后期添加的材料(如钨酸锆，以改善铝合金的膨胀特性为目的添加材料)称为增强体。有些文献中将增强体称为“增强相”，事实上，这里所说的“相”是人工添加的第二种材料，与基体金属中析出的“相”、界面反应生成的“相”是完全不同的概念，有必要将这两类“相”加以区分，以免讨论问题时产生混淆，所以本书将复合材料基体中人工添加的材料称为增强“体”。三是金属“基”的概念。基体随着复合材料研究的发展也有变化。例如，不锈钢与低碳钢复合的层叠板，哪一方为基体与设计者的初衷有关，如果是不锈钢放在构件的表面以改善低碳钢耐腐蚀性的不足，低碳钢是“被增强”的母材，仍然承担构型的功能，所以将低碳钢称为基体是恰当的。广义上，这种复合材料也可以称为金属复合材料（没有“基”字）。四是，在工程上不把传统的强化型合金列入复合材料范畴，如沉淀强化合金、析出强化合金、双相钢等。不过在科学研究中打破这个限定对于拓展创新性思维是十分有益的。

金属基复合材料的命名方式目前尚不统一。例如，对于“体积分数为25%的碳化硅颗粒增强6061铝复合材料”，《美国复合材料手册》以基体合金/增强体/体积分数、类型、形态来命名。美国空军研究实验室的Daniel B. Miracle的习惯表述是“6061/SiC/25p”[5]，这种表述被许多学者采纳，其中p指的是含量(percent)。这个表述没有直观地显示加入的SiC是颗粒还是纤维。国内多数学者对于这种材料常用25vol% SiC_p/6061Al来表示，符号表述与语言表述的顺序一致，多数情况下简洁地表示为25% SiC_p/6061Al，其中SiC的下角标p是指颗粒(particle)，如果是碳化硅纤维，可以由 SiC_f 来表示，下角标的f指纤维(fibre)。这些表示方法普遍存在的问题是没有表示出制备方法、热处理状态、纤维的取向等信息。本书为叙述准确，采用增强体尺寸-体积分数-增强体-基体的逻辑关系表示。例如，体积分数30%的150nm Al_2O_3 颗粒增强6061铝合金复合材料，表示为150nm-30vol% Al_2O_{3p}/6061Al，在不至于引起误解的特定场合，给以简化描述：30% Al_2O_{3p}/6061Al。

1.2　金属基复合材料的分类

可以作为基体的金属及其合金的种类繁多，增强体的种类也很多，加之纤维、晶须、颗粒等不同形态的组合就更多了。由此可以看出，金属基复合材料具有多样性特点，于是相应出现了多种分类方法，近年来似乎有复杂化的倾向。复杂的分类并无助于材料研究，反而容易给工程界和初学者带来不必要的麻烦。从材料研究和工程应用的角度，按照以下方式分类有利于把握复合材料的基本属性和适用范围。

1.2.1　按增强体类型分类

复合材料的强化机理强烈依赖于增强体，与增强体的种类、形态、体积分数、分散方式直接相关。因此，金属基复合材料可以按增强体类型分类，可分为连续增强型、非连续增强型和弥散增强型三大类。三类材料的强化数学模型与物理模型有所不同。连续增强型主要指纤维增强金属基复合材料，这种材料主要由纤维承受载荷。连续纤维增强复合材料展现了最好的强度、刚度和断裂韧性。然而，由于纤维是定向排列的，材料存在力学性能和物理性能的各向异性。非连续增强型的增强体包括短纤维、晶须和颗粒三种，金属基体和增强体共同承担载荷（不是平均分配），非连续增强体的加入主要是为了弥补金属基体的刚度、热膨胀、高温性能等的不足。单晶体的晶须比短纤维具有较高的强度和断裂韧性，颗粒增强容易获得力学性能和物理性能的各向同性特征，其性能与颗粒的形状、物理化学性质有关，但主要依赖于增强体的尺寸和体积分数。弥散增强型主要指原位增强复合材料和纳米复合材料。原位增强复合材料是在基体中析出亚微米或纳米尺寸的金属间化合物，形成弥散强化，而金属基纳米复合材料的纳米增强体是依靠工艺方法加入到基体合金中的。纳米复合材料的强化机理尚不十分明确，但是普遍认为以弥散强化为主，被强化的基体承受更多的载荷。

1.2.2　按基体类型分类

金属基复合材料的适用范围很大程度上由基体的物理特性所决定。金属基复合材料设计的初衷是为改善基体合金的某些物理性能、力学性能（特别是高温力学性能）的不足而添加增强体的，复合材料仍然遗传着原始基体的物理化学特性，所以其适用对象也往往与基体合金所代表的一类合金相似。常见的有铝基、镁基、铜基、铁基、钛基、镍基以及金属间化合物基等等。例如，铝基复合材料保持了铝合金的低密度、高导热特性，而改变的主要是膨胀系数、弹性模量、屈服强度等；镁基复合材料遗传了镁合金的轻质和阻尼等特性，因此比铝基复合材料有更高的比强度、比刚度和较好的阻尼性能；钛基复合材料可以发挥出更加优异的高温强度并保持低密度等特点。

1.2.3　按材料特性分类

不同的基体合金与不同的增强体的组合可以获得不同的材料特性，同一类材料组分，采用不同的制备方法所获得的复合材料特性也大不相同。按材料特性分类可将金属基复合材料分为结构复合材料、功能复合材料和智能（机敏）复合材料三大类。结构复合材料以高比强度、高比模量、耐热为主要性能特征，其细分还很多。例如，可以将结构复合材料分为仪表级复合材料、光学级复合材料、结构级复合材料等几类。其中仪表级复合材料主要特征是尺寸稳定、热膨胀系数适中、高比刚度、易精密加工，用于精密机械零件；光学级复合材料主要特征是尺寸稳定、低膨胀、高比刚度、高致密度，用于光学反射镜、红外反射镜基底材料；结构级复合材料主要特征是高比强度、高强韧性和一定的塑性，主要用于高比强度、高比刚度、耐高温结构件，在航空航天、地面运输领域有广泛的用途。功能复合材料以高导热、高阻尼、吸声、电磁屏蔽、微波反射、抗辐照等物理性能为主要特征。例如，其中的电子级复合材料用于电子封装、大功率电子器件热沉等部位。智能复合材料（也称为机敏复合材料)是能够对外界载荷变化产生感知并自适应调整自身性能的材料,如自修复复合材料[6]等。

金属基复合材料的分类不是绝对的,不同种类的复合材料之间有交叉。不过希望读者不要被这种复杂的分类搅乱思路。

1.3　金属基复合材料的产生与发展

材料是推动人类文明的动力,人类文明也以材料为标志。例如,人类古代文明是以石器、陶器、青铜器为标志,近代文明以钢铁为标志,现代文明是以人工合成材料为标志,如橡胶、塑料等。进入20世纪,出现了传统材料间技术相融合的研究思路,将两种或两种以上的材料用人工的方法复合成一体,从而得到各组成材料所不具有的优异性能。1942年美国Marco化学公司制备出一种由玻璃纤维和不饱和聚酯树脂经过碾压形成的材料,与传统的金属材料相比,显示出突出的低密度、高强度、耐腐蚀特征,很快将其用于飞机雷达罩和远航副油箱,在50年代发展很快,成为第一代复合材料。60年代初期新型的碳纤维、硼纤维与晶须的出现,使得用这些纤维(晶须)作增强体制成的复合材料在力学性能上发生了极大的进步,当时将其称之为先进复合材料(advanced composites,ACM)。60年代末,研发成功聚丙烯腈碳纤维并实现批量生产,从此开始了碳纤维增强复合材料在航空、航天领域应用的历程。同时,人们预测用高模量高强度纤维与金属复合可以克服树脂基复合材料的使用温度低(低于80℃)、容易老化、空间环境下容易放气、耐粒子辐照性能差等方面的不足,开始设计并制备新型的以金属或陶瓷为基体复合材料。金属基复合材料的起源可以追溯到20世纪50年代末到60年代初期。1959年,Gatti采用粉末冶金工艺将Al_2O_3颗粒添加到纯铁中,实验表明Al_2O_3颗粒含量(质量分数)为8%和16%时屈服强度分别是纯铁的2倍和4倍,高温蠕变抗力也得到提高[7]。不过当时作者没有将其称为复合材料,而称为铁-氧化铝材料,但这的的确确就是铁基复合材料。1963年,美国国家航空宇航局(NASA)的McDanels等成功地利用液相浸渗的方法制备出10%钨丝增强铜基复合材料,比铜基体合金强度提高了90%以上,而热导率仅下降4%[8]。目前多数学者将这一工作作为金属基复合材料研究的标志性起点[9]。

金属基复合材料是在航空航天技术发展的驱动下,传统合金材料不能满足要求而发展起来的。研究者用人工的方法将陶瓷、硼、碳等的纤维、晶须或者颗粒加入到传统的金属中,发挥出陶瓷与金属的各自的优点,改善金属的特性,获得了传统合金所不具备的高比强度、高比刚度、低膨胀、高导热、耐高温、抗磨损等特殊性能与功能。显而易见,金属添加物可以从不同尺寸、不同形态、不同物理化学性质的陶瓷中选择一种或几种与某种金属相复合,所以金属基复合材料具有丰富的材料性能与功能的设计空间，其多样性明显优于传统合金和其他复合材料。这样诱人的潜力获得了世界技术发达国家的高度重视，被认为是“21 世纪”的材料。2003 年美国“面向 21 世纪国防需求的材料”研究报告中指出：“到 2020 年，只有复合材料才有潜力获得 20%～25%的性能提升”[10]，这种观点得到国际上的广泛认同。

1.3.1　国外金属基复合材料应用技术的发展

1978 年，美国采用扩散连接法制备了硼纤维增强 6061 铝复合材料管材，硼纤维直径为 140μm，管材长度在 23.8～89.8in 之间，应用于航天飞机机身主体框架和翼肋支撑件、框架稳定支架等 243 个管状构架[11]。框架的主体结构照片参见图 1-1。与传统的铝合金管相比，复合材料的应用减轻了约 320lb 的重量，同时改善了飞行器内部的通道，节省了空间*。

图 1-1　航天飞机轨道器中硼/铝复合材料管构件[11]

20 世纪 80 年代以后，航空航天和核能利用等技术的发展，对材料提出了更高的性能要求，如高比强度、高比刚度、耐磨损、耐腐蚀、耐高温，并在温度剧烈变化时具有较好的化学和尺寸稳定性等。在这个需求的推动下，金属基复合材料的研究和应用进入了前所未有的快速发展时期，产生了多种增强材料、多种基体材料和多种复合方法。金属基复合材料优越的性能一开始就引起了民用生活领域的关注，随着在航空航天领域的经验积累，人们开始在汽车、电子领域进行大胆尝试。1983 年，日本丰田汽车公司在涡轮增压发动机的活塞上采用了 MMCs 局部强化技术，其复

* 1in=2.54cm，1lb≈0.454kg。

合材料是采用压力浸渗方法制成的[12]，如图 1-2 所示，活塞顶部的凹形板和环型槽采用 Al_2O_3-SiO_2 短纤维增强铝复合材料，以替代镍基铸造材料，起到了减重和增加发动机效率的作用。丰田公司的这一技术进步，标志着在金属基复合材料在汽车行业中开始得到应用。

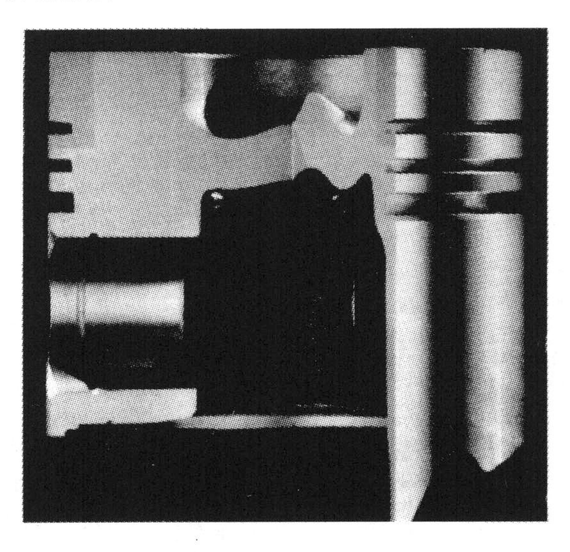

图 1-2　短纤维增强轻金属柴油机活塞[12]

美国通用发动机在 1996 年将氧化铝颗粒增强 6061 复合材料用于制造轿车传动轴(图 1-3)，氧化铝颗粒增强 6061 复合材料传动轴的比刚度可达 $34.7km^2/s^2$，用其替代传统的钢或者挤压的铝管，可使轴的旋转速度增加 14%，且使车身重量大为减轻[13]。

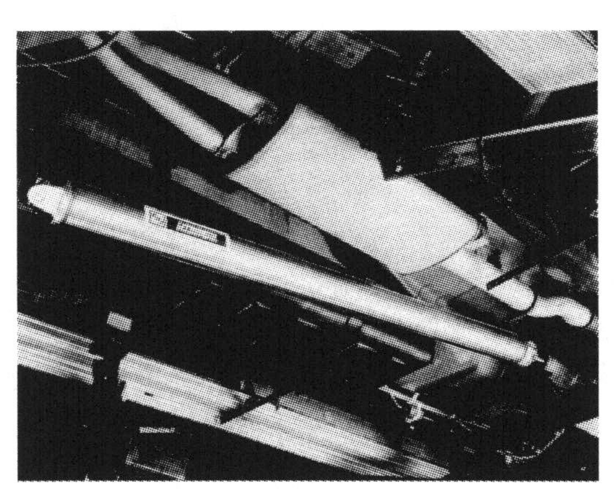

图 1-3　轿车中颗粒增强铝基复合材料传动轴[13]

在高速铁路和列车方面，德国ICE(inter city express)列车是第一个应用金属基复合材料刹车盘的[14]，产品照片示于图1-4。ICE列车的刹车系统原来采用的是4个铸铁刹车盘，每个质量达126kg，替换为颗粒增强铝基复合材料刹车盘后，每个刹车盘的质量减小到76kg，带来了较大的减重效益。

图1-4　颗粒增强铝基复合材料刹车盘[14]

20世纪90年代末，碳化硅颗粒增强铝基复合材料在大型客机上获得正式应用。图1-5所示的照片是由DWA公司生产的挤压态SiC_p/6092Al复合材料风扇出口导流叶片[15]，用在所有采用PW4084系发动机的波音777飞机上。这种导流叶片与树脂基复合材料相比具有更好的耐冲击性和抗冲蚀能力，且使成本下降三分之一以上[16]。

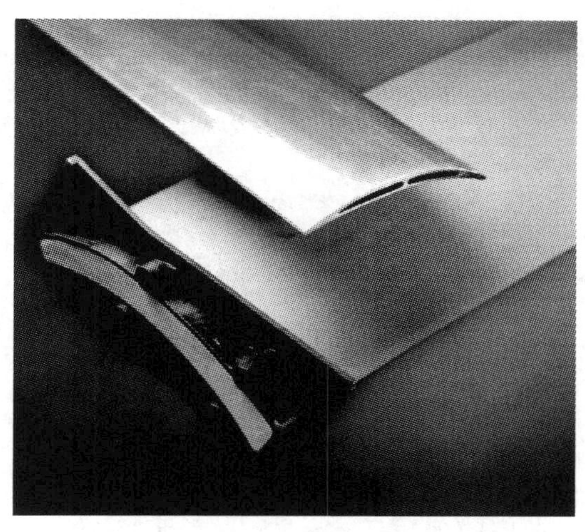

图1-5　PW4084航空发动机的风扇出口导流叶片[15]

1998 年，ARC 公司将钛基复合材料制动活塞（图 1-6）应用于 F119 涡轮发动机（在 F22 猛禽战斗机上使用）[15]。为表彰这一成就，ARC 公司被授予 1998 年 AWST 技术进步奖。这是钛基复合材料应用于航空领域的标志性事件。

图 1-6　SiC 纤维增强钛基复合材料活塞[14]

1999 年，《美国军用手册》17 卷 4A（MIL-HDBK-17-4A）《金属基复合材料》首次发布，公开了金属基复合材料标准测试方法和公认性能数据库，同时包含了各种结构件强度的常用计算方法[17]。这一数据库的基础数据样本选择了粉末冶金方法制备的铝基复合材料。数据库的建立推动了金属基复合材料的应用，但在非军用商业领域中的应用尚较少。

随着工程应用的牵引，金属基复合材料相关规范、标准也在逐渐建立，表 1-1 是目前已经建立的几项标准、规范[18]。

表 1-1　金属基复合材料相关标准、规范[18]

序号	标准名称	国家或组织
1	ISO-TTA 2-1997 *Tensile Tests for Discontinuously Reinforced Metal Matrix Composites an Ambient Temperatures*	ISO
2	ASTM B976-2011 *Standard Specification for Fiber Reinforced Aluminum Matrix Composite (AMC) Core Wire for Aluminum Conductors, Composite Reinforced*	美国
3	ASTM D 3552-96R07 *Standard Test Method for Tensile Properties of Fiber Reinforced Metal Matrix Composites*	美国
4	MIL-HDBK-17-4A Composite Materials Handbook Vol4 *Metal Matrix Composites*	美国
5	JIS H7006-1991《MMC 用语》	日本
6	JIS H7401《MMC 增强体积含量试验方法》	日本
7	GJB 5443—2005《高体积分数碳化硅颗粒/铝基复合材料规范》	中国
8	GJB 5975—2007《碳化硅颗粒增强铸造铝基复合材料规范》	中国
9	HB 7616—1998《纤维增强 MMC 层板拉伸性能试验方法》	中国
10	HB 7617—1998《纤维增强 MMC 层板弯曲性能试验方法》	中国

金属基复合材料在航空、航天、国防、汽车等领域有着广泛的需求。据美国商业咨询公司(BCC)2009 年的调查[19]，2013 年以前全球金属基复合材料市场的年增长率约为 5.9%。在众多的应用领域中，陆上运输(包括汽车和轨道车辆)和高附加值散热组件仍然是金属基复合材料的主导市场，用量占比分别超过 60%和 30%，如图 1-7 所示。

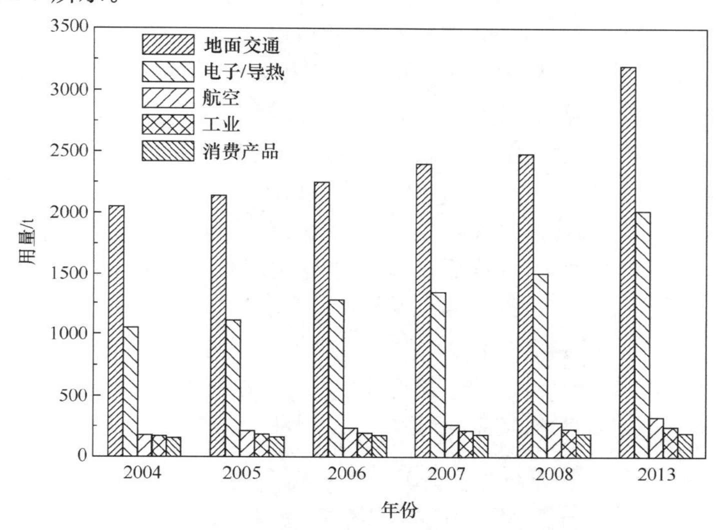

图 1-7　金属基复合材料全球市场分析(2004～2013)[19]

随着经济的发展和社会需求的增加，各国学者纷纷对金属基复合材料的研究加大了投入。图 1-8 为 20 世纪 90 年代以来世界主要国家学者发表的关于金属基

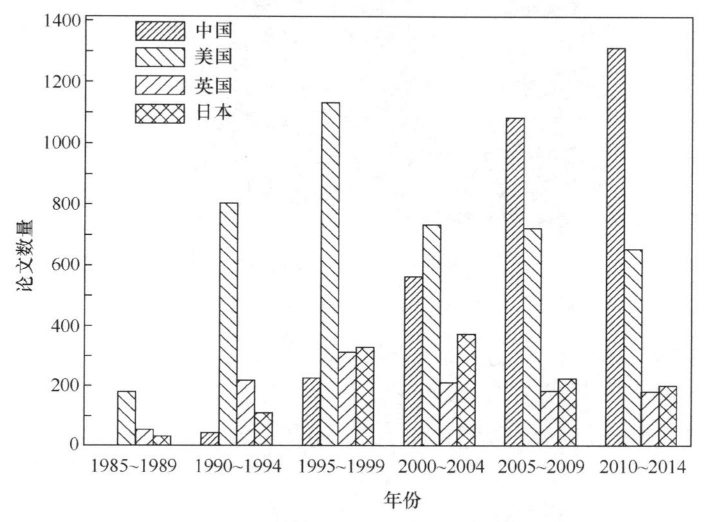

图 1-8　1985～2014 年世界主要国家发表金属基复合材料论文情况[20]

复合材料的论文统计情况[20]。可见，美国在金属基复合材料的制备及应用方面进行了大量研究，而我国正表现出越来越踊跃的发展态势。

1.3.2 我国金属基复合材料的发展

我国金属基复合材料的研究始于20世纪70年代末80年代初，中国科学院沈阳金属研究所、中航工业北京航空材料研究所，以及哈尔滨工业大学、上海交通大学等研究院所和高校起步较早，研究了金属基复合材料的增强纤维，如硼纤维、碳纤维、碳化硅纤维以及金属丝的制备方法，同时对硼纤维增强铝、硼纤维增强钛、碳纤维增强铝、碳化硅晶须增强铝等复合材料进行了有意义的探索。早期的钨丝增强铜复合材料是1982年韩圭焕等借助胶黏剂制备出来的，研究发现拉伸过程中纤维取向随基体变形而偏转的现象[21]。80年代开始我国金属基复合材料研究得到了快速发展，先后有多种工艺、多种材料相继研制成功。采用层叠法通过金属箔滚轧成型或等离子喷涂后扩散黏结成型制成了硼纤维增强铝复合材料[22]。哈尔滨工业大学于1986年利用压力浸渗法制备了SiC晶须增强铝复合材料[23]，之后经热挤压成型制成管材，于2000年成功应用于卫星天线展开丝杠[24]，照片示于图1-9。这是我国金属基复合材料走向航天应用的开创性工作。

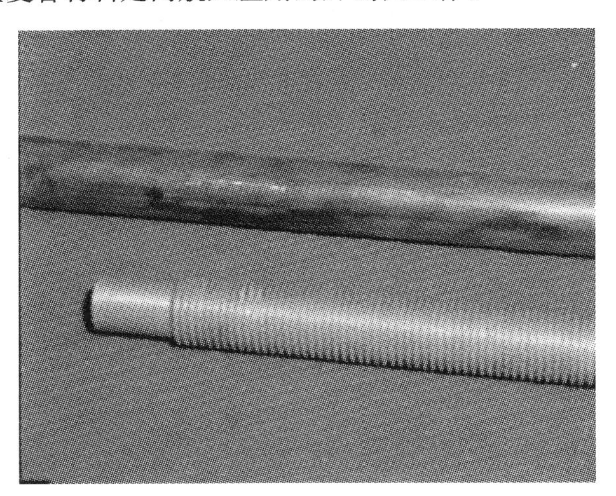

图1-9　SiC_w/6061Al复合材料卫星展开天线丝杠
上方为挤压管材，下方为加工好的丝杠局部

伴随着金属基复合材料研究的不断深入，粉末冶金法、搅拌铸造法、真空压力浸渗法等制备方法不断成熟，并吸收了无压浸渗法、原位反应法等新工艺，陆续有金属基复合材料制品研制成功的报道。例如，利用爆炸焊接法制备了不锈钢/碳钢金属复合材料，于1998年用于天津市北辰区永定新河进洪闸的修复[25]；利用搅拌铸造法制备了SiC_p/Al复合材料，于1999年成功试制空间光学遥感器镜身和镜盒结构件[26]；中航工业北京航空材料研究院利用无压浸渗法制备出 55%高体积分数的 SiC/Al 复合材料，于 2005 年成功用于无人机吊舱的光电稳定平台[27]，图 1-10 是其中一种光电稳定平台照片，构件由高体积分数 SiC_p/Al 板材经过钎焊连接而成。

图 1-10　金属基复合材料无人机光电稳定平台框架[27]

仪表级复合材料是为解决铝合金刚度低、尺寸不稳定和铍材微屈服强度低、价格昂贵而发展起来的新材料，主要用于惯性仪表(陀螺仪、加速度计等)精密零件这类零件对材料的致密度、精密加工性能、服役和储存环境的尺寸稳定性性能等有着特殊的要求。作者团队于 2003 年设计制备成功仪表级 SiC/Al 复合材料，在高精度捷联惯性测量与导航设备上成功应用，得到了抗大过载冲击、高谐振频率、尺寸稳定的效果。这一工作对推动第三代惯性仪表材料(第一代为铝合金，第二代为铍材，第三代为仪表级复合材料)走向成熟迈出了重要的一步[28]，图 1-11 显示的是用仪表级复合材料加工的一种高精度平台惯导姿态传感器的零件。2004 年，作者研究团队研制出光学级 SiC/Al 复合材料，成功用于红外反射镜[29]，解决了玻璃镜刚度低、钛合金镜重量大等问题，是轻质、低成本、大径厚比反射镜的新型镜体材

图 1-11　仪表级 SiC/Al 复合材料高精度平台惯导姿态传感器零件

料，为光学反射镜材料体系增加了新品种，图 1-12 所示的是一种红外反射镜。2007 年，初步解决了碳纤维与铝合金界面反应控制和近终成形等关键技术，碳纤维增强铝复合材料成功用于卫星红外相机镜筒（图 1-13），发挥出了抗空间辐照、低膨胀、高比刚度、高尺寸稳定性的效果[30]。2009 年，中航工业北京航空材料研究院用无压浸渗方法研制的电子封装 SiC/Al 复合材料首次应用于卫星微波器件，为在大功率电力电子器件热沉等封装材料上替代高密度的 W/Cu、Mo/Cu，走出了开创性的一步。

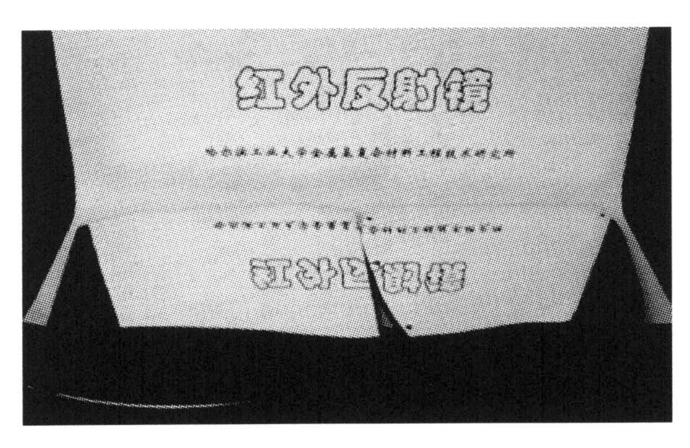

图 1-12　光学级 SiC/Al 复合材料红外反射镜

图 1-13　C_f/Al 复合材料卫星红外相机镜筒

2010 年之后，国内金属基复合材料的研究与应用走向了快速发展的轨道，目前我国已经有了若干金属基复合材料新技术产业，形成了小批量配套生产的能力，特别是面向电子行业的电子封装复合材料发展迅速，已经成为大功率电子器件、微波器件壳体、热沉的标准配置。

在标准化建设方面，目前我国仍落后于美国、日本等发达国家，并滞后于我国金属基复合材料的广泛需求。目前可以检索到的主要相关标准及规范见表 1-1。表 1-1 中序号 7～10 为我国已有的金属基复合材料相关标准，其中 7、8 是国军标，9、10 是航标。现有标准存在着应用范围窄、相关样品制备、检测方法缺失等不足，还需要大量工作来完善。

1.4　金属基复合材料研究的科学与技术问题

材料科学与工程的基本任务是什么？美国麻省理工学院 Merton Flemings 教授将其归纳为：材料的结构（structure）/成分（composition）、性能（property）、制备技术（processing）、使役行为（performance）的基本问题以及考察它们之间的相互关系，这也是材料科学与工程专业基础知识的四个基本要素。这四个要素及它们之间的关联可以绘制成一个四面体，如图 1-14 所示[31]。我国著名材料科学家师昌绪先生认为结构与成分具有不同的属性，应将其分开表述，遂将材料的科学与工程问题归纳六个要素[32]。四个要素也好，六个要素也好，这都归纳阐明了材料科学与工程的基本理论问题和技术问题。

金属基复合材料的基本科学与技术问题与此相似，但是与金属材料不同的是多出了第二相及其界面，问题变得复杂一些。就金属基复合材料性能设计而言，其基本科学问题与技术问题可以用图 1-15 所示的六面体模型来描述。问题由使役行为、材料构成、制备技术三个层面组成。中间的材料构成层面包括增强体（种类、形态、尺寸、性质、分布、含量等）、基体（成分与微观组织结构）、界面（性质、形态与微观结构）三个要素，即三个"材料构成"要素。使役性能要素是金属基复合材料设计的目标和出发点。性能设计要考虑复合材料增强体、基体、界面等材料构成要素的综合贡献，还要考虑服役环境下性能的演化与退化规律与构成要素间的关系。制备技术要素是金属基复合材料科学与工程问题的难点和重点，因为制备工艺决定了材料形成的过程，将直接影响界面结构、增强体分布、基体组织状态，决定了材料构成要素的有效性。基体、增强体、界面与服役行为、制备技术等要素间的相互耦合作用及其变化规律构成了金属基复合材料设计的基本理论与技术问题。

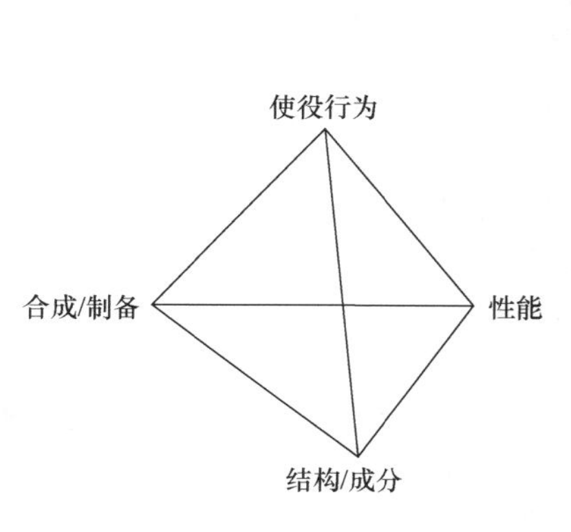

图 1-14　金属材料的科学与技术问题的基本要素[31]

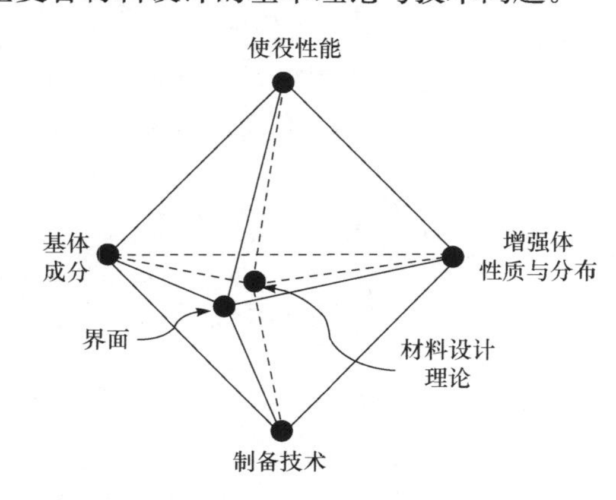

图 1-15　金属基复合材料性能设计的基本问题

1.5　金属基复合材料设计的基本原则

材料设计的范围很宽广，按照研究对象的尺度，可以划分为纳观层次（纳米尺度）、微观层次（微米尺度）、介观层次（毫米尺度）、宏观层次（米尺度）等不同层次的材料设计，各个层次（层面）材料设计的基础理论有所不同。例如，纳观层次的设计主要以分子动力学、第一性原理为基础，以合金元素为基本设计要素；而树脂基复合材料的性能设计多偏重于宏观力学、介观力学；金属基复合材料设计目前处于微观和介观层次的较多见，是以金属学和细观力学为基础的设计。

由图1-15所示的多面体模型很容易理解金属基复合材料设计的基本任务。根据使役性能的要求或者研究者的兴趣（在科学探索中可以不考虑背景需求，而由科学家的兴趣导向）在基体成分、增强体性质与分布、界面形态等要素中找到合适的匹配，再选择合适的制备工艺以求得各个要素间耦合最佳效能。从工程应用的角度来说，设计制备出满意的材料之后任务并没有完结，需要进行工程上服役过程的考核。使役行为是材料在服役环境下的性能表现与变化（多是退化），如精密加工性能、腐蚀行为、辐照行为、蠕变行为、服役或者储存寿命及其失效模式等。材料性能设计需要根据使役行为进行最终评价和调整。从这里可以看出，工程问题与科学问题一直是交织在一起不可截然分开的。

目前金属基复合材料性能设计的基本理论很不完善，还是以经验型为主，现有的较为零散的理论基本上是以金属学、金属工艺学以及力学理论为基础而展开的，还远没有形成自身的体系。

金属基复合材料设计原理可以从基体、增强体和界面这三者入手进行分析。

1）基体合金的选择与设计原则

金属基体是增强体的载体，其作用是将增强体连接成整体并赋予一定的形状，能够传递载荷、保护增强体免受外界环境的破坏。从理论上讲，任何一种金属都可以作为复合材料的基体，但是从材料设计的角度，首先要根据性能要求和服役环境主要考虑如下因素：

（1）密度、膨胀系数、热导率、电导率等的物理性能；

（2）力学性能特别是高温力学性能；

（3）与增强体的相容性，包括化学相容性和物理相容性；

（4）性价比。

金属基复合材料的增强形式不同，基体成分设计的要点也不同。在连续增强复合材料中，纤维起到承担主要载荷的作用，复合材料强度受纤维强度控制，因此，基体的主要作用就是将载荷有效地转递给纤维，并在纤维断裂时能够钝化裂纹，这样基体合金就要有较高的韧性和塑性；对于非连续增强的金属基复合材料，基体材料对复合材料的强度特别是高温强度的贡献不可忽视，因此基体材料的强度是要考虑的重要因素；为保证复合材料在制备过程中不发生有害的反应，要考虑基体与增强体的化学相容性；为获得较好的服役性能和寿命，要考虑基体与增强体热膨胀系数的匹配性，以避免复合材料服役过程中微观应力松弛，引起尺寸不稳定和疲劳。对于仪表级、光学级复合材料这一类尺寸长期稳定性要求高的材料而言，还必须要考虑合金的成分，要满足析出相的比容变化尽量小的原则。

常用的基体金属包括铝、钛、镁、钨、镍、高温合金以及金属间化合物等。到目前为止，铝合金是应用最广泛的基体材料，主要原因是其具有质量轻、易加工、塑性好以及价格低廉等优势。有必要指出的是，现行的金属基复合材料研究大多采用现成牌号的铝合金，这并不是最优方案，铝合金成分的设计是基于析出相沉淀强化理论而设计的，在金属基复合材料的情况下，合金中加入了10%～60%的陶瓷增强体，最初的合金沉淀强化的设计思想可能打折扣甚至失效。另外，界面有元素偏聚，甚至伴有界面反应，这样一来基体合金的时效析出热力学与动力学行为都要发生变化，初始的合金强化设计思想不能完全体现出来。因此，针对金属基复合材料设计专用基体合金的研究势在必行。

2）增强体的选择与设计原则

金属基复合材料的增强体是复合材料中人工添加的组分，是以改善基体合金性能或将复合材料赋予某种功能而设计的，是复合材料的关键组成部分。理论上讲，金属氧化物、碳化物、氮化物、硼化物等无机非金属材料都可以作为增强体使用，其他如碳材料、硅材料以及比基体合金熔点高的其他金属也可以作为增强体。如何选用取决于所追求的性能设计目标以及与基体之间的物理性能和化学性能的相容性。通常，石墨纤维、B纤维、SiC纤维或晶须、Al_2O_3晶须、SiC和TiC颗粒等对提高基体材料的强度、耐热性、耐磨性等十分有效，而SiO_2空心球增强可以获得阻尼与撞击吸能特性，加入B_4C增强体往往是为获得中子吸收功能，而加入金刚石颗粒可以获得低膨胀和高导热功能。

增强体材料的形态也是设计的基本要素。增强体的形态决定了复合材料的微观构型。连续纤维增强复合材料的纤维是主要承载组分，纤维排布角度与外加载荷的方向直接影响材料力学性能和破坏损伤行为，所以纤维的微观构型成为材料设计的重要内容。对于非连续增强体，增强体的主要作用是通过对基体塑性变形的约束作用提高变形抗力而提高强度，强度提高幅度与颗粒直径和颗粒间隔以及颗粒本身的弹性模量有关，找到这些因素对性能的影响规律并加以有效利用便是材料设计的任务。

3）界面的设计原则

界面是基体与增强体之间的过渡区，具有传递载荷、阻碍材料裂纹扩展或提供阻尼等功能的作用，又由于界面反应物的形态、种类将直接影响增强体性能的发挥，所以，界面是金属基复合材料性能设计的关键。界面结构主要受基体和增强体的化学相容性制约，与二者之间的反应自由能、扩散系数等因素有关，而这些因素又直接受制备方法及工艺参数的影响，因此界面问题与制备工艺密切相关。界面设计是金属基复合材料研究的重点和难点，获得所期望的界面状态是复合材料制备工艺研究中要解决的首要问题。

金属基复合材料的界面设计的实质是增强体与基体润湿性改善和界面反应产物与微观结构控制问题，这些问题可分成两类：一是用被动防护方法，减少有害界面反应、改善润湿性；二是用主动控制方法，杜绝有害界面反应、制造有益界面反应、生成功能性界面。

被动防护方法主要包括通过化学气相沉积、氧化处理、溶胶-凝胶法等在增强体表面涂覆 SiC、B_4C、TiC、Al_2O_3、SiO_2 等陶瓷涂层，Cu、Ni 等金属涂层及 C/SiC 等复合涂层等[33,34]。其目的是形成新的界面，改善增强体与基体的润湿性，阻止不良反应。这些方法是有效的，但是需要增加工艺复杂性、增加成本以及引起环境污染问题。

主动控制方法主要包括通过制备工艺控制改善界面反应产物生成动力学条件；基体合金化控制是通过改善合金成分改变界面润湿角和界面反应产物生成热力学条件，以控制界面产物和形态，阻止不良反应。

国内外文献报道的界面控制方法中，大部分为纤维表面改性之类的被动控制方法，作者认为，从环境保护的角度出发，不推崇这类方法。国内外研究者在主动控制方法方面做了大量工作，20 世纪 90 年代张国定等[35]通过基体合金化等方法实现了界面结构的改善。作者通过热力学和动力学分析，优化制备工艺参数，抑制了界面反应动力学过程，在大气环境下获得了近无界面反应的复合材料[36,37]。Wang 等[38]进一步通过基体合金化的方法，将 Al_4C_3 这一有害界面反应转化为 Al_3Mg_2 有益界面反应，使 C_f/Al-Mg 复合材料的弯曲强度由 425MPa 提高到 1400MPa[39]。就此，第 5 章还将详细介绍。赵敏等为获得自润滑复合材料，采用对 TiB_2 颗粒预氧化的方法，在颗粒表面生成 TiO_2 和 B_2O_3 界面层，制成 TiB_2/Al 复合材料之后在使用过程中原位生成 H_3BO_3，获得自润滑的效果，从而制成自润滑复合材料[40,41]。这些例子都是界面设计的一些成功的尝试。

实践证明，通过合金化和工艺方法控制界面反应是科学而有效的，如运用得当，可以在几乎不增加成本的情况下获得有益的界面状态，用简单的方法可以解决复杂的问题。对此，后几章还要详细介绍。

1.6 金属基复合材料的发展趋势

航空航天、轨道交通、通信、电子等领域的技术提升，特别是面对人类能源问题而引发的轻量化需求，金属基复合材料会显示出越加明显的技术优势，在某些领域已经成为不可或缺的材料。未来工业技术对金属基复合材料的需求将是多样化的，金属基复合材料的发展在材料设计新思维和以低成本为特征的新制备技术两个方面会有突出的表现，特别是受材料基因组计划的引领，在完善金属、无机非金属等的材料数据库的基础上，融合高通量计算（理论）和高通量实验（制备和表征）技术，可以将材料设计的理念和模式由“经验型”的传统模式逐步向“理论预测、实验验证”的新模式转变。

1.6.1　材料仿生设计

自然界生物经历了亿万年的进化，物竞天择，生存下来的具有最合理的微观组织和宏观结构，就目前的技术水平来说，在一个较长的时期内，仿生或许是材料设计的极致。但是从认识论的角度分析，超越生物材料性能与功能的人工材料也必然能够实现。从微观结构层面上进行仿生设计是复合材料性能与功能设计的一个创新思路，目前发展较快的有以下几类。

（1）层叠结构设计。通过对海洋生物蚌壳的微观结构分析，发现微观上的叠层结构可以达到材料强度、韧性的最佳配合。受其启发，研究者[42,43]设计制备出金属/金属、金属/陶瓷等叠层材料，通过叠层结构设计制成吸能界面，补偿单层材料各自性能的不足，满足高强韧性要求。进一步拓展其设计思路，将热物理性能进行叠层设计，获得的层状复合材料有望用于耐高温材料、热障涂层等领域。

（2）微结构设计。蝴蝶的翅膀有五彩缤纷的颜色，产生这些颜色的机制是翅膀具有特殊的微观结构（纳米结构），不同的微观结构对可见光中不同波长光波的反射和吸收系数不同造成了各种绚丽的光彩。微观结构的尺度必须是纳米量级，因为只有这个尺度才能与光的波长相当，从而产生不同波长的选择反射。张荻[44]在这个领域做了开创性的工作，他以生物材料为模板，通过保留其生物原始结构，置换化学组分的方法，制备出具有生物精细分级结构的功能材料。这里的精细分级结构遗传了自然生物精细形态，将这种材料称之为“遗态材料”（morphology genetic materials）。由于特殊的光学吸收和反射作用，这类材料可以产生光分配、光汇聚、光增强等作用[45]，可用于太阳能电池、生物传感器、数据传输等领域。地球上蝴蝶和蛾类有十七万五千余种，因此，材料学家可以建立起一个具有完整三维纳米结构的宝库，创造数百万计的独特的金属微结构，这些纳米结构具有大量潜在应用。

（3）微孔结构设计。通过对啄木鸟颅骨的高强度、耐冲击、减震特性分析，发现颅骨是一种微孔材料，微孔材料在减震、吸声、吸能等方面有着特殊的功效。人类制成的各种微孔材料可以用于汽车工业的吸能结构、各种缓冲器、宇宙飞船的防冲击吸能等领域。微孔材料或者材料的微孔结构设计可以催生新的材料设计理论，目前已经在阻尼夹层材料、减震基座材料、减震防护罩、汽车防撞结构以及建筑吸声等领域有初步的应用。Wu 等[46]采用压力浸渗技术制备出含有 60%左右的空心微珠的微孔铝基复合材料,其冲击吸能能力可达 $40MJ/m^3$,适用于高动能吸能。发泡铝也是一种新型的吸能材料,冲击吸能能力为 $4MJ/m^3$ 左右,适用于低载荷低速度的吸能结构。

(4) 三维网络结构设计。植物的躯干具有轻质高强度的特性,其微观结构均是三维的网络状。这种三维的网络结构一方面满足了生物体新陈代谢功能,另一方面也提供了机械强度。近期有关于三维硅结构增强铝的研究报道[47],在 Si/Al 复合材料中使 Si 生成网络结构,从而得到了较高的强度和刚度,并使其平均线膨胀系数有所降低。耿林等研究者发明了钛基三维网络结构复合材料[48],通过成分和工艺控制,使 TiB 晶须增强体均匀地分布在基体颗粒周围,形成硬相包围软相的胶囊状结构,且 TiB 晶须增强体聚集区具有宏观上的三维连续性,保证优异的增强效果。相比于传统的钛基复合材料,网状结构 TiB_w/Ti 复合材料表现出更高的塑性以及更高的室温与高温增强效果,解决了粉末冶金法制备钛基复合材料室温脆性大、增强效果低的瓶颈问题,通过调控网状结构参数(局部与整体增强相含量、网状尺寸) 可获得不同性能特点(高强度、高塑性、高强韧性、高耐热性)。尽管这些报道的材料设计之初并不是以仿生结构设计为出发点,但却与植物结构不谋而合。

目前的仿生复合材料研究起步时间不长,在完美的生物材料面前,人工材料虽显得十分幼稚,但是其前景十分诱人。需要注意的是,天然生物材料不仅仅是单一的材料,更是材料与结构、结构与性能一体化的杰作,其微观结构与宏观形态并与生物功能保持了完美的和谐,这一点或许是材料工作者面对的更高层次的追求。

1.6.2　纳米尺度增强体的应用

传统的纤维、晶须、颗粒增强体的尺度大多是微米级别的,近年来备受关注的纳米技术为金属基复合材料的性能设计带来了新的发展机遇。纳米增强体尺寸在 1～100nm 之间,10nm 的颗粒包含原子数约为 3 万个,表面原子所占的比例达到 20%,在纳米尺度下,单个的粒子处在原子簇和宏观物体交界的过渡区域,是一个典型的介观系统。不同于现有的增强体颗粒,纳米粒子的表面效应、小尺寸效应、宏观量子隧道效应以及原子扩散行为将会对金属基复合材料设计与制备带来崭新的现象和理论。分析表明,在金属基体中引入碳纳米管作为增强体,所得的金属基复合材料往往可以呈现出超出传统概念的高强度和可实用的塑性以及导电、导热、耐磨、耐蚀、耐高温、抗氧化等性能[49,50]。姜龙涛等在平均 150nm 的 Al_2O_3 颗粒增强 Al-Mg-Si 基体复合材料中发现近无(线型)位错、近无析出和高强度的现象[51]。董蓉桦等在纳米 SiC 增强 6061 铝合金复合材料研究中发现当体积分数达到 30%的条件下,基体出现近无析出的特征,而且在高层错能的铝和铝合金基体中出现了层错缺陷，层错的出现增添了新的增强机制，复合材料获得了超出微米级颗粒增强复合材料的塑性并有 1000MPa 以上的弯曲强度[52]。尽管纳米增强体复合材料的制备工艺的问题还远没有解决，然而其诱人的性能潜力已经显现，随着制备工艺技术的进步，纳米增强体的应用会对金属基复合材料研究和应用带来新的发展契机。例如，相比于传统增强体(包括陶瓷颗粒、碳纤维、碳纳米管等)，近期出现的石墨烯具有最低的密度、最高的力学性能、最高的导热性能以及最低的热膨胀性能，如表 1-2 所示。如果能够与轻金属复合成功，将有希望带来金属基复合材料强度、塑性、导热、导电、阻尼等综合性能的飞跃。

表 1-2　石墨烯与金属基复合材料常用增强体的性能对比

材料	密度 ρ/(g/cm^3)	弹性模量/GPa	抗拉强度/GPa	热膨胀系数/($\times 10^{-6}$/℃)	热导率/[W/(m·K)]
SiC 颗粒	3.21	450	—	4.7	490
Al_2O_3 颗粒	3.9	400	—	7	30
C 纤维	1.5～2	<900	<7	−0.7(//*)	<1000
多壁碳纳米管(//)	<1.3	200～950	13～150	−2.8	3500
石墨烯	<1.06	>1000	>120	−7	4840

* “//”表示沿其轴向方向的性能

1.6.3　超常性能复合材料

如何突破传统金属材料的性能极限，是材料工作者永恒的兴趣，而复合材料技术是突破传统材料性能极限的有效的手段。这里将超越传统合金的性能称为“超常性能”，获得某些超常性能是未来金属基复合材料发展的方向之一。当然，十全十美的材料技术是不存在的，为获得材料的某项超常性能，往往不得已需要牺牲另外一种性能，如强度、塑性、加工性能、脆性等。因此，所谓复合材料的超常性能是否有价值取决于服役环境的约束条件。目前研究热点集中在以下几个方面。

(1) 超低膨胀复合材料。在空间机构、高精度测量仪表、光学器件等工程领域，超低膨胀复合材料具有重要的应用价值，因为低膨胀可以带来抗冷热冲击性能，在变温场合使用时能够保持较小的尺寸伸缩变化。为此，在金属基体中添加具有低膨胀甚至负膨胀系数的增强体来调节基体的热膨胀系数往往是有效的。例如，ZrW_2O_8、HfW_2O_8、$PbTiO_3$、Mn-Cu-Sn-N 等均具有负膨胀特性，作者将钨酸锆(ZrW_2O_8)加入到 Al 基体中，最终获得了 2.9×10^{-6}/℃的超低膨胀系数[4]。

(2) 超高导热复合材料。热控材料是微电子技术、电源技术向着高功率密度发展的瓶颈之一。随着微处理器及半导体器件功率密度的加大(目前已经逼近

1000W/cm^2)，产生的热量随之增多，如果得不到及时疏导就会降低半导体器件的工作效率和使用寿命。另一方面，空间电子器件的散热机理只有热传导、热辐射两种方式，这给热管理带来更多的困难。通常采用热管来实现热传导的功能，但是会导致结构可靠性降低和结构重量增加。用高导热金属基复合材料实现热管理正逐渐引起人们的重视。金刚石是低膨胀、高导热性能优异的材料，近期用其增强铝合金、铜合金分别达到了 760W/(m·K)[53] 和 900W/(m·K)[54] 的热导率，在某些低功率环境下接替热管的功能实现热管理是可能的。

(3) 高阻尼复合材料。某些特殊的机械设备，如动量轮、高速离心机、高速往复运动机械设备的构件不仅要求轻质、高强的结构性能，还希望有较好的阻尼、减震与降噪性能。在金属材料中，阻尼性能和高强度、高刚度性能通常是难以兼容的，而金属基复合材料通过引入具有高阻尼性能的增强体以及界面，使增强体与界面发挥阻尼的功能即可以获得高阻尼复合材料。作者[55]在铝合金中加入 60%的飞灰空心微珠，阻尼系数可达基体合金阻尼的 5.7 倍；在铝合金中加入 50%的 Ti-Ni 合金纤维，在相变点温度下阻尼系数较基体合金增加 50 倍[56]。高阻尼增强体还包括铁磁性合金、压电陶瓷($PbTiO_3$)、碳纤维等。

1.6.4 高强度、高韧性复合材料

任何好的材料最终都是面向应用的，好的材料设计应是面向用户的设计。工程上往往希望材料强度高的同时塑性也要好，未来航空航天、高速交通的发展必然要求复合材料向着高韧性、高强度以及多功能、易加工等方向发展，以提高服役可靠性(包括高温强度、高温疲劳等)。但是纵观金属材料、陶瓷材料、有机高分子材料等主要工程材料的特性就会发现，往往强度高的材料塑性低，而塑性高的材料强度低。如何走出这个怪圈，制备出具有高强度又有高塑性的材料成为材料工作者梦寐以求的目标。

纳米材料的发展为金属基复合材料的强塑性设计提供了一线希望。石墨烯增强 Al 基和 Cu 基复合材料的研究中已经初见端倪，获得了拉伸强度高于基体合金 2～3 倍，同时具有 10%左右延伸率的石墨烯增强铝复合材料[57,58]，这对于金属基复合材料性能设计来说无疑是一项令人兴奋的信息。

当今，相关学科、相关技术的发展或者非相关学科与技术的发展均使得金属基复合材料设计的视野不断扩大，复合材料设计工作的深入发展依赖于跨学科思维、跨学科跨领域的合作，也依赖于在原材料技术、基础物理、化学理论方面的突破。

1.6.5 制备技术的低成本化

金属基复合材料一直难以大面积商业化应用，其重要的原因是成本问题。因此，低成本化是金属基复合材料发展的重点。在金属基复合材料的成本链中，原材

料的成本是一个方面,如SiC纤维、高模量碳纤维等增强体价格较贵,而多数颗粒增强体原材料成本并不高,当材料设计方案确定之后,基体和增强体的选择基本确定,原材料成本优化的潜力不大,影响复合材料成本的关键是制备成本和加工成本。制备成本主要来源于工艺成本(包括工艺设备)和工艺成熟度(表现在材料成品率),加工成本主要是切削刀具成本和加工效率。

综上所述,实现复合材料低成本技术大致有以下几个途径:一是提高成品率,降低现有工艺成本;二是开发新的制备工艺,实现材料设计、制备与成型一体化;三是设计高性能易加工的新型材料并突破高效率加工技术。

粉末冶金工艺是实现非连续增强金属基复合材料近净形制备的有效手段,通过近净成形可以大大减少加工余量。无压浸渗法在高体积分数颗粒增强复合材料上显示了优越的制备、成型一体化的优势,它对设备要求较低,且成本不高,并适于制造二维尺寸较大的构件。新型的3D打印技术为金属基复合材料技术发展带来了新的启发,在降低后期二次成型和机械加工成本等方面有着显著的优势。

1.6.6 废料再利用和回收技术

工业文明的重要标志是追求环境保护和资源再利用。金属基复合材料的重复利用率问题、再循环利用问题、废品回收问题、制备过程中的排放等问题对环境的影响目前尚未见到系统的研究和定量评估,但是,随着金属基复合材料的应用从军事领域扩展到民用领域之后,需求量剧增,环保问题应该在材料设计开始就引起研究者足够的重视,而不是在引发了社会问题之后。环保包含两个阶段的问题:第一阶段是在制备加工过程中的排放、废料处理、再生利用和节约能源的问题;第二阶段是复合材料零部件的回收、再生利用问题。面对全球日益严峻的环境和能源问题,金属基复合材料的生态化技术及回收和再生利用必然成为不可回避的工程问题和社会问题。

参考文献

[1] 日本工業規格 JIS H 7006:1991. 金属基複合材料用語. http://kikakurui.com/h7/H7006-1991-01.html. 2013-9-28.

[2] US Department of Defense. Composite Materials Handbook. American Society for Testing & Materials,1999.

[3] Etter T,Papakyriacou M,Schulz P,et al. Physical properties of graphite/aluminium composites produced by gas pressure infiltration method. Carbon,2003,41(5):1017～1024.

[4] Wu G H,Zhou C,Zhang Q,et al. Decomposition of ZrW_2O_8 in Al matrix and the influence of heat treatment on ZrW_2O_8/Al-Si thermal expansion. Scripta Materialia,2015,96:29～32.

[5] Spowart J E,Miracle D B. The influence of reinforcement morphology on the tensile response of 6061/SiC/25p discontinuously-reinforced aluminum. Materials Science and Engineering A,

2003,357(1-2):111～123.
[6]Carolyn M D, Winona M N. Self-repairing, reinforced matrix materials: US, US5989334. 1999-10-23.
[7] Gatti A. Iron-alumina materials. Transactions AIME,1959,215(5):753～755.
[8] McDanels D L,Jech R W,Weeton J W. Stress-strain behavior of tungsten-fiber-reinforced copper composites. NASA TND-1881,1963.
[9] Gordon J E. Some considerations in the design of engineering materials based on brittle solids. Proceedings of the Royal Society A: Mathematical Physical and Engineering Science, 1964,282:16-23.
[10] Committee on Materials Research for Defense after Next and National Materials Advisory Board. Materials Research to Meet 21st Century Defense Needs. Washington: National Academies Press,2003:29.
[11] Weisinger M D. Boron aluminum tube struts for the NASA space shuttle. Journal of Composites,Technology and Research (ASTM International),1979,1(2):CTR10660J.
[12] 梶川義明. 複合化による鋳物の高機能化と自動車部品への応用. 鋳造工学,1996,68(12):1106～1112.
[13] Hoover W R. DURALCAN composite driveshafts. Duralcan USA,Sandiego,California.
[14] Beffort O. Metal matrix composites (MMCs)from space to earth. Werkstoffefür Transport und VerkehrMaterials Day,ETH-Zürich. 18. 05. 2001.
[15] Miracle D B. Aeronautical Applications of Metal Matrix Composites. ASM Handbook Volume 21,Composites (ASM International),2001:1043～1049.
[16] Maruyama B,Hunt W H. Discontinuously reinforced aluminum: Current status and future direction. Journal of the Minerals Metals & Materials Society,1999,51:59～61.
[17] US Department of Defense. Composite Materials Handbook Volume 4-Metal Matrix Composite (MIL-HDBK-17-4A). American Society for Testing & Materials,1999.
[18] 宋锦柱,朱宇宏,王燕,等. 金属基复合材料产业化及标准现状. 中国标准化,2013,5:38～42.
[19] Swift C. Metal Matrix Composites:The Global Market. Norwalk:BBC Inc,2009.
[20] 来源:Web of Science;搜索主题词:Metal Matrix Composite.
[21] 韩圭焕,武高辉. 蔡-希尔失效判据在 W/420/Cu 复合材料中的实验研究. 哈尔滨工业大学学报,1983,3:79～91.
[22] 于琨,徐洪清,孙长义,等. 硼/铝型材的研制. 航空学报,1985,6(3):291～294.
[23] 郭树起,曹利,韩圭焕,等. 碳化硅晶须增强铝复合材料的研究. 复合材料学报,1987,4(3):34～39.
[24] 耿林,王桂松,郑镇洙,等. SiC_w/Al 复合材料高温高速变形规律及其应用. 西部大开发科教先行与可持续发展-中国科协 2000 年学术年会文集,2000:481～482.
[25] 李志强,赵春芬,胡柯. 金属复合材料在永定新河进洪闸的运用. 水利建设与管理,2000,4:65～66.

[26] 马建平，傅丹鹰，邢绍美. SiC_p/Al 复材光机结构件及光学反射镜的制造研究. 航天工艺，2000，2：1～4.

[27] 崔岩，李丽富，李景林，等. 制备空间光机结构件的高体份 SiC/Al 复合材料. 光学精密工程，2007，15(8)：1175～1180.

[28] 武高辉，姜龙涛，修子扬，等. 仪表级 SiC/Al 复合材料的应用研究与实践. 导航与控制，2010，1：66～70.

[29] 王秀芳，陈苏，武高辉. 仪表级、光学级复合材料研究新进展. 2005 年惯性器件材料与工艺学术研讨暨技术交流会报告，2005，08：41～45.

[30] 武高辉，张云鹤，陈国钦，等. 碳纤维增强铝基复合材料及其构件的空间环境特性. 载人航天，2012，18(1)：73～82.

[31] Flemings M C. What next for departments of materials science and engineering. Annual Review of Materials Research，2003，29：1～23.

[32] Shi C H. Highlights of materials science and technology at the turning of the 21st century. Progress in Natural Science，1999，9(1)：2～14.

[33] Rajan T P D，Pillai R M，Pai B C. Reinforcement coatings and interfaces in aluminium metal matrix composites. Journal of Materials Science，1998，33(4)：3491～3503.

[34] Bakshi S R，Singh V，Balani K，et al. Carbon nanotube reinforced aluminum composite coating via cold spraying. Surface and Coatings Technology，2008，202(21)：5162～5169.

[35] 张国定，冯绍仁，Cornie J A. 压力浸渍过程中 P-55 纤维和铝合金界面反应的控制. 航空学报，1991，12(12)：B570～B575.

[36] Zhang Y H，Wu G H. Comparative study on the interface and mechanical properties of T700/Al and M40/Al composites. Rare Metals，2010，29(1)：102～107.

[37] Zhang Y H，Wu G H. Interface and thermal expansion of carbon fiber reinforced aluminum matrix composites. Transactions of Nonferrous Metals Society of China，2010，20(11)：2148～2151.

[38] Wang C C，Chen G Q，Wang X，et al. Effect of Mg content on the thermodynamics of interface reaction in C_f/Al composite. Metallurgical and Materials Transactions A，2012. 43(7)：2514～2519.

[39] Wang X，Jiang D X，Wu G H，et al. Effect of Mg content on the mechanical properties and microstructure of Gr_f/Al composite. Materials Science and Engineering A，2008，497(1-2)：31～36.

[40] Zhao M，Wu GH，Jiang L T，et al. Friction and wear properties of TiB_{2p}/Al composite. Composites Part A：Applied Science and Manufacturing，2006，37(11)：1916～1921.

[41] Zhou X，Jiang L T，Lei S B，et al. Micromechanism in self-lubrication of TiB_2/Al composite. ACS Applied Materials and Interfaces，2015，7(23)：12688～12694.

[42] Hwu K L，Derby B. Fracture of metal/ceramic laminates—Ⅰ. Transition from single to multiple cracking. Acta Materialia，1999，47(2)：529～543.

[43] Hwu K L, Derby B. Fracture of metal/ceramic laminates—Ⅱ. Crack growth resistance and toughness. Acta Materialia, 1999, 47(2): 545～563.

[44] Zhang D. Morphology Genetic Materials Templated from Nature Species. Advanced Topics in Science and Technology in China. Hangzhou: Springer and Zhejiang University Press, 2012.

[45] Tan Y W, Gu J J, Xu L H, et al. High-density hotspots engineered by naturally piled-up subwavelength structures in three-dimensional copper butterfly wing scales for surface-enhanced raman scattering detection. Advanced Functional Materials, 2012, 22(8): 1578～1585.

[46] Wu G H, Dou Z Y, Sun D L, et al. Compression behaviors of cenosphere-pure aluminum syntactic foams. Scripta Materialia, 2007, 56(3): 221～224.

[47] Xiu Z Y, Chen G Q, Wang X F, et al. Microstructure and performance of Al-Si alloy with high Si content by high temperature diffusion treatment. Transactions of Nonferrous Metals Society of China, 2010, 20(11): 2134～2138.

[48] Huang L J, Geng L, Peng H X. Microstructurally inhomogeneous composites: Is a homogeneous reinforcement distribution optimal. Progress in Materials Science, 2015, 71: 93～168.

[49] Bastwros M M H, Esawi A M K, Wifi A. Friction and wear behavior of Al-CNT composites. Wear, 2013, 307: 164～173.

[50] Wu J, Zhang H, Zhang Y, et al. Mechanical and thermal properties of carbon nanotube/aluminum composites consolidated by spark plasma sintering. Materials & Design, 2012, 41: 344～348.

[51] Jiang L T, Wu G H, Sun D L, et al. Microstructure and mechanical behavior of sub-micro particulate-reinforced Al matrix composites. Journal of Materials Science Letters, 2002, 21(8): 609～611.

[52] Dong R H, Yang W S, Wu P, et al. High content SiC nanowires reinforced Al composite with high strength and plasticity. Materials Science and Engineering: A, 2015, 630: 8～12.

[53] Weber L, Tavangar R. Diamond-based metal matrix composites for thermal management made by liquid metal infiltration potential and limits. Advanced Materials Research, 2009, 59: 111～115.

[54] Ekimov E A, Suetin N V, Popovich A F, et al. Thermal conductivity of diamond composites sintered under high pressures. Diamond and Related Materials, 2008, 17(4-5): 838～843.

[55] Wu G H, Dou Z Y, Jiang L T, et al. Damping properties of aluminum matrix-fly ash composites. Materials Letters, 2006, 60(24): 2945～2948.

[56] 胡杰. $TiNi_f$/Al复合材料的界面结构与力学性能研究. 哈尔滨：哈尔滨工业大学博士论文，2014: 125～149.

[57] Shin S, Choi H J, Hwang J Y, et al. Strengthening behavior of carbon/metal nanocomposites. Scientific Reports, 2015, 5(16114): 1～7.

[58] Wang J Y, Li Z Q, Fan GL, et al. Reinforcement with grapheme nanosheets in aluminum matrix composites. Scripta Materialia, 2012, 66: 594～597.

第2章 金属基复合材料压力浸渗工艺原理

2.1 金属基复合材料的主要制备方法

金属基复合材料大多数情况下是将粉末、纤维、晶须等不同形态的无机非金属陶瓷与金属相复合而成的新材料。金属与陶瓷润湿性不好，所以，复合工艺方法在金属基复合材料研究中显得十分重要，因为这是决定材料有无、品质高低的关键，也是基础理论研究的前提。金属基复合材料的复合方法有很多种，随着工艺技术进步，新方法还在不断地增加着。在增强体为固相的前提下，按照基体金属的物理状态不同可以分成固态法、液态法和气态法。液态法有利于复合材料在高温高压下克服润湿的问题，对增强体和基体的选择范围宽，利于材料设计，适用范围十分广泛，但是工艺控制难度大，特别是在材料体量较大时材料品质不高(主要表现为材料致密度低、有气孔、夹杂、增强体不均匀、界面反应强烈等)。本章将重点讨论液态法中的压力浸渗方法的制备工艺问题。在讨论压力浸渗工艺之前，有必要对其他方法有所了解，这里选择几种常用的方法作一简要介绍。

2.1.1 固态法

固态法的典型技术是粉末冶金法。这种方法是将增强体粉末与金属基体粉末按照预先设定的比例混合，先在模具中冷压预制成型，然后在真空环境下除气并加热、加压烧结成型。这是目前最为成熟、应用最为广泛的一种方法。这种方法的显著优势在于对基体和增强体种类的选择范围较宽，理论上，只要是粉末状的增强体材料都可以制成复合材料，所以容易实现材料的性能设计。这种方法对设备要求不高，工艺过程也比较容易控制，应用十分广泛。粉末冶金法还可以直接制成形状不太复杂的复合材料零件，从而解决材料的设计制备与零件成型一体化的问题。粉末冶金法由于是用两种固体粉末相混合、压制而成的，所以复合材料中会残留空隙，为提高材料的致密度，后期可以再施加热压或真空热等静压等致密化处理措施，也可以通过高温轧制提高材料致密度，同时制成型材。粉末冶金法的烧结温度不高(通常在基体合金的两相区温度以下)，所以界面反应不强烈，经过致密化处理之后的材料可以达到较高强度和塑性的匹配。粉末冶金法制备复合材料时需要保证基体合金粉末的连续性，因此增强体的体积分数就不宜太高，一般在30%以下方能够获得较理想的力学性能。另外，镁合金合金的粉体易燃易爆，用于做基体合金时要充分考虑安全措施；由于在混粉工序中，长、短纤维增强体不容易与基体粉末混合均匀，所以粉末冶金法适用于颗粒增强复合材料和短纤维（晶须）增强复合材料。

放电等离子烧结法（spark plasma sintering，SPS）技术起源于20世纪30年代美国科学家提出的脉冲电流烧结原理。到了60年代末，日本研究了原理类似但更为先进的烧结技术——电火花烧结，并获得了专利授权[1,2]。

SPS工艺过程是将金属及陶瓷等粉末装入石墨材质的模具内，利用通电电极对烧结粉末预加压，电极通入直流脉冲电流时瞬间放电产生等离子体，使烧结体内部各个颗粒间产生焦耳热并使颗粒表面活化，同时施加压力，伴随热塑性变形而制成复合材料。这种技术和粉末冶金技术不同，是利用放电等离子体进行烧结的。一般认为（尚无定论），颗粒间的放电产生等离子体，可以冲击清除粉末颗粒表面杂质和吸附的气体；高温可使表面局部熔化、表面物质剥落；同时在外界压力的作用下使材料致密成型。

SPS技术具有升温速度快、烧结时间短、组织结构可控、节能环保等鲜明特点，可用来制备金属材料、金属基复合材料、陶瓷材料。这种技术方法实用性很强，例如，理论上增强体的体积分数可以从零到100%无限制地混合，当然，“零”状态复合的是纯金属，100%就变成了陶瓷，也可以容易地实现梯度材料的制备，这是其他方法难以实现的。

这种工艺技术面临的困难是当材料厚度方向尺寸过大，或平面尺度过大时，难以保证电流密度的均匀性，因此目前制备大尺寸材料较为困难。

2.1.2　液态法

液态法就是将液态金属渗入增强体孔隙中来形成复合材料的工艺。液态法种类较多，主要有搅拌铸造法、无压浸渗法、真空吸铸法、压力浸渗（也称之为压力铸造、挤压铸造）等。不同的液态法分别具有各自的工艺特点，制备的复合材料的力学性能和物理性能也有很大差别，可以满足不同的使用要求。

1）搅拌铸造法（stirring casting）

这种方法的大致过程是将基体金属加热到熔融状态或者固液两相区状态，然后边搅拌边缓缓加入增强体颗粒，严格控制金属熔体的温度和流动方向，使颗粒均匀地分散在金属熔体中，随后凝固成型。最初这种工艺是在大气环境下实施的，难免在复合材料中残留大量气孔，影响复合材料品质。20世纪80年代中期由Alcan公司研究开发了Duralcon液态金属搅拌法[3]，采用了真空或有惰性气体保护的措施，搅拌器在真空或氩气条件下进行高速搅拌，通过搅拌器的形状结构、搅拌速度改善金属熔液的流动方式，从而改善增强体的分布均匀性，提高复合质量。这种方法铸成的锭坯的气孔率可以小于1%。

搅拌铸造法工艺简单、成本低，适用于铝合金、镁合金、锌基合金等各种合金，而且可以制备出几百公斤大体量的复合材料坯体。这个方法的另一个显著特点是可以再次重融铸造,解决了金属基复合材料复杂构件的成型问题。这种方法在搅拌制备过程中,为保证金属熔液的流动性,增强体的体积分数不宜过高,一般在20%以下。另外,为克服陶瓷颗粒与基体的表面张力,要尽量减小增强体的比表面积,所以适合于加入较大尺寸的颗粒。搅拌铸造法制备复合材料的界面强度不高,所以这类复合材料往往不是追求高强度,其设计目标是增加基体合金的弹性模量、降低膨胀系数和增加耐磨性等。

2) 无压浸渗法(pressureless infiltration)

美国Lanxide公司于1989年在直接金属氧化法(DIMOX)工艺的基础上提出了一种复合材料无压浸渗制备方法[4]。其大致过程是,先将增强体粉末制成预制体(通常要加入胶黏剂成型或者预先烧结成型),再将基体金属放置于预制体的上部或者下部,在氮气或氩气气氛保护下加热至金属熔化,依靠金属与增强体之间的润湿性和毛细管作用使液态金属渗透到预制体的间隙之中,最后凝固定型。无压浸渗适合于高体积分数复合材料的制造,通常体积分数在60%以上,最高可以达到理论体积分数70%左右。这样的复合材料有利于获得低膨胀、高模量和高导热等特性。无压浸渗法可以制备出平面尺寸较大(米量级)的板材,也可以制出复杂的表面形状,工艺成本和设备成本都较低,适合于大批量生产。无压浸工艺目前需要解决的问题主要是致密度问题和工艺稳定控制问题。就致密度而言,需要严格控制预制体微观空隙尺寸均匀性和连通性,同时减小助渗剂的残留和不良界面反应。上述问题也是工艺控制的关键,目前复合材料的复合质量受工艺参数的影响十分敏感,需要浸渗理论的深入研究。

3) 真空吸铸方法(vacuum suction casting)

真空吸铸工艺也叫负压铸造法,它是把预先放置了铸型的工作室抽真空,使熔体在真空负压作用下自下而上充填铸型的铸造工艺[5]。由于有一定的压力,材料致密度较无压浸渗方法有所改善;可以实现近终成形,实现少无余量加工。这种方法适用性较强,适用于颗粒增强体,也适用于长、短纤维增强体。其局限性在于复合材料构件尺寸受到设备容积的限制。

4) 压力浸渗方法(pressure infiltration)

压力浸渗法亦称挤压铸造法(squeeze casting),是指利用外界加压力将液态金属强行浸渗到增强体预制件的孔隙中,并在静水压力下凝固成型获得复合材料的方法。图2-1是一种有代表性的压力浸渗装置示意图。

其工艺过程是先用增强体制出复合材料的预制体,将其预热到适当温度,置于模具下部,预制体的保温温度通常要高于模具温度,以延迟液体凝固的时间,减小金属液体的浸渗阻力。再将液态的基体合金浇铸到模具上部,通过机械压力使液态金属渗入到增强体预制体的孔隙中,然后保持压力使复合材料在等静压下凝固,拔出上压头并由下部顶出装置，将复合材料坯料顶出，获得复合材料坯体。也可以将预制体做成一定的形状，放置在模具的某个部位固定，然后铸入基体合金，在压力下铸造成型，获得的零件是由基体合金和复合材料局部强化的镶嵌体。例如，发动机活塞环局部强化就是利用这种典型的工艺。这种方法形式上更接近于压铸工艺，所以也称为挤压铸造，其复合的物理过程与压力浸渗差别不大。

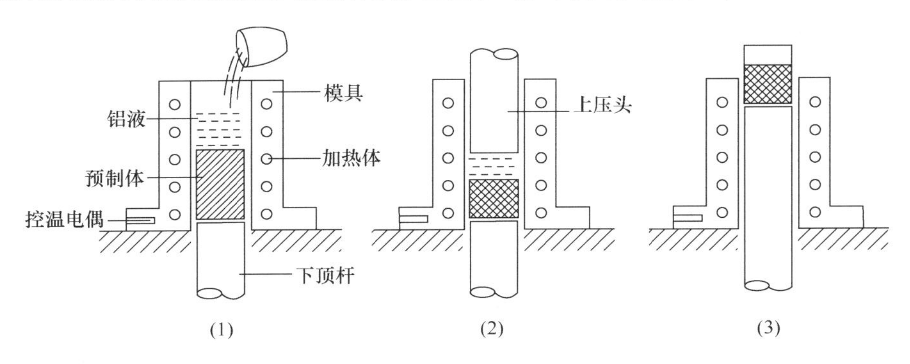

图 2-1　压力浸渗装置示意图

压力浸渗方法的优势在于对增强体形态、种类、基体合金成分几乎没有限制。例如，金属氧化物、金属碳化物、金属氮化物、碳等不同种类，连续纤维、不连续纤维、晶须和颗粒等不同形态的增强体，以及各种金属基体，所以可以在较宽的范围进行金属基复合材料组分设计。另外，可以依靠高压来克服浸渗阻力，所以可以省去增强体的表面处理；熔体与增强体的高温接触时间容易缩短，因此界面反应可以控制。作者利用压力浸渗法获得了没有金相组织缺陷的光学级复合材料，同时实现了对长纤维、晶须、颗粒、空心球、纳米尺寸的微细颗粒等的良好复合。这种方法在工艺技术上仍有很多难点，例如，非连续增强体的坯料更适合于简单形状，复杂构件的近终成形难度很大；预制体容易在高压下损坏，形成复合材料的夹层缺陷；工艺控制十分困难，在大气环境下制备时复合材料预制体内部空气容易被压缩形成气孔，特别是在预制体的体量较大时更为明显，所以文献报道的制件尺寸均较小。

5）真空压力浸渗法（vacuum pressure infiltration）

真空压力浸渗法是利用真空排出预制体中的气体，再利用惰性气体加压，促使液态金属渗入增强体预制件孔隙中，形成金属基复合材料坯料[6]。液态金属向预制体中浸渗有三种方式，即底部压入式、顶部注入式和顶部压入式。

顶部压入式的原理性装置示于图 2-2。

图 2-2 所示的真空压力浸渗方法是由耐高压壳体、坩埚、加热炉、真空系统、控温系统、气体加压系统和冷却系统组成。

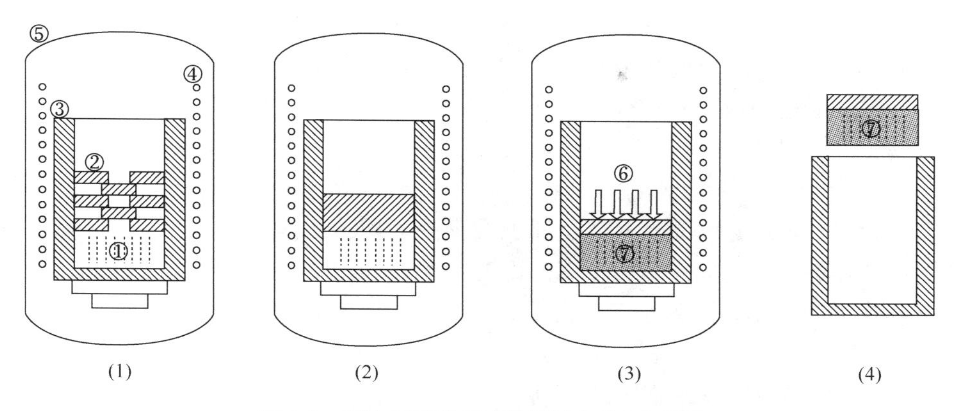

图 2-2　真空浸渗装置(顶部压入式)示意图

工艺过程是:

(1) 先将复合材料预制件①置于坩埚③的底部,其上放置待熔化的基体合金块体②。抽真空,排出预制件和炉腔内的气体。

(2) 将炉腔④加热达到预定温度,基体金属②熔化,液态的金属将预制件全部覆盖密封。

(3) 随之通入高压惰性气体⑥,在高压的作用下,液态金属向预制件①中浸渗,直到充满增强体的孔隙,然后冷却凝固后形成复合材料⑦。

(4) 浸渗炉冷却到一定温度后开炉,从坩埚中取出复合材料零件坯体。

真空压力浸渗法对增强体形态、种类以及合金种类几乎没有限制,浸渗在真空中进行,材料在压力下凝固,解决了气孔、疏松、缩孔等铸造缺陷,组织致密;改进模具形式可以实现复杂零件的净成形,减少后续加工。真空压力浸渗的局限性是设备复杂昂贵,复合材料的尺寸受到炉腔大小的限制;工艺周期长,效率较低;大多数的真空浸渗装置缺少冷却装置,这样高温保持时间过长,容易产生较多的界面反应。

6)喷射沉积法(spray deposition)

喷射沉积法也属于固液两相法。喷射沉积技术是英国斯旺西大学 Singer 教授于 1968 年首先提出,并于 1970 年首次公开报道的技术[6]。喷射沉积是在真空状态下将熔融的基体合金液体,通过雾化喷嘴喷射成雾状,与此同时,另一路由惰性气体喷射出具有一定速度的增强体颗粒,在喷射途中与液滴汇合,使金属包裹在陶瓷颗粒表面形成混合液滴,混合液滴喷射沉积在收集器上,凝固成复合材料坯料。这时的坯料是疏松的,后续必须进行类似于粉末冶金法那样的热塑性成型使其致密化,同时制成复合材料型材。

喷射沉积法的特点是基体合金的选择较为灵活,铁、钴、镍、铜、铝、钛、镁等均可以作为基体合金实现复合,增强体颗粒在材料中分布均匀,熔体凝固速度快,可以获得细小的晶粒组织；粉末与液态金属接触时间短，可以避免有害界面反应的发生。喷射沉积法的局限性在于，润湿性差的陶瓷颗粒与基体之间的界面不能完全冶金结合，影响强塑性等力学性能；加入的增强体颗粒的体积分数较小。

2.1.3　气态法

气态方法的典型例子是基体材料表面气相沉积功能薄膜，制成层状复合材料。这个类型的复合方法暂不作为本书的论述对象。

金属基复合材料的制备方法还远不止这些，随着技术的进步还会出现更多的方法，任何一种制备方法都有明显的技术优势，也同时有各自的局限性，不同制备方法所获得的材料的特性也有所不同，分别适用于不同的服役环境要求。不过，对于任何一种制备方法，需要解决的科学问题与技术问题是较为集中的，主要包括提高界面润湿性、抑制不良界面反应、增强体均匀分散或按照预定方式分布、提高材料致密度等。工艺技术上要解决的材料品质问题主要涉及复合材料的致密度提高（减少组织中的气孔和缩松）、不良界面反应的控制以及增强体的分散。随着复合材料应用技术的发展，复合材料设计、制备与成型一体化的问题已经引起广泛关注，这必将进一步推动复合材料制备工艺技术的进步。

2.2　液态浸渗的一般问题

液态金属向预制体中浸渗是一个复杂的物理过程，如果存在界面反应的话，还包括化学过程。物理过程的突出表现是液态金属在浸渗过程中的各种阻力的作用，如毛细管阻力，凝固阻力，重力、气体受压缩而产生的气体反压力、液态金属与增强体表面的摩擦力，液态金属端部紊流引起的非线性力等。其中毛细管阻力和凝固阻力是主要的阻力。

毛细管阻力与液态金属和增强体的润湿性相关。在金属基复合材料中常用的基体合金（如铝合金）与无机非金属增强体（如 Al_2O_3、SiC、Si_3N_4 或石墨等）的润湿性很差，需要借助于外界压力才能使液态金属够克服阻力流入并充满增强体的间隙。

凝固阻力是指液态金属在浸渗过程中液态金属与增强体、模具等发生换热过程使局部的液态金属温度降低、黏度增加，或者液体在增强体表面凝固成壳然后再熔化，形成半固态从而增大的液态金属流动阻力。凝固阻力过大将影响后续金属的渗入，熔液浸渗距离越长，凝固阻力越大，导致金属基复合材料出现孔隙缺陷，甚至出现“假复合”的现象。

关于浸渗过程的理论分析，一直是复合材料研究者关注的问题。现有的研究思路可以归结为两大类：一类是根据 Laplace 方程获得复合材料的临界浸渗压力，以临界压力表征浸渗条件；一类是对复合材料压力浸渗过程进行浸渗动力学分析，量化表征压力浸渗条件。这两类关于浸渗条件的定量分析，可以为压力浸渗工艺的制定提供方向性的指导，但是，所描述的熔液浸渗过程与工程实际相差甚远。

临界浸渗压力将受到复杂的外界环境和未知的物理现象的影响，为使问题简化，通常做如下假设[7~12]：

(1) 计算条件依赖于图 2-3 所示的装置，预制块内有若干平行于浸渗方向的毛细管道，金属液通过这些管道进入预制件。

(2) 忽略模具与预制件的传热，同时假定浸渗过程中金属液温度不变。在图 2-2 所示的真空压力浸渗条件下，这种假设较接近实际。

(3) 忽略压头与模具、金属液与模具间的摩擦力。

(4) 金属液在毛细管中的流动为稳态流动，忽略液流端部紊流引起的非线性力。

(5) 忽略预制件中气体对浸渗液体的反压力作用。

于思荣等[13]根据 Laplace 方程求得短纤维复合材料的临界浸渗压：

$$P=\frac{8\eta h\bar{v}V_f^2}{R_f^2(1-V_f)^2}-\frac{2\sigma_{lg}V_f\cos\theta}{R_f(1-V_f)}-\rho g(H_0+h) \tag{2-1}$$

式中，P 为浸渗压力(Pa)；R_f 为短纤维半径(m)；V_f 为预制件纤维体积分数(%)；η 为动力黏度(Pa·s)；$\bar{v}$ 为毛细管中金属液平均流速(m/s^2)；h 为预制块高度(m)；σ_{lg}为液气界面的表面张力(N/m)；θ 为接触角(°)；ρ 为金属液密度(kg/m^3)；g 为重力加速度(m/s^2)；H_0 为金属液高度(m)；

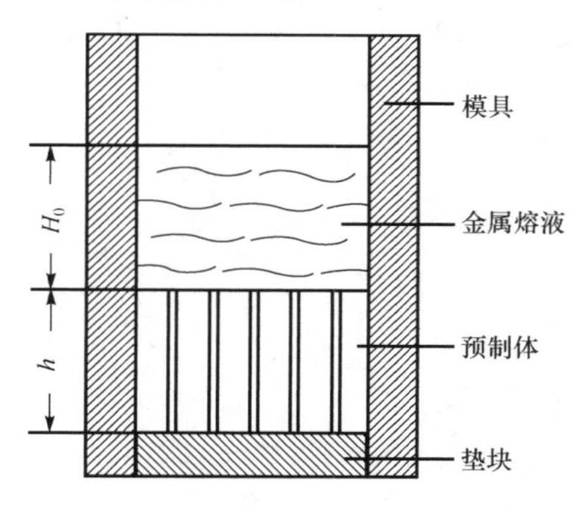

图 2-3　计算临界浸渗压力装置的简化模型

定性分析临界浸渗压力与工艺参数单因素的关系可以发现，浸渗压与 $V_f/(1-V_f)$ 呈抛物线关系，V_f 越大，所需浸渗压越高；浸渗压与浸渗距离 h 呈直线关系，h 越长，所需浸渗压越高；浸渗压力与增强体的尺寸的平方成反比，这说明，增强体尺寸对浸渗压力的影响更为敏感的；渗透压与金属液浸渗速度和预制块的高度成正比。

显然预制块的体积对渗透压会有较大影响，要想提高浸渗速度，需要更大的渗透压力。

Mortensen 等[7,8]从热力学角度推导出金属液体渗入到纤维预制体的最小压力表达式。在推导时做了一些假设：一是假设浸渗是可逆的，没有摩擦力存在；二是忽略重力的影响；三是在浸渗终了时不存在气泡或夹杂等。若只考虑始态为增强体/大气，终态为增强体/液体，不考虑气体的反压力作用，只是以液体取代大气，则最小压力可表达为

$$P=[4V_f(\sigma_{sl}-\sigma_{sg})]/[(1-V_f)d_f] \tag{2-2}$$

式中，σ_{sf}为液体与增强体界面的表面张力(N/m)；σ_{sg}为增强体与气体的表面张力(N/m)；d_f 为纤维直径(m)。

这一公式表明，在液态合金与增强体的润湿性不好的情况下，毛细现象引起的“附加压力”就增大。这个压力与增强体的体积分数和纤维直径有关，与增强体在预制件中的取向和分布无关。增强体的体积分数越大，纤维直径越小，即形成的毛细管越细小，需要施加的压力就会越大。

Nourbakhsh 等[9]于 1989 年在分析 Mortensen 公式的基础上提出了液态金属最小压力的计算方法。他们认为，Mortensen 公式只考虑了系统最终和开始的能量状态，而实际上，在进入最终状态前，系统必须克服能量障碍。因此，只要确定了克服这种能量障碍所需要做功的大小，便可以确定浸渗的最小压力。在他们的计算中，假设能量障碍来自毛细管力，则临界压力

$$P=2\sigma_{lg}/r \tag{2-3}$$

式中，r 为液体前沿最小曲率半径值(m)。对于正方形排列的纤维而言，临界压力可以表示为

$$P=\frac{4\sigma_k}{d_f}\frac{\sqrt{1-\left(\frac{\sin\theta}{\lambda}\right)^2}}{\lambda+\cos\left[\theta+\sin^{-1}\left(\frac{\sin\theta}{\lambda}\right)\right]} \tag{2-4}$$

式中，$\lambda=\sqrt{\pi/4V_f}$。

这个结果得到的规律与 Mortensen 得到的规律近似，临界压力与增强体的体积分数和纤维直径相关。临界压力随增强体体积分数的增加和纤维直径的减小而增大。

刘政等[14]在 Mortensen 理论的基础上，考虑了浸渗过程中的温度系数 $1/f(T_i)$，得到了如下公式：

$$p=\frac{4V_f f(T_i)}{d_f(1-V_f)}(\sigma_{sl}-\sigma_{sg}) \tag{2-5}$$

式中，$f(T_i)$是温度 T 的函数，与液态合金的温度、传热特性、凝固特点等有关。

当 $f(T_i)$增大时，浸渗压力 p 将减小。由于液态合金浸渗预制块时，要与纤维进行热交换，使浸渗前沿的液态合金热量流失，温度下降较快，黏性增加，这就需要有更大的外加压力使液态合金克服凝固阻力。

当液体能够润湿固体时，液体会自发浸渗到多孔介质中。否则，需要外加压力才可以实现浸渗。这种情况下临界压力 P（也被称为毛细管力）与接触角和颗粒尺寸与形态的关系如下：

$$P=\sigma_{lg}\cos\theta S_i \tag{2-6}$$

式中，S_i 为单位体积颗粒的表面积（m^{-1}）。

其中，S_i 可以表示为

$$S_i=\frac{V_p}{1-V_p}\rho S_p \tag{2-7}$$

式中，ρ 为颗粒的密度（g/cm^3）；S_p 为颗粒的比表面积（m^2/g）；V_p 为增强体的体积分数（%）。

公式表明，浸渗的临界压力与颗粒的比表面积呈正比。颗粒的比表面积不仅与颗粒的尺寸有关，还与其形状和表面粗糙度相关。颗粒的比表面积可以表示为

$$S_p=\frac{6\lambda}{\rho D(3,2)} \tag{2-8}$$

式中，$D(3,2)$为 Sauter 平均粒径（m）；λ 为几何因子，用以表征颗粒形状相对圆形的偏差（圆形为 1）。

上述压力浸渗的数学模型表明，对于颗粒增强复合材料，金属液体浸渗所需的压力与增强体颗粒尺寸和体积分数有关，随着颗粒直径减小，浸渗压力增大；随着体积分数增加，浸渗压力增大。此外，增强体的几何形状也对浸渗压力有一定的影响。

还有很多学者在浸渗的基础理论方面做了大量的系统分析，如 Mortensen[7,8]、Said Nourbalihsh[9]、Vafai[10]、Clyne[11,15]、Dudek[12]、Oh[16]等，对复合材料的浸渗压力、压力分布等物理参数进行了定量和半定量的描述，所得结果对深入理解金属基复合材料的液态金属浸渗条件有重要的意义。

表 2-1 列出了文献[16]给出的金属基复合材料压力浸渗的临界浸渗压力和浸渗功基本参量。

表 2-1　液态金属临界压力和浸渗功[16]

复合材料体系	浸渗压力/kPa		渗入功/(mJ/m²)	
	氩气	空气	氩气	空气
SiC/Al	686	710	197	204
SiC/Al-2%Cu	759	745	218	214

续表

复合材料体系	浸渗压力/kPa		渗入功/(mJ/m²)	
	氩气	空气	氩气	空气
SiC/Al-2%Si	738	779	212	223
SiC/Al-2%Mg	565	779	162	223
SiC/Al-4.5%Cu	717	807	206	231
SiC/Al-4.5%Si	731	731	210	210
SiC/Al-4.5%Mg	524	731	150	210
B_4C/Al	752	724	344	332
B_4C/Al-2%Cu	710	717	325	328
B_4C/Al-2%Si	686	738	314	338
B_4C/Al-2%Mg	241	69	111	32
B_4C/Al-4.5%Cu	669	724	306	332
B_4C/Al-4.5%Si	627	655	287	300
B_4C/Al-4.5%Mg	69	69	32	32

由于制备工艺的方式很多，工艺条件十分复杂，读者在分析数学模型时，应重视模型的假设条件。目前的各种压力浸渗的数学模型都将预制体假设为多孔介质，特征参数为孔隙率、孔隙尺寸、比表面积以及润湿角等，事实上液态金属的浸渗过程还应该考虑更多的参量，如液态金属的密度、黏度、热容以及与流体相关的一些物理参数，如流体雷诺数、质量通量等。因受到实际过程复杂性的制约，尚不能考虑充分，因此难以对浸渗压力进行精确的描述。另一方面，在理论分析过程中必须对物理化学过程进行必要的简化，建立一些合理的假设条件，而针对某种制备工艺，有些假设或者忽略会带来很大的分析误差。例如，忽略浸渗过程的传热过程，就忽略了浸渗过程中熔体温度变化引起的黏度阻力变化和凝固阻力变化；又如忽略增强体与基体的化学反应，在很多材料体系中并不恰当，因为反应润湿在很多复合材料体系中是客观存在的，如 SiC-Al 体系、C-Al 体系、Ti-Al 体系、B-Al 体系等，在这类复合材料体系中，反应润湿对复合材料的制备参数影响不可忽略。

上述的数学模型解释了临界压力与增强体和基体的基础物理参数的关系，回答了“能不能浸渗”的问题。然而，在研究压力浸渗工艺过程时，还需要了解浸渗过程、流动方向、凝固过程等，因为这些是导致复合材料品质的重要因素，也是工艺参数确定的依据。例如，关于金属基复合材料凝固问题，与普通金属不同，不仅传热、传质及流体的动量传输等问题变得复杂，而且由于增强体带来了异质形核、阻挡晶界迁移和晶粒长大、阻碍扩散等的作用，所以金属基复合材料的凝固过程和凝固组织与普通金属不完全一致。以往的文献对增强体的强化作用关注得较多，而对凝固组织关注得很少，这与基体组织对复合材料强度的贡献较少有关。然而，对于微屈服、微蠕变等涉及材料变形起始阶段特性以及材料长期稳定性的问题研究时，基体的凝固组织是不能忽略的。Jiang[17]和 Gugror 等[18]在亚微米 Al_2O_3/6061 复合材料、纳米 SiC/Al 复合材料中观察到无析出、无晶界的现象，这对复合材料的尺寸稳定性带来了很大的贡献，这种情况下基体金属的组织形态已经成为尺寸稳定性问题的主要矛盾。因此，在某些特殊要求的复合材料制备过程中，有必要考虑凝固问题。

另外，压力浸渗条件下金属液体浸渗过程是影响复合质量的首要因素，然而相关研究报道并不多。Mortensen 等学者[19]对此进行了深入研究，通过动力学计算描述了纯金属浸渗纤维预制体的热转换和流体流动的过程。其模型假定浸渗过程中液体呈理想的平面状向前推进，以氧化铝纤维/铝为例，计算了预制体温度高于或者低于金属熔点的浸渗情况。计算结果表明，预制体体积分数和预热温度是影响浸渗动力学的最主要因素；基体金属熔液的预热温度（过热度）对渗透动力学的影响不大；对于预制体温度较低，引起浸渗前沿热损失的问题，只要有足够的压力和适当快的浸渗速度便可忽略热损失对浸渗动力学的影响。

Mortensen 等学者的模型忽视了一个重要的问题，即复合材料制备时需要模具，而模具是金属的，金属模具与基体金属的润湿性比起陶瓷增强体要好得多，因此液态金属呈平面状向预制体中推进这一假设不成立，后面将要看到，金属液体是首先沿模具壁面渗入成金属“套”，包围预制体的，然后由周围向心部浸渗。事实上，即便使用陶瓷模具，Mortensen 的结论也只有在细管状的模具中才成立，因为这种情况下可以忽略预制体径向的温度梯度。在模具（预制体）尺寸较大时，产生了不均匀的压力场和温度场，于是这些结论也要发生变化。后面的叙述将会看到，实际压力浸渗过程中的熔液浸渗规律要复杂得多，理论计算结果尚不能准确描述较大尺寸材料，微米级细颗粒增强复合材料的复合过程。

现有的压力浸渗相关理论研究远远不能解决实际工程中的大气环境下的压力浸渗工艺问题，如同其他材料工艺研究一样，金属基复合材料制备工艺技术研究在现阶段仍然不能跳出实验科学的范畴，还需要大量的实验和试错，这或许正是材料科学研究的动力与魅力所在。

2.3　压力浸渗的典型工艺及缺陷形式

对于压力浸渗方法来说，理论上，只要压力足够大，金属基体与任何“不润湿”的无机非金属增强体都能够润湿并获得良好的复合，问题是要获得高品质的复合材料仅仅靠提高压力是不够的。这里所说的复合材料“品质”，主要包括界面要有良好的冶金结合、避免过度的不良界面反应；组织致密、孔隙率低、增强体分布均匀等几个方面。制备工艺的关键技术中，首先要解决的问题是减少气孔缺陷，特别是某些特殊的应用背景对复合材料有着很高的材料品质要求。例如，仪表级复合材料，要求具备精密加工性(如加工精度达到微米级，表面光洁度达到 Ra0.04 等)；而对于光学级复合材料，则必须要求材料没有金相组织缺陷，也就是说，在金相显微镜所及的分辨率下观察不到缺陷，显然，这比通常的铸造组织缺陷的要求要高得多。对于如此高的材料品质要求，目前压力浸渗技术是较为可行的方法。

2.3.1　普通压力浸渗工艺与气孔缺陷

图 2-1 是一种有代表性的压力浸渗装置示意图。这种装置工作效率较高，适合于同种规格复合材料制件的批量生产作业，也较容易实现自动化控制。这种传统的压力浸渗工艺的局限性是不适宜制备大尺寸的坯料，因为在大气环境下，预制块中含有的气体难以排至模具之外。例如，体积分数为 40%的预制体中大约含有将近 60%的空气，压力浸渗的时候一部分气体从模具的边缘可以排出体外，但是预制体尺寸较大的时候，其心部的气体在压力下被压缩到材料组织中形成气孔、疏松缺陷，直接影响材料的品质。

图 2-4 是作者用上述传统压力浸渗方法制备的粒径 0.15μm 的 Al_2O_3/Al 复合材料的纵剖面。复合材料坯料外观良好，而解剖之后发现心部残留着没有渗入基体合金的 Al_2O_3 颗粒，见图 2-4(a)。剖面的硬度分布显示，硬度从复合材料坯料的周边到中心逐渐降低，直至心部没有复合，如图 2-4(b)所示。这种现象产生的原因是气体被压缩到心部，同时压缩气体对浸渗的液体形成反向压力，阻碍液体的进一步浸渗所致。所以表面看似浸渗的部位其实由外至里致密度逐渐降低。实验中选择的是 0.15μm 的 Al_2O_3 颗粒，由于 Al_2O_3 本身与铝合金的润湿性较差，加之微细颗粒的比表面积大，浸渗阻力大，复合缺陷显示更为明显。如果采用润湿性

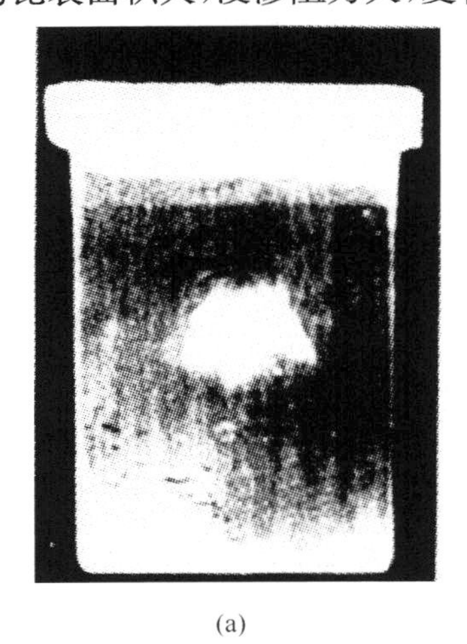

(a)

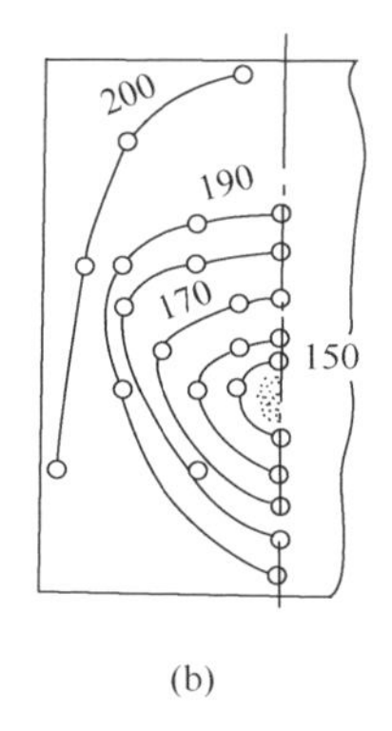

(b)

图 2-4　传统压力浸渗方法制备的 150nm-30vol% Al_2O_{3p}/6061Al 复合材料的内部缺陷

(a) 宏观组织缺陷；(b) 剖面硬度分布(HB)

较好、尺寸较大的颗粒作为预制体，坯料剖面上的硬度分布会均匀一些，肉眼可能观察不到气孔缺陷，但是微观上可以观察到气孔仍然分散在复合材料中，形成较高的空隙率，影响材料品质。

为解决压力浸渗条件下材料中残留气体的问题，选择真空环境进行压力浸渗是一个有效的方法，而且可以一次成型成近终型零件，这对于难加工材料是十分有意义的。容易出现的问题是从浸渗开始到冷却至开炉温度为止所经过的高温持续时间很长，在这个高温持续过程中，对于有界面反应的复合材料体系很容易造成界面反应过度。因此这种方法用于界面反应倾向较大的复合材料体系并不合适。

2.3.2　自排气压力浸渗工艺过程与缺陷形式

为解决压力浸渗工艺过程中气体残留以及低成本制备等问题，作者于 1991 年提出了在大气环境下使预制体中气体得以排出的压力浸渗的工艺方法[19,20]，其初衷是利用金属熔液浸渗时自身的液面压力驱逐预制体中的气体，使其从模具中排出。

自排气压力浸渗装置原理图示于图 2-5。模具可以为直筒型，下底采用多孔透气材料填塞，模具下半部为预制体装填部，上半部为基体合金熔液的盛装部。模具与预制体可以分别在保温炉中预热不同温度，也可以将模具与预制体同时加热到相同温度。基体合金在另外的保温炉中加热保温。到达预定温度之后，将模具移至压力机台面上，浇铸基体合金熔液，随后通过压力机借助于上冲头施加压力，促使金属熔液向预制体中渗透。当压头行程达到一定距离之后，基体合金的熔液到达排气孔，开始溢出，此时如果操作不当可能会发生高温液体从排气孔瞬间喷出的危险，容易对操作者造成伤害。为此，底部必须配有冷却措施，可以使用冷垫板，也可以将底板通水冷却，待液体浸渗到模具底部并开始向外溢出的时候，适时对底部冷却，使基体金属熔液在底部凝固从而封闭排气孔。然后，模具进入等静压状态，复合材料在等静压条件下完成复合过程。

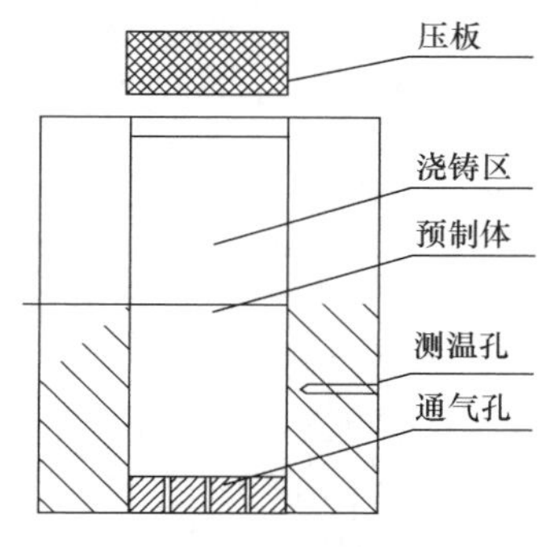

图 2-5　自排气压力浸渗装置示意图

由于图 2-5 所示的装置的模具底部是半开放的，这就使得液体在预制体中的压力分布产生梯度，自上而下逐渐减小，底部的压力为零，这就提供了金属熔液自上而下定向浸渗的基本条件，依靠金属液体的流动将预制体中的气体向下方驱逐，最后通过底部多孔透气材料排出模具之外。

由于预制块中的气体是由浸渗的金属液体驱逐排挤出去的，而没有附加其他专门的除气设施，所以将其称为“自排气压力浸渗”工艺。

为了解压力浸渗的排气过程和排气效果，与普通压力浸渗方法在相同工艺条件下做了对比，仍采用较难复合的 0.15μm 的 Al_2O_3 颗粒与 6061 铝合金复合。为了解压力浸渗的中间过程，将两种工艺下的复合材料于复合中途停止加压，连同模具快速水冷，解剖出浸渗中间阶段的纵向剖面进行观察。为详细观察气孔分布，对剖面表面进行了染色渗透处理。试样纵剖面的宏观组织照片示于图 2-6。照片中发黑部位(实际为染色剂染成的红色)为没有复合的预制体，其周围的放射状灰色痕迹为含气孔较多的疏松组织。可以明显看出，普通压力浸渗方法制备的复合材料预制体中心存储了大量气体，周围还有放射状的气孔分布形态，这显示了金属熔液由四周向心部浸渗的迹象。自排气压力浸渗的中途剖面组织显示，气体被驱逐到模具底部的排气孔的部位，复合部位的气孔缺陷明显减少，其分布形态显示了液体由上向下浸渗的迹象。这达到了自排气压力浸渗工艺设想的预期，再进一步加压复合，预制体中的气体有希望从排气孔全部或大部排出。

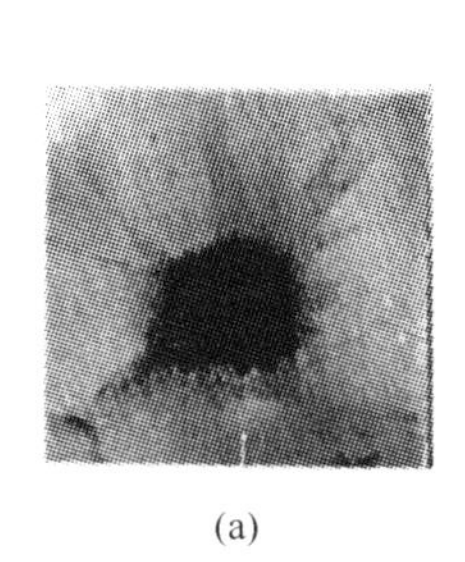

(a)

(b)

图 2-6　压力浸渗中间过程的 150nm-30% Al_2O_{3p}/6061Al 复合材料纵向剖面形貌(经过染色渗透处理)

(a) 普通压力浸渗；(b) 自排气压力浸渗(保留部分钢模具外壳)

自排气压力浸渗复合完毕的复合材料剖面组织示于图 2-7。为简单评价不同复合工艺下的复合材料的品质，仍采用硬度法进行判别。从图 2-7 可以看到，自排气压力浸渗技术制备的复合材料宏观上复合完好，硬度分布较为均匀，下部略低，这与浸渗阻力随着深度增加而增大，预制体上、下部存在压力差有关，由图 2-6 照片分析可以判断，底部还残留少量没有排净的气体。与图 2-4 所示的普通压力浸渗的剖面形貌和硬度分布相对比，自排气压力浸渗方法在相同的温度、压力条件下，其复合材料品质获得了显著的提升。

(a)

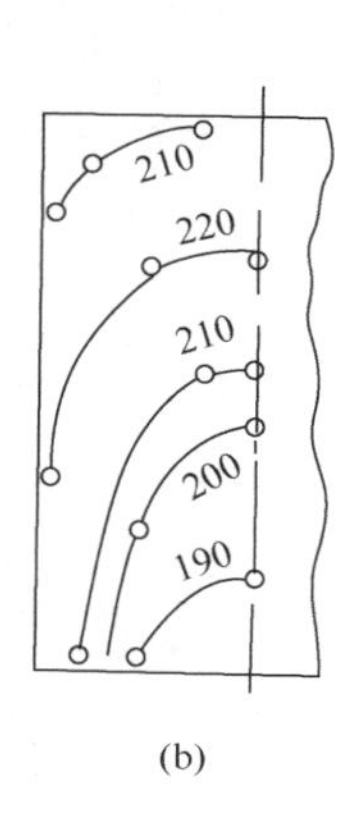

(b)

图 2-7　自排气压力浸渗工艺制成的 150nm-30%Al_2O_{3p}/6061Al 复合材料的纵剖面
(a) 复合材料剖面宏观组织形貌；(b) 剖面硬度分布(HB)

上述实验结果表明，自排气压力浸渗方法对于排出预制体中的气体，提高材料品质是十分有效的，与真空压力浸渗相比，装置灵活，不受材料尺寸和形状限制，而且高温保持时间很短，这将有助于减少不良的界面反应，工艺成本也显著降低。但是工艺参数控制要求精准，工艺窗口很窄，这也预示着浸渗原理的复杂性。

2.4　自排气压力浸渗工艺原理

压力浸渗工艺技术在国内外的书目和文献中有许多原理性的介绍，国内外许多学者提出了基于表面张力的临界压力数学模型，以及绝热状态和有换热条件下的金属流动模型，但是目前还远不能够解释大气环境压力浸渗工艺条件下金属基复合材料复合过程所涉及的熔液的流动过程和凝固过程。在具体的材料制备系统中，由于实际工艺过程的复杂性、干扰因素的不确定性以及基础数据的欠缺，特别是在大气环境下压力浸渗的边界条件十分复杂，复合材料制备技术在一个时期内还将是一门以实验为主的科学技术。为研究复合材料复合的详细物理过程，作者选择了以直观分析为主的分析方法来探讨压力浸渗的工艺原理。

2.4.1　压力曲线的物理意义与内涵

压力曲线是材料复合过程中机械压力随时间或者随压头位移而变化的曲线，这条曲线反映了复合材料在复合过程中综合浸渗阻力的变化。这种外在的变化现象必然从一个侧面反映出浸渗的一些本质性的信息，包括压头与模具的摩擦力、液体浸渗临界压力、预制体中气体反压力及渗入深度等。分析压力曲线是解析内在浸渗规律的一个有效的切入点。

图 2-8 是采用图 2-5 装置制备复合材料时典型的压力浸渗曲线。横坐标为浸渗时间，纵坐标为压力，当然，横坐标也可以换成压头位移。

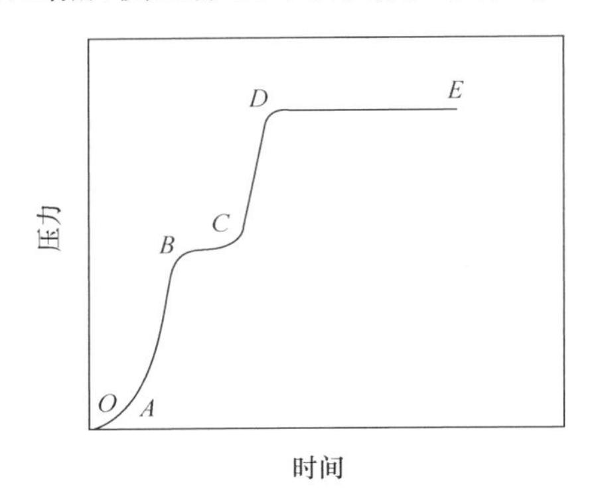

图 2-8　典型的压力浸渗曲线

将压力曲线分为压力上升段 *A-B*、浸渗段(后面将给以解释)*B-C*、静水压段 *C-D*、冷却段 *D-E* 四个阶段。建立起曲线四个阶段的表观现象与预制体内部浸渗过程的相关关系，对于揭示压力浸渗原理、寻找合适的制备工艺参数是十分有意义的。为揭示压力曲线反映的浸渗过程，观察了浸渗不同阶段的复合状态。实验选择了表面张力大、浸渗难度大的增强体材料，以最大限度地暴露出缺陷形式，使复合过程更加鲜明。本实验选择的是 0.15μm 的 Al_2O_3/6061Al 复合材料体系，体积分数为 30%。压力浸渗过程中观察压力曲线变化，到每个阶段结束时停止加压，立即卸载并连同模具迅速放入水中冷却。随后将耐热钢模具车掉，只剩下薄壳，再沿纵向切割解剖，得到浸渗中途的纵向剖面形貌，以此分析浸渗过程。

利用图 2-5 装置分别进行了普通压力浸渗法(模具底部不开孔)和自排气压力浸渗法(模具底部开孔)两种实验。两种工艺方法的上升段、浸渗段、保压冷却段的试样剖面示于图 2-9。上半部显示的是普通压力浸渗法浸渗中途的剖面形貌，下半部三个照片显示的是自排气压力浸渗法浸渗中途三个阶段的剖面形貌。

将照片与压力浸渗曲线对比分析不难看出，在上升段的 *A-B* 阶段，基体金属熔液沿着模具内壁流动，填满预制体与模具缝隙并将预制体包裹住，两种工艺均是如此。到 *B-C* 阶段，普通压力浸渗法由于模具是密闭的，包裹住预制体的液体将由上下和四周向中心浸渗，而自排气压力浸渗法则不同，由于模具是半开放的，金属熔液是由上至下定向浸渗。压力浸渗曲线形状与浸渗过程有关联，压力曲线上升到 *B* 点后出现停滞，而压头持续位移。试样解剖分析可知，*B* 点是金属熔液突破预制体的浸渗阻力开始强制浸渗的压力，这实际上是诸多学者计算的临界浸渗

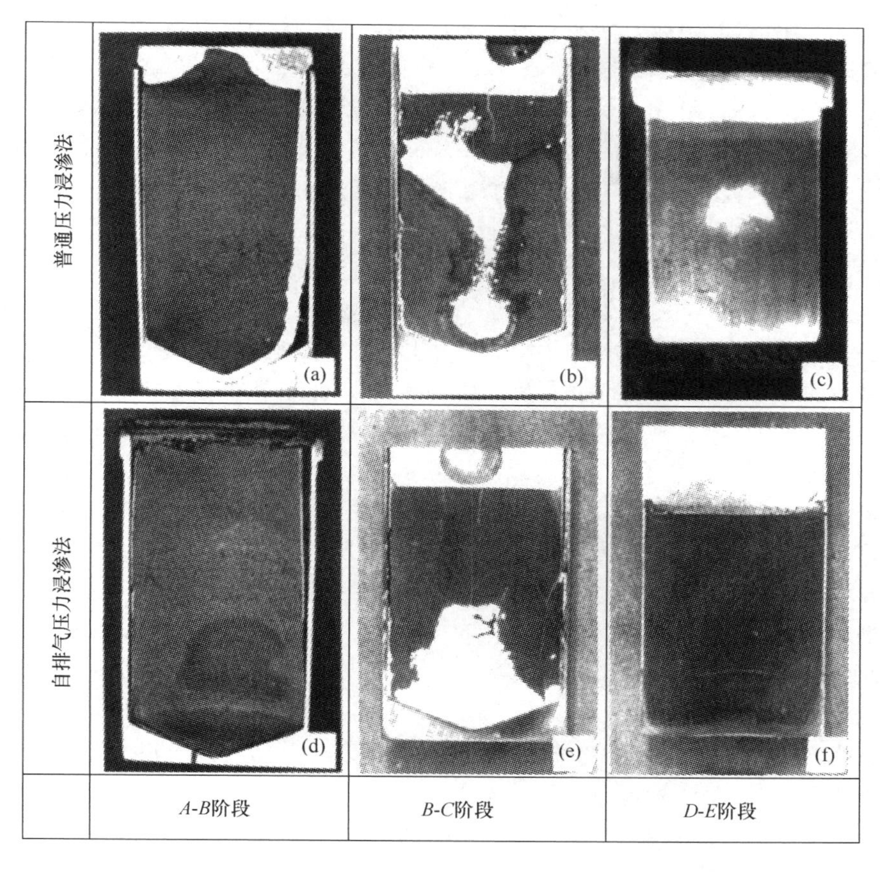

图 2-9　在压力浸渗曲线不同阶段所获得的试样纵向剖面形貌
增强体为 150nmAl_2O_3 颗粒，体积分数为 30%

压力的实验数值，里面包含了摩擦阻力等各种假设的忽略，本书将其称之为临界浸渗压力。外界加压力一旦突破临界浸渗压力便开始浸渗，其后基体金属熔液在预制体中持续流动，压力机冲头持续下移，推动金属熔液向预制体中浸渗，而压力维持恒定，在压力曲线上出现 *B-C* 阶段呈现平台，当压力到达 *C* 点时浸渗完毕，外界压力升高达到设定压力(*D* 点所对应的压力)，这个阶段自排气压力浸渗的模具底部已经被冷却，金属液体凝固封住了排气孔。于是模具内部进入等静压状态，等静压压力为 *D* 点对应压力。普通的压力浸渗法观测到的浸渗曲线与自排气压力浸渗方法的有所不同，*B* 点的压力相同，但是 *B-C* 阶段的平台常常是上扬的，这是预制体中压缩气体反压力逐渐增大的作用结果。*D-E* 阶段是浸渗后的预制体在等静压状态下凝固冷却形成复合材料的过程。

图 2-9 中的照片(c)、(f)分别为普通压力浸渗和自排气压力浸渗两种方法在图 2-8 曲线的 E 点，即压力浸渗完毕之后获取的复合材料的剖面照片。普通的压力浸渗条件下预制体中心残留有预制体粉末。这是由于压力到达临界浸渗压力之后，液体由四周向中心浸渗，同时将气体压缩到预制块中心部，最后气体反压力与压力机施加的外界压力相平衡，液体浸渗停止，被压缩的气体最终残留到复合材料组织中形成宏观缺陷。图 2-9(f)表明，对于模具底部开孔的自排气压力浸渗工艺，尽管初始的 A-B 阶段铝合金液体沿着模具四周包围了预制体，但是随后熔液主要由上向下浸渗，同时将气体向下驱逐，最终从模具底部的排气孔排出。在 D-E 阶段，复合材料在等静压状态下复合完毕，得到无宏观缺陷的复合材料。

压力曲线中 B-C 阶段的压力及其压力变化具有重要的含义。B 点反映的开始浸渗时的压力，与公式(2-1)～(2-5)所表示的临界浸渗压力物理意义相似，是实际工程上临界浸渗压力的综合表现，排除了理论分析时的任何假设和简化，是实际测试值。对于普通的压力浸渗和自排气压力浸渗，两种复合方法的临界浸渗压力是相同的，只是自排气压力浸渗的 B-C 阶段较为平坦，而普通的压力浸渗的 B-C 阶段曲线因压缩气体的反压力使曲线平台不断上扬。实验表明，这一临界浸渗压力大小与增强体种类、粉末比表面积、体积分数、熔液温度等参数密切相关；还表明，对于润湿性不好的增强体，如石墨与铝合金，只要提高浸渗压力都可以实现润湿和复合。

图 2-8 中压力曲线的 O-A 阶段为压头(活塞)与模具的配合磨合以及装置间隙调整的过程，与浸渗物理过程关系不大。

由上述分析可以看到，压力浸渗曲线的变化反映了液态金属向预制体中浸渗的宏观过程，通过压力曲线分析可以判断压力浸渗工艺参数是否恰当，从而找到合理的工艺参数。

2.4.2　复合材料压力浸渗工艺原理

实验结果证明，模具底部开排气孔的自排气压力浸渗工艺对提高复合材料的品质是十分有效的，但是实际操作中发现工艺窗口很窄，复合质量对工艺参数的变化十分敏感，对工艺控制精确性要求很高，因此，详细分析研究压力浸渗的工艺原理势在必行。金属熔体向预制体中的渗入行为是工艺原理研究的切入点，也是工艺参数制定的理论依据。不过，在有增强体存在条件下的金属流动和凝固规律尚没有可靠的数学仿真手段，进行实验分析仍然是可靠和有效的方法。

图 2-10 是作者于 1990 年设计和使用的监测金属浸渗过程的简易装置，用以还原金属熔液向预制体中浸渗的过程[19,20]。复合材料预制体的位置在模具的下半部，上半部为基体金属液体的浇铸区。预制体中心的上、中、下部位分别镶嵌 1 号、3 号、5 号三个热电偶，预制体边缘的上、中、下部位镶嵌 2 号、4 号、6 号三个

热电偶，在预制体正上方金属熔液的位置镶嵌第 7 号热电偶。为安全和减少干扰因素起见，基体合金选择了低熔点且没有固液两相区的纯 Pb，其熔点与凝固点相同，为 327℃，预制体选用粒径尺寸为 100μm 的石英砂，石英砂体积分数约为 50%。为便于检测，预制体与模具同时在加热炉中加热，加压速度设定为 0.5mm/s。压力机底面的冷却板温度约为 150℃。

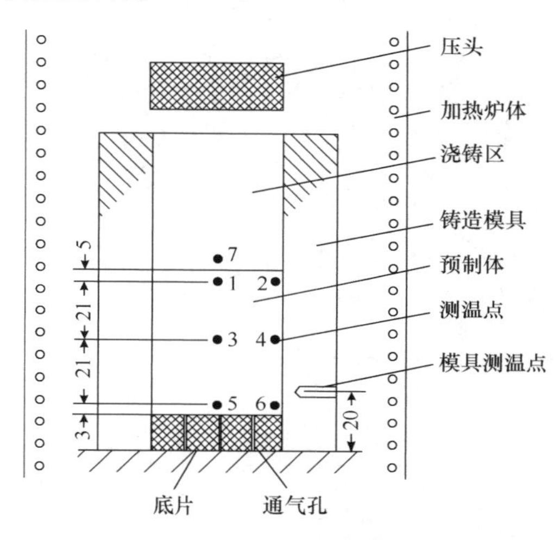

图 2-10　金属浸渗过程监测装置

按照压力浸渗工艺程序，模具达到设定温度之后，在模具中注入事先预热好的熔融金属 Pb，随之在压力机下加压，同时记录各个温度监测点的温度变化。图 2-11 给出了三种典型工艺条件下的温度变化曲线，曲线的 7 个编号①②③④⑤⑥⑦对应于图 2-10 所示的热电偶的位置，①③⑤为预制体心部的上中下层位置，②④⑥

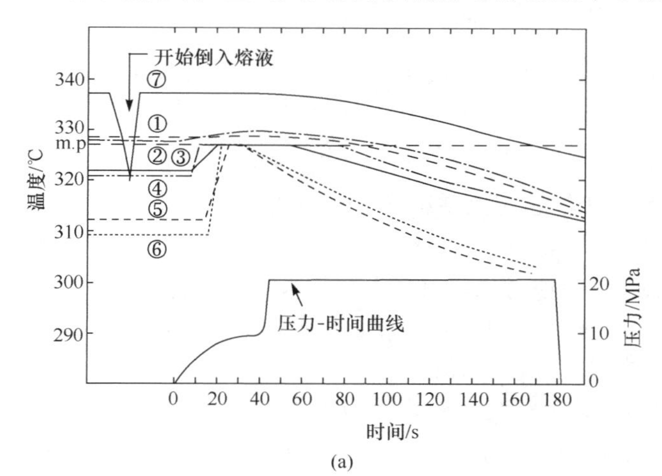

(a)

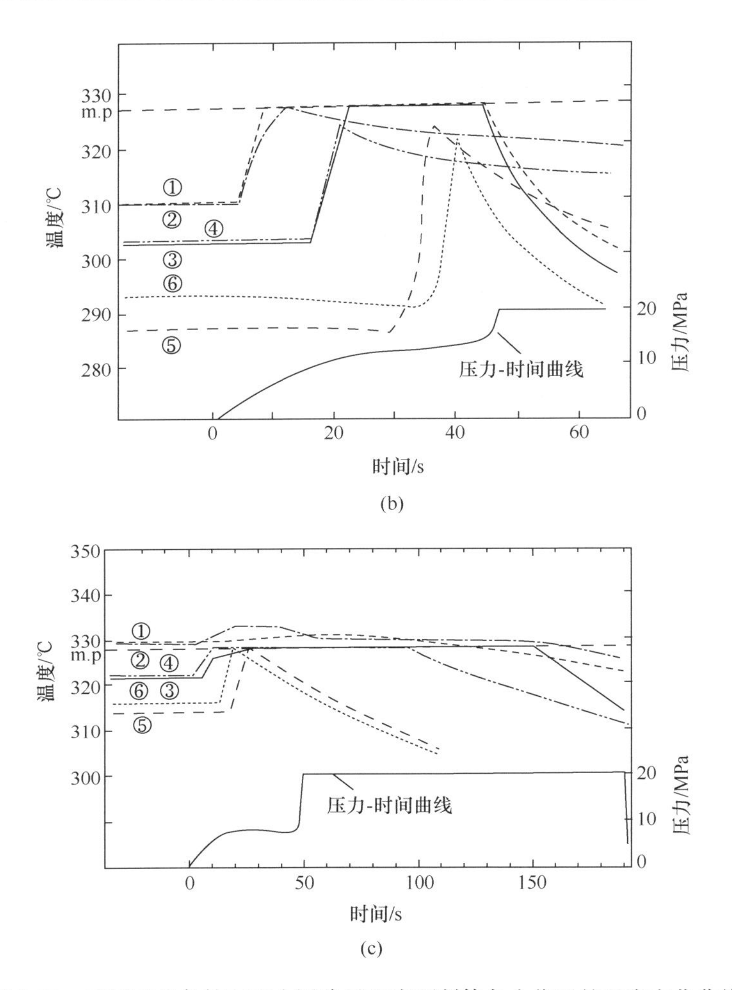

图 2-11　不同工艺条件下压力浸渗过程中预制体各个位置的温度变化曲线

(a) 模具温度 330℃,基体合金温度 340℃;(b) 模具温度 310℃,基体合金温度 340℃;(c) 模具温度 330℃,基体合金温度 360℃

为边部的上中下层的位置,⑦为预制体上部熔液的温度变化。图中还给出了对应于压力浸渗时间的压力变化曲线。后续将会看到,图 2-11(a)是正常工艺参数下的温度变化曲线,(b)和(c)分别为模具温度过低与熔液温度过高情况下的温度变化曲线。

先分析图 2-11(a)的温度变化曲线。此时的条件是模具温度 330℃,接近于基体合金熔点 327℃,基体合金预热温度过热 13℃,为 340℃的情形(以后简记为 340℃/330℃)。可以看出,加压浸渗开始之后,预制体上层中心①和边部②的温度波动不大,并没有因为熔液的接触而使温度上升,始终保持在基体金属的熔点附近;随着浸渗进行,先后按照③④⑤⑥区域的顺序升温,到达熔点温度的先后顺序是上层中心和边缘的②①，中层边缘和中心的④③，然后是底层的边缘和中心的⑥⑤。温度升到熔点便停滞不再上升。25s 后，预制体所有部位均到达了熔点温度，在熔点温度滞留一段时间之后相继开始降温，其先后顺序依次是底层的中心和边缘⑤⑥，中层的中心和边缘④③，然后是顶层的中心和边缘①②。对照压力曲线还可以看到，外界压力大约达到临界浸渗压力时熔液开始浸渗，相应温度点依次升温，各温度点到达金属熔点的时刻浸渗并没有停止，当浸渗完毕压力上升到达预定温度时，预制体基本还处于熔点温度。此时进入等静压状态，预制体各个区域在等静压状态下依次凝固。

图 2-11(b)的基体合金过热度与图 2-11(a)相同，均为 13℃，而模具温度降低到基体合金熔点以下的 310℃，有 17℃过冷度的情形。温度分布曲线与图 2-11(a)明显不同。升温顺序依次是①②④③和⑤⑥区域，但是只有预制体上层①②和心部的③达到了熔点温度，且只有①和③在熔点温度有短暂的保持时间。这说明液态金属只浸渗到了预制体的上层和心部，而预制体边缘部位和下层没能达到熔液温度，预示着金属熔液没能达到这些部位。

图 2-11(c)是模具温度与图 2-11(a)的条件相同，为 Pb 的熔点偏上的 330℃，基体合金温度达到 360℃，过热度为 33℃的情形。这种情况下的预制体内部温度变化与图 2-11(a)又有明显的不同，开始加压过程中预制体上部始终处于熔液温度。在加压到 12s 的时候周边部的④率先到达熔点温度，其后到达熔点温度的是底层的⑥和⑤，而心部的③反而后到达，这预示着金属熔液先渗入四周，最后渗入到心部。冷却过程依次是⑥⑤和④①③②，心部的③冷却最慢，甚至滞后于顶层的②，这说明预制体的上半部的中心部位冷却最慢。还注意到，底部的⑥⑤位置到达熔点温度之后立即降温，说明没有进入等静压状态。

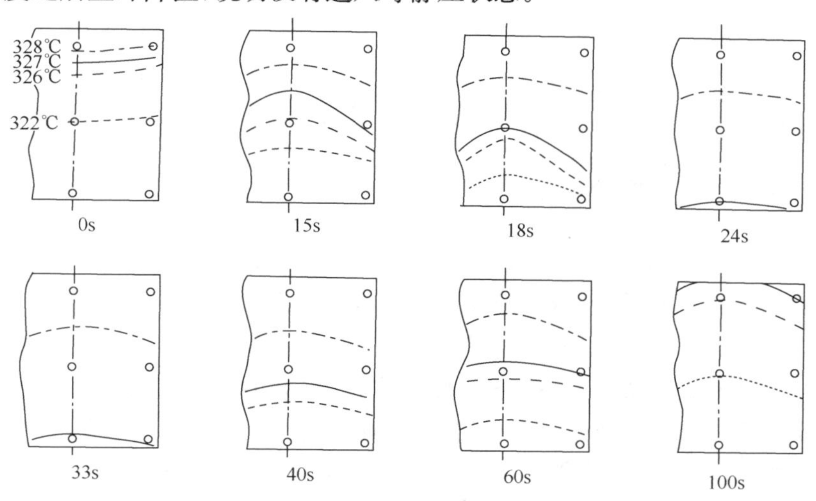

(a)

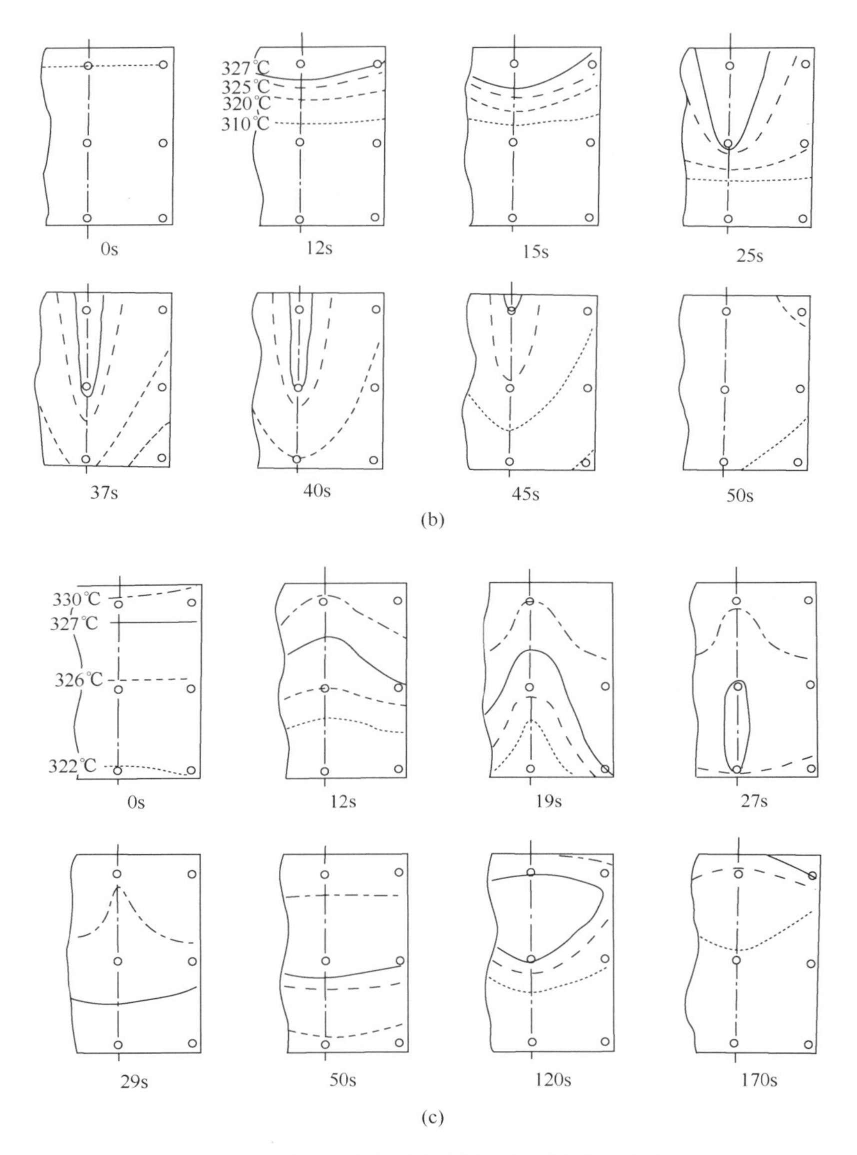

图 2-12　浸渗不同时间预制体内部温度场变化

(a) 熔液温度 340℃/模具温度 330℃；(b) 熔液温度 340℃/模具温度 310℃；

(c) 熔液温度 360℃/模具温度 330℃

对上述温度变化曲线还需要进一步分析推演，我们最终想得到的是预制体中的温度场和流场的变化规律。注意到，每个热电偶的位置是一个位置坐标，时间是另外一个坐标，这样，由不同浸渗时间、不同位置的温度变化可以还原出预制体内部温度场随时间的变化。将预制体内部温度变化曲线图 2-11 还原成预制体内部不同时间的温度场变化，可以做出一系列的温度场变化图，示于图 2-12。这里请读者关注图中实线所示的温度变化规律，实线代表的温度是基体合金的熔点，显示的是熔液到达的位置，可称为浸渗前沿；这个温度还代表基体合金的凝固点（忽略过冷度的误差），因此在凝固过程中实线显示的是固相界面移动的规律，即称为凝固前沿。而虚线是热影响区的分布，并不是我们关心的，此处只作为分析过程的参考和对结果的校正。由图 2-12(a)的温度场变化可以看到，在熔液温度略高于熔点温度、模具温度接近熔点温度的 340℃/330℃条件下，加压开始之后，预制体由上到下缓慢升温，周围升温速度略快于心部，实线所示的合金熔液浸渗前沿基本由上至下移动，预制体周围浸渗速度略快一些。24～33s 期间预制体各个部位均到达了熔点温度。自 33s 开始进入凝固阶段，此时的实线所代表的凝固前沿大致按照由下至上的顺序移动。从压力曲线可以看到，在 40s 时达到设定的 20MPa 压力，复合完毕是 100s 左右。这就说明，复合材料在 40～100s 期间的凝固过程是在等静压条件下完成的。该条件下复合材料的纵向剖面形貌照片示于图 2-13(c)，可见复合完好，观察不到宏观缺陷。

模具温度过低的 340℃/310℃条件下的浸渗规律示于图 2.12(b)。可以看到，浸渗 15s 之前，浸渗前沿仅仅移动到预制体的上部，由于模具的温度低，与熔液的换热剧烈，随后预制体周围的温度开始下降，浸渗前沿只能沿着心部向下移动。与此同时周边的凝固前沿已经开始向上移动，25s 的时候心部温度还在上升时，预制体四周的温度已经明显下降。这说明预制体周围已经开始冷却，凝固前沿由周边向心部推移，浸渗前沿沿心部向下移动，37s 时到达中心深度，随后开始全面冷却凝固，到 50s 时复合结束。这说明金属熔液有由上至下浸渗的趋势，但是由于预制体周围温度低，很快进入凝固状态，于是只有心部能够复合，复合深度约为预制体的一半。图 2-13(b)的宏观照片显示了这个结果的形貌，由于试样没有完全复合，无法切割解剖，图中显示的是试样外观粗糙的表面。

基体金属预热温度过高，360℃/330℃条件下的情形示于图 2-12(c)。此时模具温度略高于金属的熔点，没有过冷度，而熔液温度约为熔点的 1.1 倍，有 33℃的过热度。开始浸渗 19s 之内，浸渗前沿移动趋势是由上至下为主，沿着预制体周围，也就是沿模具内壁附近移动较快，在 27s 时浸渗前沿由周围到达预制体下部，然后向中心处移动，对预制体呈包围状，这预示着预制体中没有排出的气体可能被包裹在内。到 29s 左右开始冷却降温，凝固前沿基本上是由下至上移动的，但是冷却速度很缓慢。到 120s 的时候，预制体上部也进入凝固状态，凝固前沿形成由预制体上下和四周向心部移动的态势，而尚未凝固的液态金属被限制在预制体心部，最后到 170s 时复合完毕。心部凝固的滞后会导致在此处产生缩松缺陷，图 2-13 中试样剖面(j)的宏观照片证实了这一点。这说明，复合材料中的气孔并不都是由于残留气体形成的，其中还有缩松的而原因。

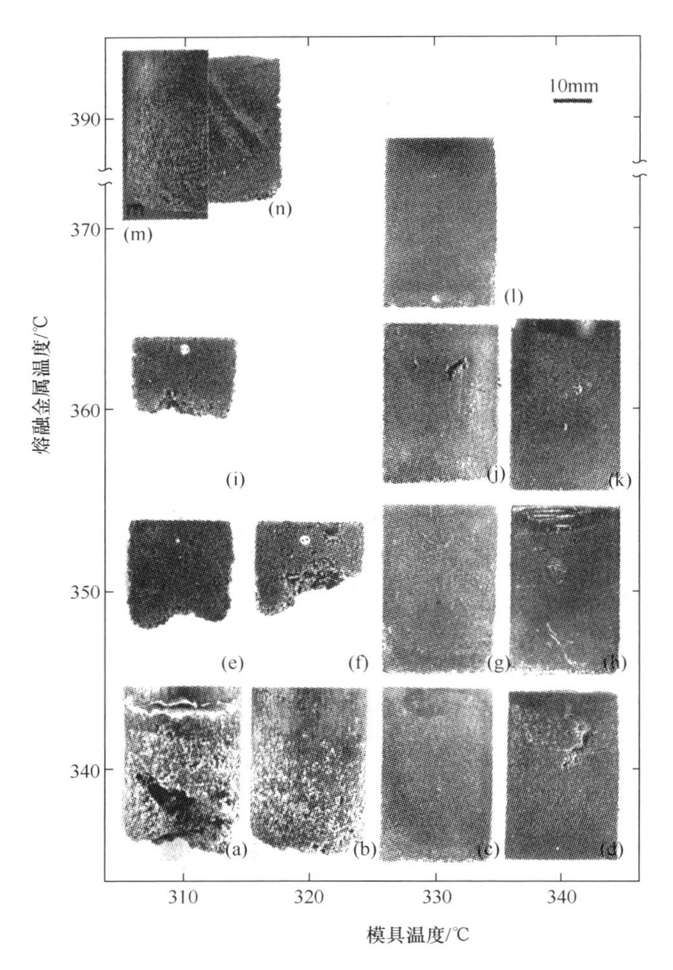

图 2-13　与图 2-12 工艺参数相对应的 SiO_2/Pb 复合材料的复合质量照片
(a)、(b)、(m)为试样外观，其余为试样剖面照片

综上所述，从预制体中的温度分布变化可以推断压力浸渗工艺下的熔液浸渗过程和凝固过程，由此可以解释自排气压力浸渗的工艺原理。可以认为，控制金属熔液由上至下浸渗，这样有助于排出预制体中的气体，控制凝固前沿由下至上移动，由预制体上方的液体不断进行补缩，有利于复合材料的致密化。对于金属基复合材料制备工艺来说，金属熔液的浸渗前沿（液面移动）和凝固前沿（凝固边界）移动的规律控制十分重要。这两个前沿的变化，也就是温度场的变化是工艺控制的首要目标，也是材料缺陷分析的基础。

利用预制体的在不同工艺条件下温度场随时间变化的特征，可以绘制出不同工艺条件下基体金属的浸渗前沿和凝固前沿的移动规律。图 2-14 所示的是由各

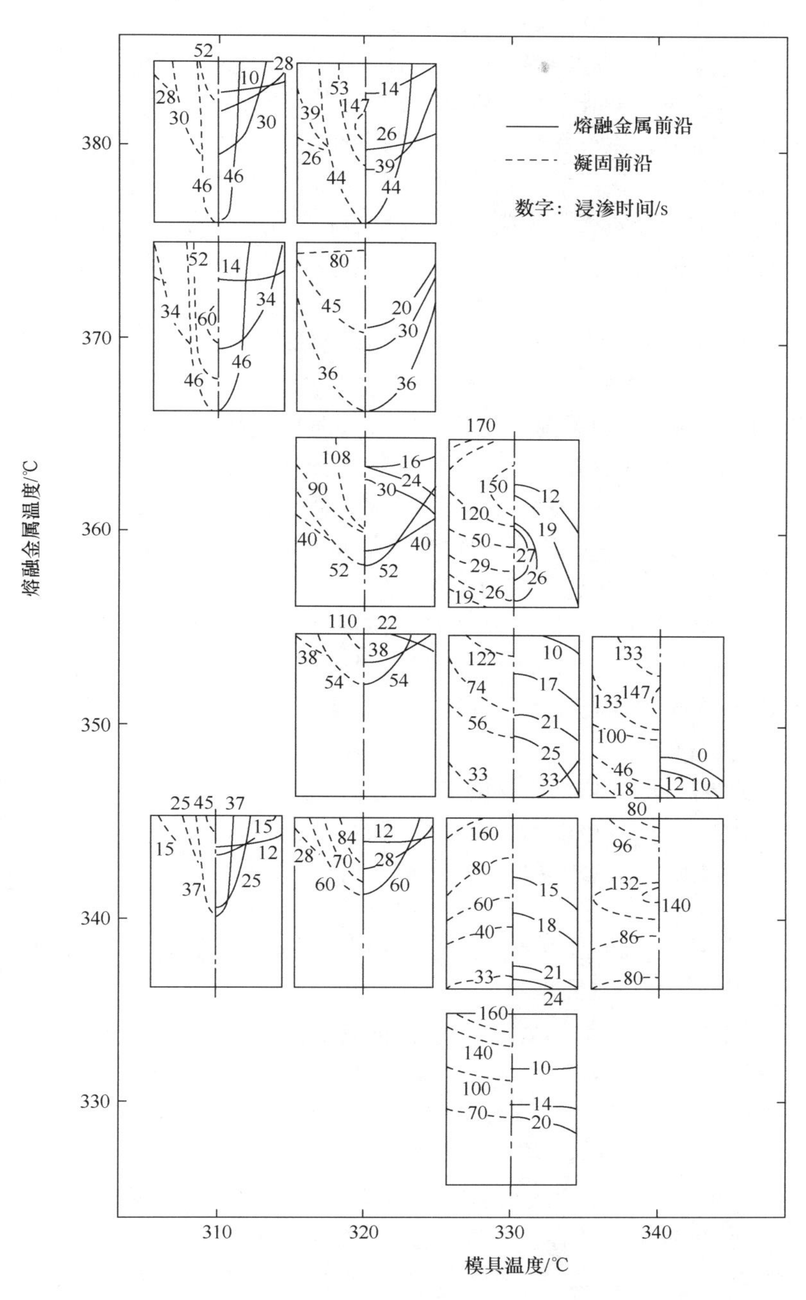

图 2-14　自排气压力浸渗不同工艺条件下金属浸渗前沿和凝固前沿的移动规律(以 SiO_2/Pb 复合材料为样本)

个工艺条件下温度场变化测试结果推演出的浸渗前沿与凝固前沿随工艺参数变化的规律。横坐标是模具温度，纵坐标是基体合金熔液温度，图中数字所示为自加压开始的时间，单位为 s，每张图的中心线右侧实线为浸渗前沿的移动过程，左侧虚线为凝固前沿的移动过程。与此相对应，将各个工艺条件下的复合材料的剖面宏观照片（低温下复合不良的无法解剖，给出的是表面形貌照片）示于图 2-13。显而易见，复合材料的复合质量与预制体中熔液的浸渗顺序和凝固顺序直接相关，不难发现，制备品质合格的材料的工艺控制窗口很窄，工艺参数稍有变化复合质量便出现巨大变化。

上述分析结果启示我们，为获得高品质的复合材料，控制基体金属熔液的流动过程和凝固过程是核心的问题。也就是说，流场控制是核心问题，而要控制流场、压力场和温度场是控制的关键。在模具底部开出排气孔的情况下，压力场状态便基本确定了，关键是温度场的控制，通过控制复合材料预制体的温度场，可以影响熔液的压力场（后面还要详细叙述），最终控制熔液浸渗方向和凝固方向。这种控制压力场、温度场，进而控制流场的控制方法和以往的压力浸渗工艺的以温度、压力为控制目标的工艺方法有着质的不同。

这里所述的压力浸渗实时观测结果是在直径 33mm 的较小的样品上得到的，在复合材料预制体构件尺寸较大的情况下，浸渗过程会变得更为复杂，对工艺参数会更加敏感。这时，仅仅控制温度和压力两个参数难以实现复合材料高品质制备，更需要进行流场控制。

还要说明的是，增强体与基体的表面张力也是影响复合质量的一项重要参数，但是在压力浸渗条件下，可以通过施加更高的外加压力克服表面张力的浸渗阻力，所以表面张力对复合材料的复合过程影响不大。

2.5　压力浸渗条件下复合材料缺陷形成原因分析

图 2.13 和图 2.14 所显示的复合过程可以反映出金属基复合材料缺陷形成与工艺参数的相关关系。结合图 2-4 和图 2-6 的复合材料缺陷形式，可以从以下几个方面总结归纳压力浸渗条件下复合材料缺陷形成机理。

1）压力场对复合材料缺陷形成的作用

图 2-9 已经表明，在压力浸渗初期，金属熔体首先沿着模具内壁浸渗进而包裹预制体，这是预制体与模具存在间隙以及金属熔体与金属模具润湿性好的缘故。当压力达到图 2-8 压力曲线所示的临界压力之后，在普通压力浸渗的场合，由于模具是密闭的，金属熔体对预制体的压力分布由四周指向心部，如图 2-15(a)所示（图中给出了压力方向，压力梯度没有直接给出）。这种压力分布条件下金属熔体由四周向着心部浸渗，最终将气体挤压在预制体的中心部位，从而出现了图 2-4、图 2-6

所示的缺陷形式。

自排气压力浸渗的模具下底是半封闭的，因此处于底面的熔体对预制体的反向压力为零，压力场分布主要是由上至下分布，周围也有指向心部的压力但是较小，呈现如图 2-15(b)所示的压力场，这一点由图 2-6 和图 2-9 的照片得到了很好的证实。当压力达到浸渗临界压力之后，金属熔体主要趋势是由上至下流动浸渗，同时将预制体中的气体驱赶排挤到底部并逐渐从排气口排出。待完全排出之后，液态金属夹杂气体从排气口向外排出，此时及时冷却底板，利用金属的凝固封闭排气孔，使预制体获得等静压状态。在等静压条件下凝固。理想情况下复合材料是不会有气孔缺陷的，但实际情况是随着预制体高度增加，浸渗阻力增加，压力会逐渐下降，排气动力会因预制体高度增加而下降。

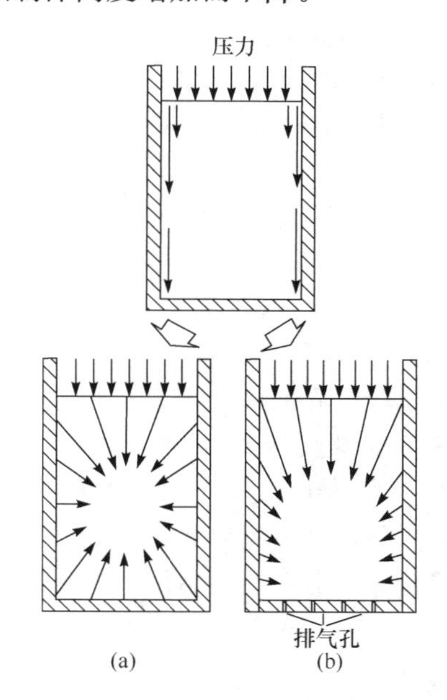

图 2-15　普通压力浸渗和自排气压力浸渗过程中熔液施加在预制体上的压力场
(a) 普通压力浸渗工艺；(b) 自排气压力浸渗工艺

2）温度场对复合材料缺陷形成的作用

本节介绍的温度场问题是基于图 2-10 所示的特定的装置下分析的实验结果，实践表明其基本规律具有普遍性。温度场分布不仅与初始的模具温度(T_c)、熔液温度(T_e)有关，还依赖于金属熔液与预制体、与模具、与底板的热交换过程，对于常用金属合金，还存在固液两相区的凝固物理过程，更为复杂。不同的工艺装置下，温度场变化会有很大差别。

图 2-13 显示出，在本实验装置的压力浸渗工艺件下，复合材料的复合质量对工艺的温度参数变化，即温度场的变化十分敏感，以模具(预制体)的预热温度影响

尤为显著。参照图 2-14，依模具温度(T_c)、熔液温度(T_e)的不同，复合材料陷形成机理大致可以分成如下几种形式。

(1) 模具温度小于 320℃，即低于基体合金熔点($T_c<T_m$)，存在过冷度的情况。浸渗时金属熔液浸渗前沿呈钟乳状沿中心向下移动，凝固时凝固前沿由下方和四周向心部移动，复合材料心部组织完好但是外表面复合不良。这是由于金属熔液在浸渗过程中与模具不断进行着的热交换过程使温度场不断变化所致。本实验条件下，相对于基体合金，模具的质量和热容都较大，熔液接触到模具后立刻发生局部凝固；金属 Pb 在 SiO_2 预制体颗粒的表面先凝固成壳体然后再熔化，产生较多的热交换，由于 SiO_2 热导率和热容都较低，金属熔液在预制体上的热损失不多，所以心部的液态金属集中于预制体中心不断向下渗透。浸渗过程也是温度场不断变化的过程，$T_c<T_m$ 条件下，金属熔液浸渗以及心部的温度升高与模具周围的温度下降同时发生，从模具的底面和侧面开始凝固，致使基体合金熔液不能到达预制体的底部，能够复合的区域仅限于心部和上部。这种条件下提高熔液温度对改善复合质量效果也很有限，如图 2-13(n)所示的试样，金属熔液温度达到了 390℃，即温度为 $1.2T_m$ 时复合材料表面仍然没有复合，只是心部复合，但是复合质量完好。

(2) 模具和预制体预热温度略高于金属熔点($T_m<T_c<1.01T_m$)，没有过冷度的情况。在熔液温度较低，过热度较小的 330℃($T_e<1.07T_m$)的时候，金属熔液液面近似于平面状由上向下均匀移动，此时很好地实现了排气功能，待预制体全部渗透之后，控制冷却可以实现凝固界面由下至上的移动，复合材料整体质量完好。这是较为理想的情况，在这种浸渗状态下，平移的熔液液面将预制体中的气体向下驱赶，直至从排气孔中排出体外，凝固时由下至上顺序凝固，预制体上方的未凝固熔液可以不断补缩，最后凝固部位处于预制体上方的基体金属中，避免了复合材料内部的缩松，因此可以获得良好的复合质量(如图 2-13(c)、(g)所示的试样)。当熔液温度过高达到 360℃($T_e>1.1T_m$)的时候，过热度过高之后，出现了完全不同的结果。浸渗过程中，基体金属熔液的浸渗前沿由上部、周围和下部共同向心部移动，凝固过程中，凝固前沿由上部和下部共同向中间移动。这种状态下，金属熔液将气体的一部分排挤出体外，还将另一部分卷入预制体中心部位，形成气孔，而凝固时，最后凝固的位置在预制体的中上部，这个部位无法获得预制体上方金属的补缩，因此形成缩松。这种状态下复合材料的致密度很低，图 2-13(i)、(j)所示的照片给了很好的证明。

(3) 模具和预制体温度过高，达到 340℃($T_c>1.04T_m$)的情况。在这种情况下，模具和预制体虽只有十几度的过热度，但是出现了一些随机的情况，液态金属的浸渗方向难以控制，金属熔液液面大体上由上向下移动。凝固阶段降温缓慢，在相同的冷却条件下，凝固顺序为由下至上和由上至下同时进行，最终凝固位置停留在预制体内部，这会造成补缩不足，产生缩松组织。复合后的复合材料纵向剖面照片示于图 2-13(k)、(h)、(d),可以看到,在本实验条件下各个剖面中均存在缩松或气孔缺陷。

本实验选择了 25 种不同的模具温度与熔液温度的组合,其实验结果示于图 2-16。分别对不同工艺条件下的复合质量进行了评价。图中数字为材料气孔率,图中“●”印记的复合质量为优,试样的外观和内部微观组织良好,气孔率在 5%以下;“○”印记的复合质量为良,试样外观复合不良,但是内部微观组织良好,气孔率也在 5%左右;“△”印记的复合质量为中,试样只有局部复合,微观组织中气孔较多,在 7%以上;印记“□”的为差,不能完全复合,局部复合的部位气孔率在 10%以上。

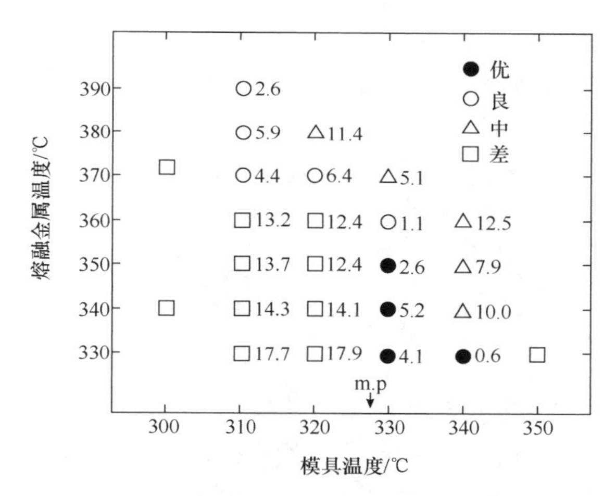

图 2-16 自排气压力浸渗不同工艺参数下 SiO_2/Pb 复合材料的复合质量

基于上分析可以看到,自排气压力浸渗的工艺参数控制难度很大,工艺窗口很窄。对于普通的压力浸渗,也有相似的问题,熔液浸渗过程和复合质量对工艺参数的变化都十分敏感,必须针对具体的工况条件,分析浸渗和凝固过程,从而把握工艺参数精准控制的问题。

2.6 自排气压力浸渗方法对材料品质的提高效果

复合材料的品质是一个较含糊的概念,宏观上通常指的是增强体分布均匀、致密度高(气孔、缩松组织缺陷少)、没有基体铝夹层等,微观上还应包括界面结合强度(在机械加工过程中增强体与基体的界面不会剥离、颗粒不会脱落)等。直接影响金属基复合材料使用性能的材料品质主要表现在致密度和界面结合状态两个方面。致密度可以用排水法测试,也可以用超声法做探伤评价。

气孔缺陷对材料性能的影响在强度和硬度上有所反应,但是对塑性指标的影响更为显著。图 2-17 是采用普通压力浸渗和自排气压力浸渗两种工艺方法制备的 0.15μm 的 Al_2O_{3p}/6061Al 复合材料的高温拉伸试验结果。材料的体积分数为 30%，经过 1∶14 的挤压比挤压成棒材并进行了 T6 处理。拉伸试样为圆棒状。

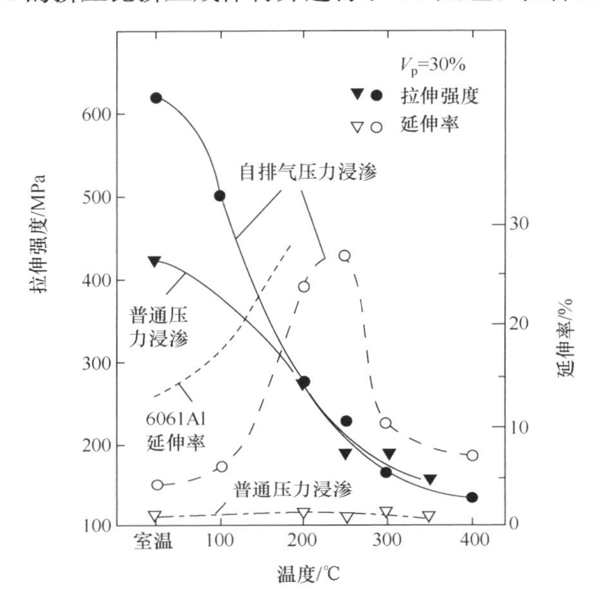

图 2-17　0.15μm 的 30% Al_2O_{3p}/6061Al 复合材料高温拉伸性能

室温拉伸强度显示，普通压力浸渗工艺获得的材料拉伸强度为 421MPa，而自排气压力浸渗方法获得的材料达到了 617MPa，200℃之后高温拉伸的强度差别减小。强度的差异从金相组织中可以找到答案，图 2-18 为普通压力浸渗和自排气压力浸渗方法制备的复合材料金相组织。普通压力浸渗条件下的金相组织气孔较

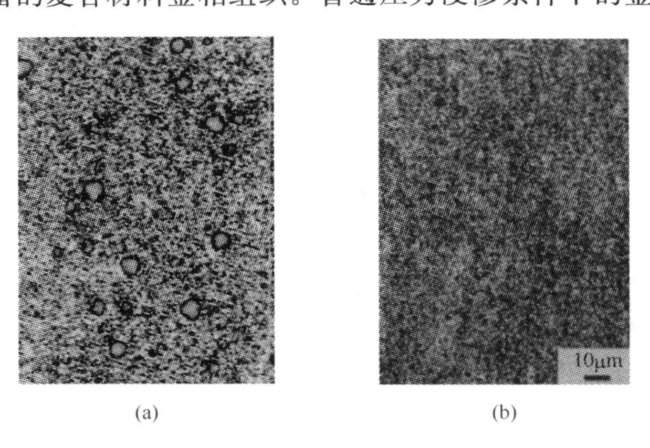

图 2-18　0.15μm-30% Al_2O_{3p}/6061Al 复合材料的金相组织
(a) 普通压力浸渗方法制备；(b) 自排气压力浸渗方法制备

多，实际测试孔隙率约为 4.3%，而自排气压力浸渗方法的金相组织中气孔较少，实际检测的孔隙率为 1.1%，致密度的差异直接影响了室温强度。高温拉伸试验在 200℃之后差别减小，这是因为高温下影响材料强度的因素不是孔隙率，而是基体合金高温强度下降占据了主要地位。材料的延伸率对复合材料组织中的孔隙反应最为敏感。图 2-17 拉伸试验结果可以明显看出，在室温下自排气压力浸渗制备的复合材料延伸率达到 5%，随着温度升高进一步增加，其增加趋势与基体合金相似，250℃时达到 26%的峰值，而普通压力浸渗的复合材料的延伸率在各个温度下均低于 1%。复合材料组织中的气孔缺陷破坏了基体合金的连续性，对材料塑性性能产生明显的影响。

增强体与基体的界面结合状态决定了复合材料力学性能、导热、导电等物理性能。然而颗粒增强复合材料的界面结合强度难以直接测量，在工程上可以通过机械加工性能进行粗略的比较。车削加工的过程是一个材料剧烈变形直至断裂的过程，界面结合强度较弱的复合材料在这种变形过程中车屑形状多为粉末状，颗粒与基体容易脱落，脱落的颗粒形成了磨料，进一步加剧了刀具的磨损。而界面结合较好的复合材料车屑是连续的卷状的，加工表面有金属光泽。图 2-19(a)为 45% SiC_p/2024Al 仪表级复合材料的加工车屑，(b)为 0.15μm 的 Al_2O_{3p}/6061Al 复合材料的车屑，可见车屑均为连续的卷状。自排气压力浸渗方法有利于界面获得良好的结合，其原因与复合过程中金属的流动以及液态金属在等静压条件下凝固有关。通常陶瓷与金属的润湿性不好，有学者进行了测试，SiC 与 Al 的润湿角在 700℃时约为 120°[22]，Al_2O_3 与 Al 的润湿角在 750℃时大于 120°[23]，石墨与 Al 润湿角在 720℃时为 160°[24]，理论上是不会润湿的，但是，在自排气压力浸渗条件下

(a)

(b)

图 2-19　自排气压力浸渗方法制备的复合材料车屑

(a) 45%SiC_p/2024Al 仪表级复合材料；(b) 0.15nm-30%Al_2O_{3p}/6061Al 复合材料

均得到了润湿和良好的复合。目前纳米 Al_2O_3、石墨、石墨烯等非润湿的增强体均在高温高压下得到了复合，而且界面结合完好。这是由于压力浸渗的润湿环境是高温、高压和液相强制流动的环境，与教科书上所述的平衡状态下的理想条件大不相同。关于这一点，进行深入的“条件润湿”定量研究会是十分有意义的。

自排气压力浸渗方法对提高复合材料品质的作用十分有效，在实际应用中显示了巨大的效益。但是任何一项技术都不会是十全十美的，也正因为如此才激发了人们不断地追求、不断探索的欲望。自排气压力浸渗的排气能力受预制体的高度影响较大，在预制体高度与直径之比（H/D）小于 0.5 的扁平状的情况下甚至可以实现无缺陷（金相显微镜难以观察到缺陷）地制备成光学级复合材料，但是在 H/D 大于 1 时会出现排气不充分，出现复合材料上下硬度差的情况。可以获得高品质复合材料的 H/D 数值依据不同的增强体形态而变化，与预制体的浸渗阻力有关，浸渗阻力又受增强体与基体的表面张力、增强体间的间隙尺寸（受体积分数和颗粒尺寸、比表面积制约）等影响，对于 3μm 的 SiC 颗粒增强铝复合材料来说，H/D 为 0.7 以上时废品率便开始上升。

本章通过实验分析方法研究了压力浸渗工艺的工艺原理，再现了复合材料的复合过程。发现，控制预制体中温度场和压力场从而控制金属液体的流动方向（流场）是压力浸渗工艺控制的核心内容，这与习惯上的控制压力和温度的工艺方法有着质的不同。

有必要指出的是，本章主要内容是在图 2-10 所示的特定装置和特定的 SiO_{2p}/Pb 体系中总结的试验现象，在其他情况下，复合材料的品质所对应的最佳工艺参数自然会因装置的结构形式、材料种类、尺寸、重量、预制体和基体合金的热物理参数的不同而变化，但是基本规律是相近的。作者在直径 400mm 大尺寸 SiC_p/Al 复合材料和直径 600mm 的 C_f/Al 复合材料复杂构件制备过程中均验证了图 2-14 所总结的规律。

上述工作对于流场的分析目前还停留在定性的层面上，若能够对压力浸渗工艺过程进行定量分析描述，进一步推广到复合材料复杂零件的制备工艺中，将是一项十分值得期待的工作。

参考文献

[1] 罗锡裕. 日本的电火花烧结——考察日本粉末冶金笔录. 粉末冶金工业，1994，3：96～97.

[2] 王海兵，刘咏，羊建高，等. 电火花烧结的发展趋势. 粉末冶金材料科学与工程，2005，10(3)：138～143.

[3] Skibo M D，Schuster D M. Process for production of metal matrix composites by casting and composite therefrom：US，US4759995. 1988-9-7.

[4] 石锋，钱端芬，吴顺华. 无压渗透法制备 SiC 颗粒增强铝基复合材料的研究. 天津大学学报：自然科学与工程技术版，2003，36(4)：418～423.

[5] 张国定，赵昌正. 金属基复合材料. 上海：上海交通大学出版社，1996：129.

[6] 张玉龙. 先进复合材料制造技术手册. 北京:机械工业出版社,2003.

[7] Mortensen A, Cornie J A. On the infiltration of metal matrix composites. Metallurgical & Materials Transactions A, 1987, 18(13):1160～1163.

[8] Mortensen A, Jin I. Solidification processing of metal matrix composites. International Materials Reviews, 1992, 37(3):101～127.

[9] Nourbakhsh S, Liang F L, Margolin H. Calculation of minimum pressure for liquid metal infiltration of a fiber array. Metallurgical Transactions A, 1989, 20(9):1861～1866.

[10] Vafai K, Tien C L. Modeling of hydrodynamic and thermal behavior by the fluid. International Journal of Heat and Mass Transfer, 1981, 24:195～200.

[11] Clyne T W, Mason J F. The squeeze infiltration process for metal matrix composites//Harrigan W C, Strife J R, Dhingra A K. Proceedings of ICCM-V, 1985:755～771.

[12] Dudek H J, Kleine A, Borath R. Interfaces in alumina-fiber-reinforced aluminum piston alloys. Materials Science and Engineering A, 1993, 167:129～137.

[13] 于思荣,何镇明. 挤压浸渗金属基短纤维复合材料浸渗压的理论分析及应用. 复合材料学报,1995,12(2):15～20.

[14] Liu Z, Zhu Y, Liu X. Fabricating fiber reinforced Al matrix composites by low infiltrating pressure. Light Alloy Fabrication Technology, 1999, 27(1):38～42.

[15] Clyne T W, Mason J F. The squeeze infiltration process for fabrication of metal matrix composites. Metallurgical Transactions A, 1987, 18(6):95～101.

[16] Oh S Y, Cornie J A, Russell K C. Wetting of ceramic particulates with liquid aluminum alloys: Part I. experimental techniques. Metallurgical Transactions A, 1989, 20:527～532.

[17] Jiang L T, Wu G H, Sun D L, et al. Microstructure and mechanical behavior of sub-micro particulate-reinforced Al matrix composites. Journal of Material Science Letters, 2002, 21: 609～611.

[18] Gungor M N, Cornie J A, Flemings M C. In the response of microstructures of metal matrix composites to solidification time//Dhingra A K, Fishman S G. Procedure Conference, New Orleans, LA, TMS, Warrendale, PA, 1986:121～135.

[19] Mortensen A, Masur L J, Cornie J A, et al. Infiltration of fibrous preforms by a pure metal: part I. theory. Metallurgical Transactions A, 1989, 20A:2535～2547.

[20] 武高輝,河野纪雄,高桥恒夫,他. 加压排氣鋳造の熔汤の浸入過程. 軽金属学会第81回秋期大会講演概要集,1991,11:109.

[21] 武高輝. 加圧排気鋳造法による粒子強化複合材料の複合化過程の解析. 軽金属,1993,43(1):20～25.

[22] Laurent V, Chatain D, Eustathopoulos N. Wettability of SiC by aluminum and Al-Si alloys. Journal of Materials Science, 1987, 22(1):244～250.

[23] Ohn H, Hausner H. Influence of oxygen partial pressure on the wetting behavior in the system Al/Al_2O_3. Journal of Materials Science Letters, 1986, 5(5):549～551.

[24] Choh T, Oki T. Wettability of graphite against liquid aluminum and effect of alloying elements on it. Journal of Japan Institute of Light Metals, 1986, 36(10):609～615.

第 3 章　金属基复合材料热物理性能设计原理与应用

3.1　引　　言

当我们接触集成电路等半导体电子器件时，看到的仅是它的封装外壳。封装是制备半导体器件时的一个重要环节。典型的电子封装分为四个级别[1]（图 3-1），包括元器件级封装（Ⅰ级）、电路级封装（Ⅱ级）、插件级封装（Ⅲ级）和分机级封装（Ⅳ级）。封装材料是电子元器件上所使用的一种重要材料，可以对内部的电子元器件起到密封保护、散失热量、机械支撑和信号传输等作用。每个级别对封装材料的性能要求也不尽相同，如图 3-1 所示。

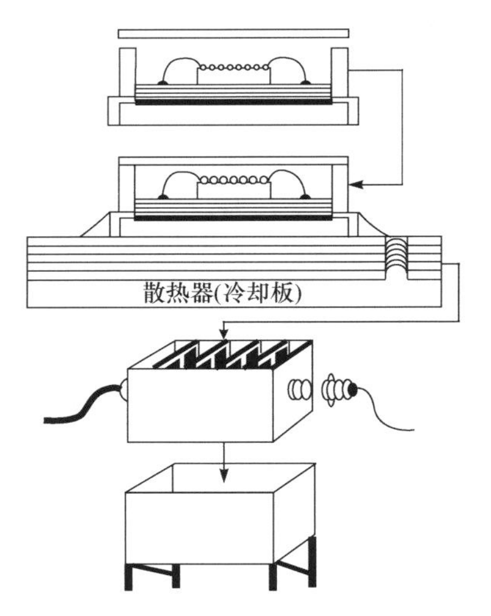

图 3-1　电子封装的典型四个级别及其对材料的要求[1]

现代科学技术的发展对电子装置中元器件的复杂性和功率密度的要求日益提高，低成本、轻质、热膨胀系数匹配、导热性良好的电子元器件封装材料已成为大功率电子器件、微波器件提高功率、延长寿命和增加可靠性的关键。高性能电子封装材料按照其发展历程，通常分为四代。表 3-1 为传统电子封装材料的热物理性能及密度，铝和铜为最常用的导热材料，然而较高的热膨胀系数限制了它们的应用。若两种相邻材料的热膨胀系数不同，温度的变化会引起热应力，甚至可能产生翘曲。Invar、Kovar 合金为第一代电子封装材料，它们的优势是热膨胀系数非常低，但导热性差，而且密度过大。复合材料在电子封装领域具有极大的优势，不但具有较高的热导率，而且具有较低的热膨胀系数。第二代电子封装材料为 W-Cu、Mo-Cu 等，具备与 Si、GaAs 类似的热膨胀系数，并且有较高的热导率，使得它们获得了大量的应用，至今在电子封装市场仍然占有一席之地。W-Cu、Mo-Cu 复合材料的缺点是密度大，而科技的发展对轻质高性能的封装材料需求更加迫切。通常，科学家向 Al、Cu 等金属中添加诸如 AlN 和 SiC 等陶瓷粒子来实现其高导热特性和低膨胀系数的组合。传统的铝基复合材料在电子封装和热控器件上的应用是 20 世纪后期才逐渐发展起来的，如 SiC_p/Al、SiC_w/Al、C_f/Al 复合材料被誉为第三代电子封装材料。采用 SiC/Al 代替传统的 Cu、Al 及 W-Cu、Mo-Cu 等封装材料，作为电子器件封装的选材，不仅可以解决其导热性问题，而且密度低、热膨胀系数可调，显示出巨大的开发应用潜力，特别是在大功率 IGBT(insulated gate bipolar transistor)基座、高端 LED 微处理器壳体封装及印刷电路板等领域获得了极其广泛的应用。第四代电子封装材料通常为金刚石铜或金刚石铝，主要用于对材料的热物理性能要求极其苛刻的场合，如空间高技术领域。

表 3-1　传统封装材料的热物理性能及密度

材料	热导率/[W/(m·K)]	热膨胀系数/($\times10^{-6}$/K)	密度/(g/cm^3)
Al	247	23	2.7
Au	315	14	19.32
Cu	398	17	8.9
Mo	142	4.9	10.22
W	155	4.5	19.3
Invar	10	1.6	8.05
Kovar	17	5.1	8.36
金刚石	2000	0.9	3.51
AlN	320	4.5	3.3
SiC	270	3.7	3.3

铝基复合材料由于自身的性能特点，常常用于二级封装(电路级封装)中，如功率模块(power module)的底座。图 3-2 为一个典型的 IGBT 模块的结构示意图。可以看到，这种功率模块是一个由不同材料所组成的多层结构。该结构材料由上到下依次为：半导体芯片、焊料层 1、铜 1、陶瓷基片、铜 2、焊料层 2 及底座(或热沉)。其中，铜 1、陶瓷基片和铜 2 常常合并称为 DBC(direct bonded copper)陶瓷基片。底座对整个功率模块起到散失热量和机械支撑的作用。显然，这种结构的特点是：多层、大尺寸、材料种类复杂且性能不同。

目前，这种功率模块常常采用铜作为底座，因为铜具有十分优异的导热性能，纯铜的热导率为 398W/(m·K)，有利于器件的整体散热。但是，该器件在封装焊接过程中，将不可避免地从高温冷却到低温。而陶瓷材料的热膨胀系数通常较小（约为 $4\times10^{-6}\sim8\times10^{-6}$/℃），与铜的热膨胀系数（$16\times10^{-6}$/℃）相差较大，因此焊接完毕后因温度变化所产生的热应力可能使底座发生翘曲变形，从而减少底座与陶瓷基片的接触面积，降低器件的散热效率。更为严重的是，这些功率模块一般被用于地铁、火车机车等动力传动装置中，要求模块具有 30 年以上的服务期，并经受$10^6\sim10^7$ 次功率循环。因此，功率模块工作时的热循环过程将进一步加剧底座与基片间的热失配，严重时将导致陶瓷基片出现裂纹而使整个功率模块失效，大大降低电子器件的可靠性。

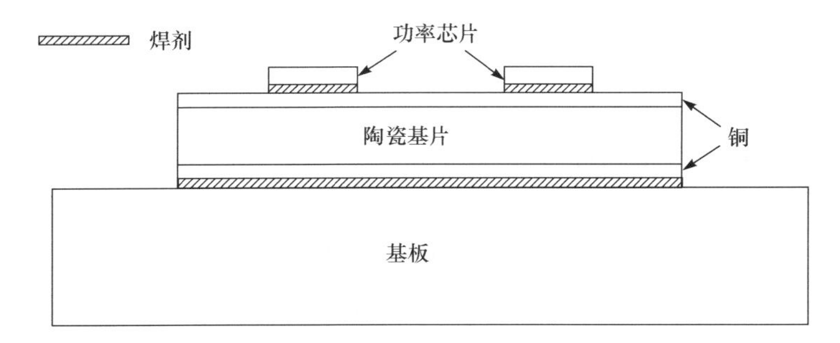

图 3-2　IGBT 模块结构示意图

因此，作为二级电子封装应用的铝基复合材料，应该具有以下几点性能要求。

1）热膨胀系数匹配

要求铝基复合材料具有较低的热膨胀系数，与陶瓷基片材料保持匹配，同时具有一定的可调整性，能够根据具体的基片材料做适当的改变。因为，热膨胀系数失配除了影响电子器件的可靠性，还可能导致器件密封性能大大降低，失去对半导体芯片及器件内部引线的保护作用。

2）良好的导热性能

电子器件工作时，自身会消耗一定的电能，其中相当一部分电能被转化成热能，热量聚积的结果使得电子器件温度升高。因此，器件失效的可能性也将显著地增加。大规模集成电路的允许工作温度范围为 0～70℃，可靠使用温度范围为 0～40℃[2]。半导体器件发热面温度上升到 100℃时，性能开始下降；温度由 100℃每升高 25℃时，故障将增加 5～6 倍。但由于电路高速运转而产生的热量甚至可以使电路局部温度达到 400℃，如果不能及时散热，将影响电子设备的寿命和运行状况。另外，温度分布不均匀也会导致电子器件噪声大大增加。

因此，器件具有良好的散热能力，是保证器件安全和正常工作的必要条件。为了避免半导体芯片的温度超过极限工作温度，必须要求铝基复合材料具有良好的热导率，以提高器件向外界散失热量的能力，提高器件的可靠性。

3）良好的力学性能

底座是整个功率模块多层结构的承载体，要求铝基复合材料具有一定的机械强度。而且，在飞机起飞和导弹发射过程中，电子系统必须承受强烈的机械振动和冲击过载，要求材料具有一定的机械强度。

3.2 电子封装复合材料设计基础

3.2.1 低膨胀设计

复合材料的热物理性能可以通过理论计算和试验测定。在复合材料设计前，利用各种理论模型预测复合材料热物理性能的大小，分析各种因素对复合材料热物理性能的影响，可以对铝基复合材料的设计起到针对性的指导作用。对于颗粒增强铝基复合材料的热膨胀系数，主要的理论模型包括以下几种。

1）混合定律(ROM)

如果基体材料的弹性模量非常小，则基体对颗粒变形的约束作用可以忽略，这时复合材料的热膨胀系数与各组分材料相应参数间的关系遵循混合定律，如式(3-1)所示：

$$\alpha_c = \alpha_m V_m + \alpha_p V_P \tag{3-1}$$

式中，α_c、α_m、α_p 分别为复合材料、基体、增强相的热膨胀系数；V_m、V_p 为基体和增强相的体积分数。

2）Turner 模型[3]

Turner 模型首先假设：①在所考虑的起始温度下，复合材料内部没有内应力存在；②在所考虑的温度范围内变化时，各组分材料的变形程度相同，亦即协调变形；③温度变化时，复合材料内部的裂纹和孔隙的数量及大小均不发生变化；④温度变化时，复合材料内部产生的所有附加应力均为拉应力和压应力。在考虑以上因素的基础上，得出复合材料的热膨胀系数如式(3-2)所示：

$$\alpha_c = \frac{\alpha_m K_m V_m + \alpha_p K_p V_p}{K_m V + K_p V_p} \tag{3-2}$$

式中，K_m、K_p 分别为基体和增强相的体积模量。

3）Kerner 模型[4]

Kerner 模型认为增强相为球形，周围被一层均匀的基体所包围，且考虑到组元各相中同时存在剪切和等静压力的情况，提出了预测复合材料热膨胀系数的表达式，如式(3-3)所示：

$$\alpha_c = \alpha_m V_m + \alpha_p V_P + V_P V_m(\alpha_p - \alpha_m) \times \frac{K_p - K_m}{V_m K_m + V_p K_p + (3K_p K_m / 4G_m)} \tag{3-3}$$

式中，G_m 为基体的剪切模量。

一般而言,增强相的热膨胀系数总是远远小于基体,而增强相的体积模量总是大于基体,因此考虑 $\alpha_p=\alpha_m/5$ 且基体的体积模量和剪切模量分别为 70GPa 和 25GPa。

根据以上模型,可以得到增强相的体积分数对复合材料热膨胀系数的影响,如图 3-3(a)所示。同时,基于 Turner 模型得到的增强相体积模量对复合材料热膨胀系数的影响如图 3-3(b)所示。可以看到,复合材料的热膨胀系数介于基体和增强相的热膨胀系数之间。增加增强相的体积分数和体积模量均有助于降低复合材料的热膨胀系数。

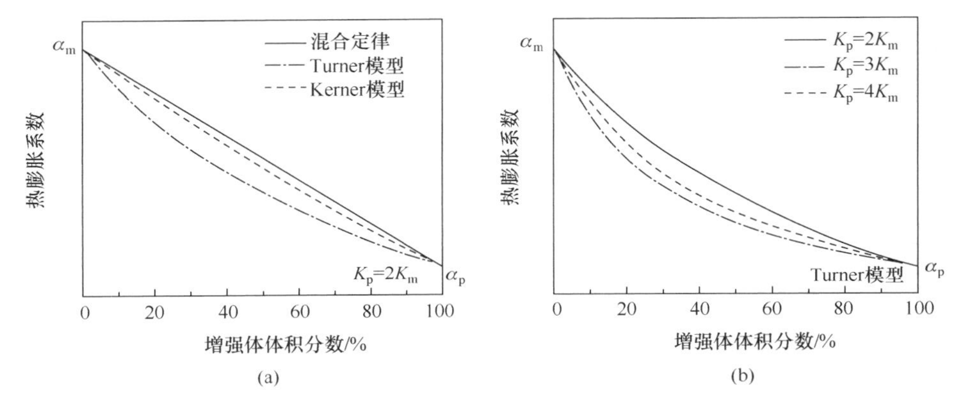

图 3-3 由各模型计算得到的复合材料的热膨胀系数

(a) 增强相含量的影响;(b) 基于 Turner 模型的增强相体积模量的影响

因此,从降低复合材料热膨胀系数的角度考虑,应选择热膨胀系数较小的基体和增强相;同时,增加增强相的体积分数和选用体积模量较大的增强相,也有利于降低复合材料的热膨胀系数。另外,复合材料的热膨胀也是基体铝合金和增强相因膨胀系数不同而相互抑制的综合结果。所以,尽量保持基体与增强相之间结合良好,确保低膨胀的增强相对铝基体膨胀的有效制约,将降低铝基复合材料的热膨胀系数。

3.2.2 高体积分数铝基复合材料设计

如前所述,影响复合材料热膨胀的因素有很多。从降低复合材料热膨胀系数的角度考虑,最有效且最简单的方法还是提高增强相的体积分数,制备高体积分数的铝基复合材料。

制备高体积分数的复合材料与增强相颗粒的堆积密度有关,而颗粒尺寸及尺寸分布是影响颗粒堆积密度的一个重要因素。如果全部采用大小均一的正六面体颗粒进行堆积时,在理论上可以达到无间隙、完整无缺的理想状态的充填,也就是说增强相的堆积密度能够达到 100%。但是，这在实际上是不可能的。如果假设颗粒为球形，单一粒径的球形颗粒进行最稠密的填充所得到的最大堆积密度为 74.06%。对实际球体来说，很难达到这样的理想堆积。实践结果表明，等径球体的堆积密度总小于 63.1%。虽然复合材料制备时采用的颗粒为不规则的多边形，最密堆积时堆积密度可能高一些，但实际的体积分数也有限。

可以设想，向均一球形颗粒产生的孔隙中填充适当大小的二次小球，将可以提高颗粒整体的堆积密度，获得非常紧密的颗粒堆积体。因此，适当地将各种粒径的颗粒混合，选择合适的颗粒粒径及粒径分布来减少孔隙，能够提高颗粒的堆积密度，从而制备出良好的高体积分数复合材料。

如果单一粒径球形颗粒按六方最密填充状态进行堆积，球与球之间形成的孔隙大小和形状是有规则的[5]。如图 3-4(a)所示，其孔隙形状有两种：六个球围成的八面体孔隙和四个球围成的六面体孔隙。设基本的均一球为一次球（半径为 R_1），填入八面体孔隙中的最大球称为二次球（半径为 R_2），填入六面体孔隙中的最大球称为三次球（半径为 R_3），则可以从理论上计算出 R_2、R_3 与 R_1 的关系。

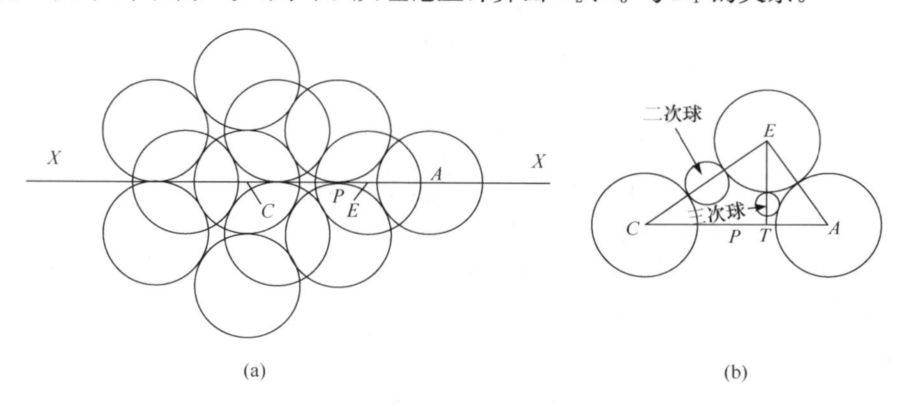

图 3-4　六方最密填充孔隙示意图

(a) 六方最密填充；(b) X-X 截面

在图 3-4(b)中，二次球与球 C、E 同时相切，根据几何关系，有式(3-4)～式(3-11)存在：

$$2R_1+2R_2=\overline{CE} \tag{3-4}$$

$$\overline{CE}^2=\overline{CT}^2+\overline{ET}^2 \tag{3-5}$$

$$\overline{CT}=\overline{CP}+\overline{AP}-\overline{AT} \tag{3-6}$$

$$\overline{CP}=\overline{AP}=R_1\sqrt{3},\overline{AT}=2R_1\sqrt{3},\overline{ET}=2R_1\sqrt{2/3},\overline{CE}=2\sqrt{3R_1} \tag{3-7}$$

所以，可以得到二次球的半径，如式(3-8)所示：

$$R_2=(2\sqrt{2R_1}-2R_1)/2=0.4142R_1 \tag{3-8}$$

同理，在三次球中，也存在以下的几何关系：

$$ET=2R_1\sqrt{2/3}(\text{正三角的高}) \tag{3-9}$$

$$\overline{EK}=\overline{EQ}\cdot\frac{\overline{AE}}{\overline{ET}}=R_1\cdot\frac{2R_1}{2R_1\sqrt{2/3}}=R_1\cdot\sqrt{3/2}=R_1+R_3 \tag{3-10}$$

以上关系也可以得到三次球的半径，如式(3-11)所示：

$$R_3=(R_1\sqrt{3/2}-1)=0.2247R_1 \tag{3-11}$$

以上结果表明，当二次球填充到六方最密填充体的孔隙时，如果 $R_2/R_1<0.4142$，可填入八面体孔隙；如果 $R_2/R_1<0.2248$，可填入六面体孔隙。由于多种粒径球体的加入，颗粒堆积体的孔隙被填充，从而提高了颗粒整体的堆积密度。

因此，为了提高颗粒的堆积密度，制备高体积分数的颗粒增强铝基复合材料，必须采用两种或多种粒径的混合颗粒。且理论计算表明，加入的小颗粒的直径不能大于原始球体直径的 0.4142 倍。但是，由于不能保证原始颗粒为尺寸恒定的球体和按照理想的六方最密填充方式进行堆积，因此，实际中选择的颗粒尺寸和尺寸分布会有所变化。

3.2.3 高导热性设计

1）基体与增强相选择

为了保证半导体芯片的可靠工作，高热导率是电子封装用铝基复合材料所必须具备的重要性能之一。

复合材料的热导率与各组分的导热性能密切相关。增强体的热导率可能大于也可能小于铝基体的热导率，但从获得复合材料高导热性能的角度出发，应选择具有较高热导率的铝合金和增强体。

2）界面热阻的影响

增强体的加入在复合材料中引入大量的界面，这将对复合材料导热性能产生一定的负面影响，阻碍热传导的进行。界面热阻一直是高热导复合材料研究的焦点，特别是在有界面反应的情况下，这一问题更为突出。

界面对热传导的阻碍作用可以用界面热阻（thermal boundary resistance）来衡量。它定义为界面热导（thermal boundary conductance）的倒数，具体表达式如式(3-12)所示：

$$R_{Bd}=\frac{\Delta T}{Q/A} \tag{3-12}$$

式中，R_{Bd} 为界面热阻（$m^2\cdot K/W$）；ΔT 为界面两端温度的差值；Q 为热流；A 为面积。

特别地，对于一个在基体中均匀、弥散分布着颗粒增强体的复合材料而言，根

据德拜模型，可以得到界面热阻的物理意义，如式(3-13)和式(3-13)所示

$$R_{Bd}=\frac{4}{\rho c v \eta} \tag{3-13}$$

式中，ρ 为基体的密度；c 为基体的比热容；v 为基体的德拜速度；η 为声子穿越界面进入颗粒的可能性。

这表明，界面热阻的大小与基体的密度、基体的比热容、基体的德拜速度及声子穿越界面进入颗粒的可能性成反比。实际上，即使是两种完全相同的材料，界面处没有任何阻碍，界面热传导也总是有限的。

对于金属基复合材料，界面热阻由于以下几个方面的原因而客观存在：①界面处结合能力较差；②界面处基体和增强体的热膨胀失配；③界面处的化学反应。随着实验技术的发展，一些新技术被逐渐应用于复合材料的界面热导分析，如时域反射测试(time domain thermo reflectance，TDTR)方法[6]。其基本装置包括一个脉冲频率为80MHz的飞秒激光束，被分成两部分：泵(pump)和探头(probe)。通过一个10倍物镜，两束激光被聚焦在同一点上。通过TDTR方法，可以从纳米尺度揭示热扩散效应。该技术已被成功应用于金属/金属、金属/绝缘体等体系的界面热导分析。研究结果表明，界面结合较弱将导致界面起泡(blistering)和较低的界面热导率。

在SiC/Al复合材料中，界面处的微裂纹及Al与SiC反应生成的Al_4C_3，将显著降低复合材料的热导率。并且，当增强体体积分数相同时，小颗粒增强复合材料中的界面积较大，界面热阻对复合材料热导率的负面影响也较严重。因此，不能忽视界面热阻的影响。

Hasselman等拓展了Maxwell和Lord Rayleigh关于多相材料导热性能的研究工作[7,8]，在复合材料中考虑了界面影响和尺寸效应，得到了用于预测复合材料热导率的有效介质近似(effective medium approximation，EMA)方法。

该方法忽略相邻颗粒的局部温度场，近似认为增强体颗粒为球形，推导出了用于计算复合材料的热导率的表达式，如式(3-14)所示。

$$K_{com}=K_m\frac{2\left(\frac{K_p}{K_m}-2\frac{K_p\cdot R_{Bd}}{d}-1\right)V_p+\frac{K_p}{K_m}+2\frac{2K_p\cdot R_{Bd}}{d}+2}{\left(1-\frac{K_p}{K_m}+2\frac{K_p\cdot R_{Bd}}{d}\right)V_p+\frac{K_p}{K_m}+2\frac{2K_p\cdot R_{Bd}}{d}+2} \tag{3-14}$$

式中，K_{com}、K_m、K_p 分别为复合材料、基体、颗粒的热导率；R_{Bd} 为复合材料的界面热阻($m^2\cdot ℃/W$)；d 为颗粒的直径。

根据EMA模型，可以得到当增强体的体积分数一定(如 $V_p=50\%$)时，界面热阻对颗粒增强铝基复合材料热导率的影响，如图3-5所示。图中分别考虑了增强相热导率大于基体($K_p=2K_m$)和小于基体($K_p=K_m/2$)两种情况。可以看到，

无论在哪种情况下，界面热阻增大，复合材料的热导率均降低。因此，为了提高复合材料的导热性能，应该尽量减少材料中的界面热阻。这需要保证增强体与基体界面结合良好，并防止界面处因热膨胀失配而产生微裂纹。对于 SiC_p/Al 复合材料，其界面反应产物 Al_4C_3 将会使材料的热导率降低 20%～30%。因此，还应避免界面反应产物的生成。

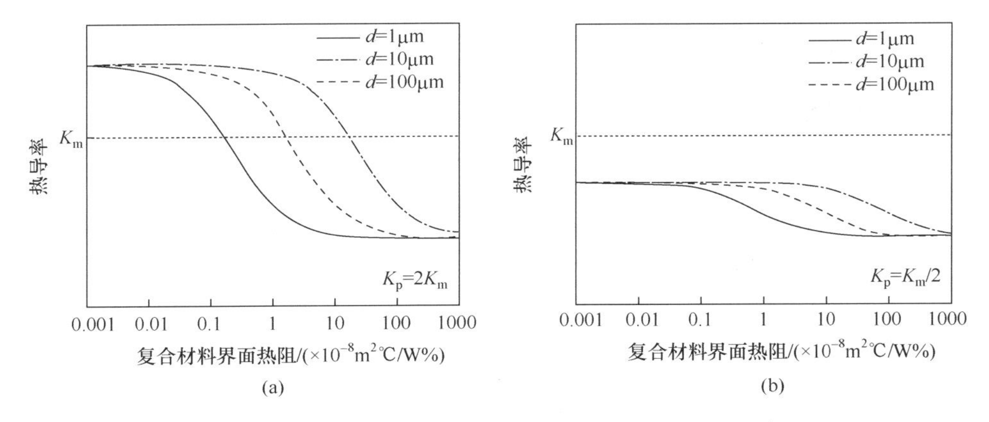

图 3-5 界面热阻对复合材料热导率的影响($V_p=50\%$)

3）颗粒大小与含量的选择

假设复合材料中的界面热阻为 $1\times10^{-8}m^2\cdot℃/W$，图 3-6 给出了颗粒直径与含量对复合材料热导率的影响。从图中可以看到，当颗粒体积分数一定时，无论颗粒热导率大于基体($K_p=2K_m$)、还是小于基体($K_p=K_m/2$)，复合材料的热导率均随着颗粒直径的增加而增大。当颗粒直径较小时，界面热阻对复合材料热导率的影响较大；随着直径的增加，这种影响逐渐减小。

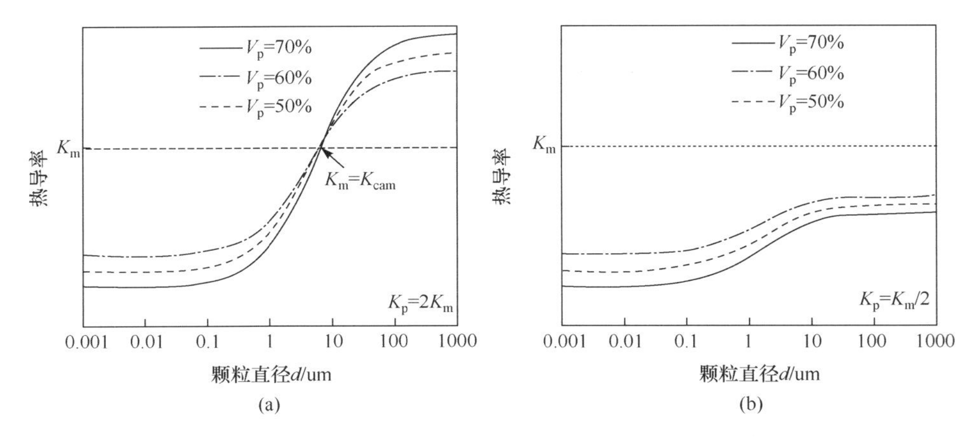

图 3-6 颗粒直径与含量对复合材料热导率的影响

但是，颗粒含量对复合材料热导率的影响还与颗粒的性质有关。当颗粒热导率小于基体时，增加热导率较高组元（基体）的含量，有助于复合材料热导率的提高；但当颗粒热导率大于基体热导率时，颗粒直径存在一个临界值 d_c，此时复合材料的热导率与基体热导率相等。根据式(3-14)，当 $K_{com}=K_m$ 时，可以得到临界直径 d_c 的表达式，如式(3-15)所示：

$$d_c=\frac{2K_m \cdot R_{Bd}}{1-K_m/K_P} \tag{3-15}$$

可以看到，临界直径 d_c 受到界面热阻、基体及增强体热导率的影响，与体积分数无关。并且，如果颗粒的热导率小于基体，式(3-15)是没有意义的，说明此时复合材料的热导率不可能大于基体热导率。当颗粒的热导率大于基体热导率且直径大于临界直径 d_c 时，增加热导率较高组元（颗粒）的含量，有助于复合材料热导率的提高；而当颗粒直径小于临界直径 d_c 时，为了提高复合材料的热导率，需要在保证热膨胀匹配的情况下，适当降低颗粒的含量。

4）气孔含量的影响

如果界面热阻 R_{Bd} 为无穷大，意味着没有热量能够通过界面进入增强相，因此增强体对复合材料的热传导没有贡献，相当于一个连续基体中含有气孔。此时，式(3-14)可以改写为式(3-16)：

$$K_{com}=K_m\frac{1-V_p}{1+0.5V_p} \tag{3-16}$$

根据式(3-16)，图 3-7 给出了材料中气孔含量对热导率的影响。可以看出，随着气孔含量的增加，材料的热导率近于线性降低。因此，为了提高复合材料的导热性能，应寻找合适的制备方法和工艺参数，提高材料的致密度，减少材料中的气孔含量。

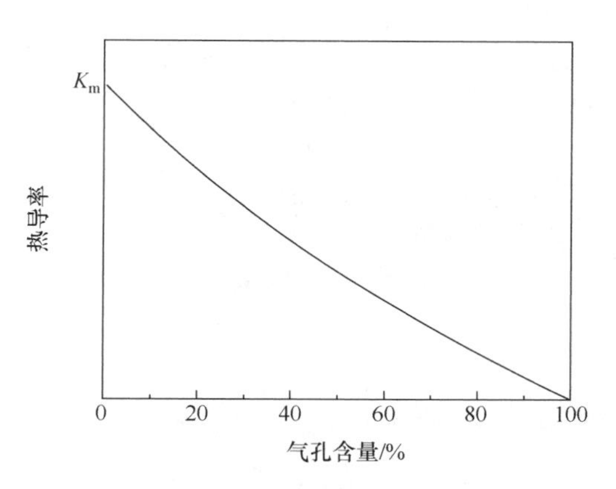

图 3-7　气孔含量对材料热导率的影响

综上所述，为了提高复合材料的导热性能，应考虑以下几个方面的问题：

（1）选择高热导率的铝基体和颗粒增强体；

（2）保证铝基体和颗粒结合良好，防止界面开裂和界面反应，减小界面热阻；

（3）选择尺寸较大的颗粒增强体；

（4）当颗粒热导率小于基体热导率或颗粒热导率大于基体热导率但颗粒直径小于临界直径时，在保证热膨胀系数匹配的情况下，适当减少颗粒的含量，而当颗粒热导率大于基体热导率且颗粒直径大于临界直径时，应提高颗粒含量；

（5）减少复合材料中的气孔含量，制备高致密度的复合材料。

3.2.4 多种粒径增强复合材料导热性能计算

在复合材料中，界面热阻的存在对复合材料的导热性能影响很大。EMA 方法综合考虑了基体和增强体的导热性能、增强体尺寸及界面热阻对复合材料导热能力的影响，为更准确和更合理地预测复合材料导热性能提供了依据。但是，EMA 方法中仅仅考虑了单一粒径颗粒增强复合材料热导率的预测和计算。为了提高颗粒的堆积密度，常常采用两种粒径的颗粒混合增强。因此，难以简单地采用 EMA 方法进行分析。

基于 EMA 方法，在复合材料等比表面积的基础上，引入颗粒的等效单一直径（以后简称等效粒径）的概念，用以解决两种或多种粒径的颗粒混合增强复合材料热导率的计算问题。

由于 EMA 方法主要考虑了界面热阻对复合材料导热性能的影响，而界面是与颗粒直径和体积分数均相关的参量，因此，当复合材料是由两种粒径的颗粒混合增强时，可以在复合材料比表面积相等的基础上，引入颗粒的等效粒径，从而解决混合颗粒带来的问题，如图 3-8 所示。

在单一粒径颗粒增强的复合材料中，假设颗粒为球形（直径为 d），考虑单位体积的材料中有 N 个颗粒，则颗粒的体积分数 V_p 如式(3-17)所示：

$$V_p=\frac{\text{颗粒体积}}{\text{复合材料体积}}=\frac{N\cdot\frac{4}{3}\cdot\pi\left(\frac{d}{2}\right)^3}{1}=\frac{N\pi d^3}{6} \tag{3-17}$$

由此得到复合材料的比表面积（I_{com}），如式(3-18)所示：

$$I_{com}=N\cdot\pi d^2=\frac{6V_p}{d} \tag{3-18}$$

当复合材料是由两种粒径（大颗粒 d_1 和小颗粒 d_2）的颗粒混合增强时，其比表面积可视为两种单一粒径颗粒的比表面积之和，如式(3-19)所示：

$$I_{com}=\frac{6V_1V_p}{(V_1+V_2)d_1}+\frac{6V_2V_p}{(V_1+V_2)d_2}=\frac{6V_1}{d_1}+\frac{6V_2}{d_2} \tag{3-19}$$

式中，V_1、V_2 分别为大颗粒（d_1）和小颗粒（d_2）在增强相中分别占有的比例。

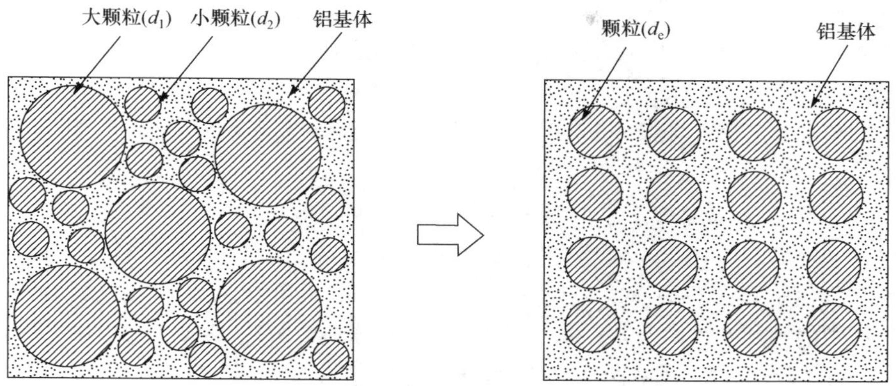

图 3-8　等效粒径颗粒增强复合材料示意图

假设有一种单一粒径颗粒增强的复合材料，且它的比表面积与上述 d_1 和 d_2 两种颗粒混合增强的复合材料的比表面积相等，则有式(3-20)成立

$$\frac{6V_1}{d_1}+\frac{6V_2}{d_2}=\frac{6V_p}{d_e} \tag{3-20}$$

式中，d_e 为颗粒的等效粒径。

等效粒径的具体表达式如式(3-21)所示。

$$d_e=\frac{(V_1+V_2)d_1d_2}{V_1d_2+V_2d_1} \tag{3-21}$$

因此，可以将由粒径为 d_1 和 d_2 的两种颗粒混合增强的复合材料，等效看做由粒径为 d_e 的单一粒径增强的复合材料。基于 EMA 方法，此时复合材料的热导率可以由式(3-22)计算得到。同理，多种粒径的颗粒混合增强复合材料的热导率也可以通过相同的原理得到。

$$K_{com}=K_m\frac{2\left(\frac{K_p}{K_m}-2\frac{K_p\cdot R_{Bd}}{d_e}-1\right)V_p+\frac{K_p}{K_m}+2\frac{2K_p\cdot R_{Bd}}{d_e}+2}{\left(1-\frac{K_p}{K_m}+2\frac{K_p\cdot R_{Bd}}{d_e}\right)V_p+\frac{K_p}{K_m}+2\frac{2K_p\cdot R_{Bd}}{d_e}+2} \tag{3-22}$$

3.2.5　复合材料界面设计

SiC/Al 复合材料是一类常用的铝基复合材料，SiC 颗粒本身会和铝发生如式(3-23)所示的化学反应：

$$4Al(l)+3SiC(s)\longrightarrow Al_4C_3(s)+3Si(s) \tag{3-23}$$

Al 与 SiC 反应生成的 Al_4C_3 将显著降低复合材料的热导率。有研究表明[9]，界面反应产物 Al_4C_3 将会使 SiC/Al 材料的热导率降低 20%～30%。因此，从提高导热性能的角度，需要制备干净、无界面反应的复合材料。

调整铝合金中 Si 的含量可以抑制反应(3-23)的进行。根据 Iseki 等的研究[10]，反应(3-23)的自由能变化量ΔG与反应温度及 Si 在液态铝中的活度有关，具体表达式如式(3-24)所示：

$$\Delta G = 113900 - 12.06T\ln T + 8.92\times10^{-3}T^2 + 7.53\times10^{-4}T^{-1} + 21.5T + 3RT\ln\alpha_{[Si]} \tag{3-24}$$

式中，T 为热力学温度(K)；$\alpha_{[Si]}$为 Si 在液态铝中的活度。

根据式(3-24)，图 3-9 给出了当 Si 在液态铝中的活度分别为 0.001、0.01、0.1 和 0.2 时，反应(3-23)的自由能变化量ΔG 随温度 T 的变化关系。可以看到，Si 在液态 Al 中的活度增大，反应正向进行的起始温度升高。并且，随着反应的进行，液态铝中 Si 的含量和活度均逐渐增加，自由能变化量也逐渐增大，将导致反应(3-23)逐渐趋向平衡。

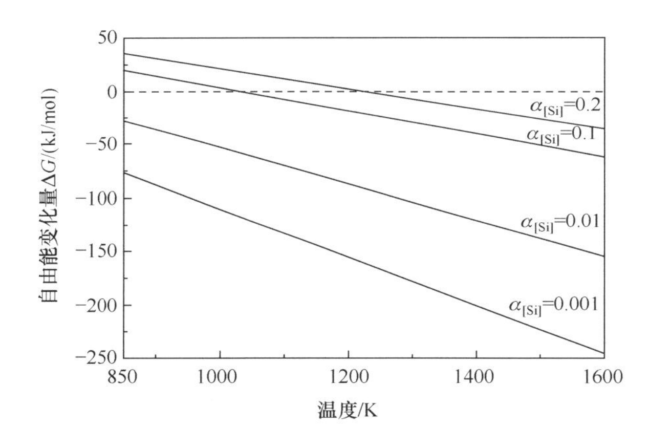

图 3-9　反应(3-23)的自由能变化量ΔG随温度的变化关系

Mitani 和 Nagai 等研究了当反应(3-23)达到平衡时，Si 在液态 Al 中的活度$\alpha_{[Si]}$与 Si 在液态铝中的含量 N_{Si}之间的关系[10]，如式(3-25)所示：

$$N_{Si} = \frac{3\alpha}{4(1-\alpha)+3\alpha} \tag{3-25}$$

因此，结合式(3-24)和式(3-25)，可以得到任意温度下，当反应(3-23)达到平衡时，Si 在液态铝中的含量 N_{Si}。图 3-10 给出了基于上述分析计算得到的 N_{Si}与温度 T 之间的关系。可以看到，当温度升高时，反应(3-23)达到平衡时 Si 在液态铝中的含量增加。只要基体中 Si 的含量足够高($>N_{Si}$)，就可以通过增加 Si 在液态铝中的活度达到抑制反应(3-23)正向进行的目的。因此，可以从材料组分和制备工艺控制入手，实现 SiC/Al 复合材料无 Al_4C_3 界面反应的界面状态。

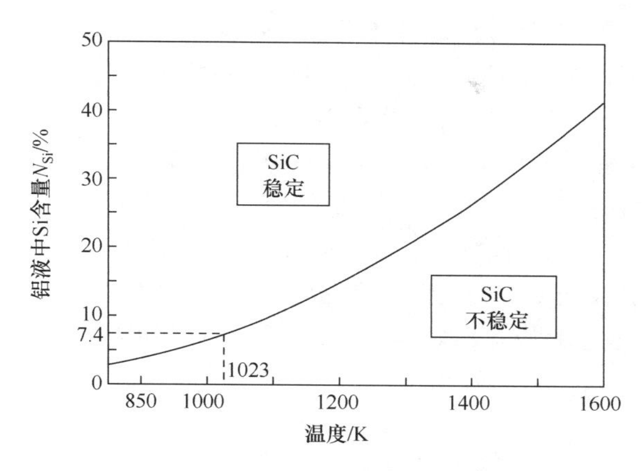

图 3-10　不同温度下反应(3-23)平衡时的 Si 含量

增强体与基体金属之间润湿较差时，活性元素的添加可以改善增强体与基体合金之间的润湿。例如，金刚石/Cu 或者金刚石/Ag 体系，可以在维持基体高导热性能的基础上，通过添加 B、Cr 等活性元素进行界面设计，提高界面结合、降低界面热阻，从而改善复合材料的导热性能。研究表明[11]，当 Cr 的含量为 0.05%(原子分数)时，复合材料的热导率开始上升。继续增加 Cr 含量，热导率最高可以达到 600W/(m · K)。添加 B 元素可以实现相同的效果，当 B 含量为 2.5%(原子分数)时，复合材料热导率达到最大值(>700W/(m · K))。Ludger 等通过在 Ag 中添加 Si 元素促进界面润湿，使用基体合金 Ag-3%Si(质量分数)，制备的金刚石银复合材料热导率达到 983W/(m · K)[12]。

以上结果为通过界面热阻设计制备超高导热的金属基复合材料提供了新的思路。

3.3　电子封装复合材料应用实例——SiC_p/Al 复合材料

3.3.1　材料选择

SiC 为普通磨料级具有六方晶系结构的 α-SiC 颗粒。这种颗粒来源广、价格低，是最为常用的一种铝基复合材料增强体。常用的磨料级 SiC 颗粒是以硅石(石英砂)、石油焦炭为主要原料，在电阻炉内经高温冶炼而制成 SiC 结晶块，再将其粉碎、球磨，最后水选获得不同粒径大小的颗粒。这里采用了不同粒径的 SiC 颗粒混合增强：20μm 和 60μm(配比 4 : 1)，其体积分数最终达到了 70%[13,14]。

目前应用的工业铝合金是根据应力、温度和环境条件等具体要求而发展和优化形成的，并不是作为复合材料基体和电子封装应用而研制的。根据电子封装应用的性能特点，应选择热膨胀系数小、热导率高的铝合金作为基体。同时考虑到高体积分数增强相的制约，基体的塑性不能太差。在铝中加入 Si 元素可以有效地降低铝合金的热膨胀系数，而且，Si 还具有密度小、价格低廉等优点。

图 3-11 为 Al-Si 合金的热膨胀系数（CTE）和密度与 Si 含量之间的关系。可以看到，增加 Si 含量可以同时降低铝合金的热膨胀系数和密度，而且，Al-Si 合金的硬度、屈服强度和抗拉强度等力学性能也均随 Si 含量的增加而增大。因此，铝合金基体选择了 LD11 合金为基体。该合金中含有共晶含量的 Si（质量分数约 12%），它与其他少量的 Cu、Fe、Ni 一起能够有效降低铝合金的热膨胀系数。而且，这种铝合金在液态时流动性好，将增加向颗粒预制块内部完全渗透的可能性。

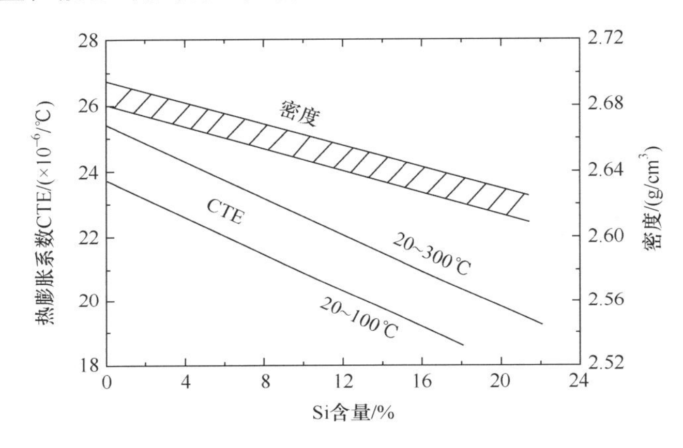

图 3-11　Si 含量对 Al-Si 合金的热膨胀系数和密度的影响

3.3.2　材料制备

对于 SiC 颗粒，对其进行预处理是预制块制备工作的第一步。将原始磨料 SiC 颗粒置于 2%～5%（体积分数）氢氟酸水熔液中浸泡 24h，以除去颗粒表面的氧化层。采用湿混方法混合不同粒径的 SiC 颗粒，以确保颗粒的分散和均匀分布。为保证颗粒混合充分，需要一定的混合时间。但是，混粉的时间不是越长越好，因为长时间混合时，颗粒有可能由于摩擦而被粉碎，使得颗粒的粒度分布出现异常。

此类复合材料可以采用压力浸渗技术制备，该方法是在压力作用下将液态铝合金浸入 SiC 预制块中得到复合材料。主要的工艺过程包括两个方面：预制块的制备和复合材料的压铸。SiC 颗粒预制块可以采用干压法制备，对于形状复杂的零件，也可采用注入模方法制备。第二步将预制块放入压铸模具中，加热至适当的温度（也可将预制块与模具分别预热），然后将熔化的液态铝合金浇入模具中，并施加压力。液态铝合金在压力作用下渗入预制块并随后凝固，从而制成复合材料。

图 3-12 为高体积分数（70%）SiC_p/Al 复合材料的 SEM 组织照片[15]。复合材

料的铸态组织致密，不存在微小的孔洞和明显的缺陷。SiC 颗粒的宏观几何形状为棱角形，而且个别颗粒的棱角非常尖锐。这种几何形状特征主要是由 SiC 颗粒的制造、加工方法决定的。这里采用的 SiC 颗粒是由尺寸很大的高强度的 SiC 结晶块经破碎、研磨而成。脆性的 SiC 经反复多次的断裂形成小颗粒时会形成棱角。粗大的 SiC 颗粒被大量细小的 SiC 颗粒所包围，整体分布均匀，无颗粒团聚现象。说明湿混法能够有效地分散不同尺寸的颗粒，获得良好的混合效果。

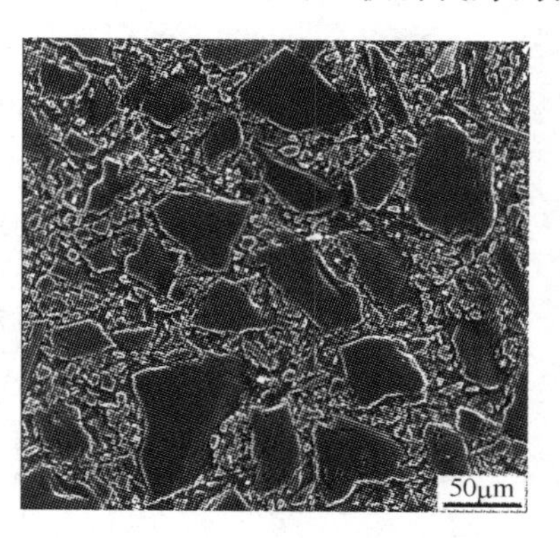

图 3-12　SiC_p/Al 复合材料 SEM 组织

3.3.3　界面状态

图 3-13 为 SiC_p/Al 复合材料典型的界面 TEM 像。大量的观察表明，SiC-Al 界面干净、平滑，不存在任何界面反应物和非晶层，也没有观察到 SiC 颗粒的溶解现象。这种干净的、无界面反应物的界面状态的形成，与以下几个因素有关。

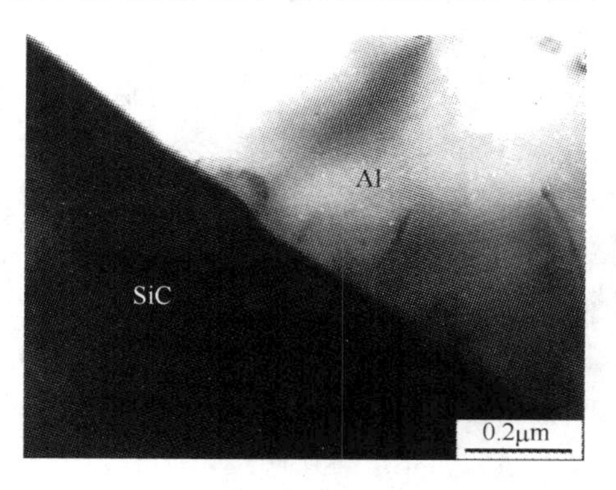

图 3-13　SiC_p/Al 复合材料界面的 TEM 照片

首先，一般地，在未经人工氧化的原始态普通磨料 SiC 颗粒表面，就存在少量 SiO_2 薄层。SiC 颗粒本身以及颗粒表面少量存在的 SiO_2 都可能参加与基体铝的化学反应。其中，SiO_2 可以与 Al 发生反应生成 Al_2O_3 和 Si，如式(3-26)所示：

$$3SiO_2(s)+4Al(l)\longrightarrow 2Al_2O_3(s)+3Si(s) \tag{3-26}$$

在复合材料制备前，将 SiC 颗粒进行酸洗处理。氢氟酸能够有效地溶解颗粒表面残留的 SiO_2；并且，二者之间的 SiF_4、H_2SiF_6、$Si(OH)_4$ 等反应产物也可以通过蒸馏水冲洗掉。因此，酸洗处理能够有效地消除原始态磨料 SiC 颗粒表面固有的 SiO_2 氧化物薄层，而使新鲜的 SiC 颗粒表面在后续的压铸过程中直接与铝基体接触，构成 SiC-Al 界面，避免了反应(3-26)进行的可能性。

其次，虽然新鲜的 SiC 颗粒表面与熔融的铝直接接触，却没有观察到按式(3-23)进行的化学反应产物，这与制备 SiC_p/Al 复合材料采用的压力浸渗方法有关。铸态就出现 Al_4C_3 界面反应物的现象，一般在搅拌铸造方法中常见，尤其在材料二次重熔过程中，该反应更容易发生。也就是说，基体金属液态下持续时间长是不利的。在压力浸渗过程中，熔融铝与 SiC 颗粒的接触时间很短，加上预制块和模具的降温作用使铝的凝固速率增大，导致反应(3-23)很难发生。

第三，前面已经指出，在基体中添加 Si 元素同样可以抑制反应(3-23)的进行。如果复合材料的制备温度小于 750℃(1023K)，根据图 3-10 可知，在此温度下对应的 Si 的含量为 7.4%，而基体中的 Si 含量(12%)超过所需要的值。因此，按式(3-23)进行的反应没有发生。由于基体中的 Si 含量较高，复合材料铸造凝固过程中 Si 相的析出及其与增强相的相互作用将影响复合材料最终的微观组织及物理和力学性能。图 3-14 为复合材料中一典型共晶 Si 的微观组织。该共晶硅为块状，大小约为 3μm，依附于增强相 SiC 颗粒形核并长大。在该共晶 Si 的上端看到了明显的孪晶条纹。制备过程中变质元素的加入，易于诱发孪晶的形成，其放大后的形貌像如图 3-14(b)所示，它清晰地显示了该共晶 Si 相的空间形态和端部特征。在透射电镜下，该 Si 颗粒具有明显的棱面特征。含有孪晶的共晶 Si 的 B[110]方向选区电子衍射花样如图 3-14(e)所示，其中一部分衍射斑点相重合，而其余的孪晶衍射斑点均位于基体衍射斑点的 1/3 处。具体标定结果如图 3-15 所示。

当金属基复合材料中存在多种界面形式时，界面的开裂或脱粘形式可以由如图 3-16 所示的示意图来表示。如果增强相与基体之间的结合强度较差，则界面脱粘易沿增强体-基体界面进行，如图 3-16(a)所示；但是，当基体中存在其他第二相(如各种析出物、金属间化合物或界面反应产物等)，且基体与第二相之间的结合较弱时，则易于在后者之间的界面发生脱粘，如图 3-16(b)所示。因此，复合材料的强度不仅取决于增强体和基体之间的相互作用，还与凝固时形成的基体-第二相或增强体-第二相等界面的结合强度有关。对于 SiC_p/Al 复合材料，Si-Al、Si-SiC 及 SiC-Al 多种不同结合能力的界面共同存在，将对复合材料的强度起到不同的贡献。

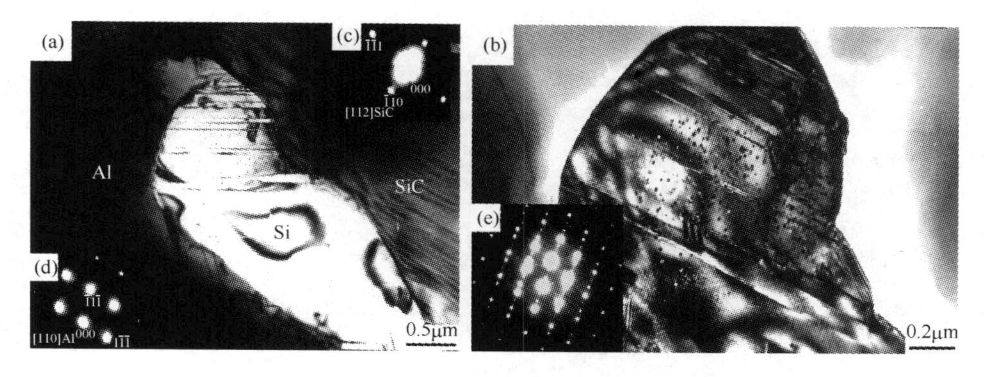

图 3-14　SiC_p/Al 复合材料的 TEM 组织照片

(a) TEM 明场像；(b) 共晶 Si 形貌；(c) [112]SiC 衍射斑点；
(d) [110]Al 衍射斑点；(e) [110]Si 衍射斑点

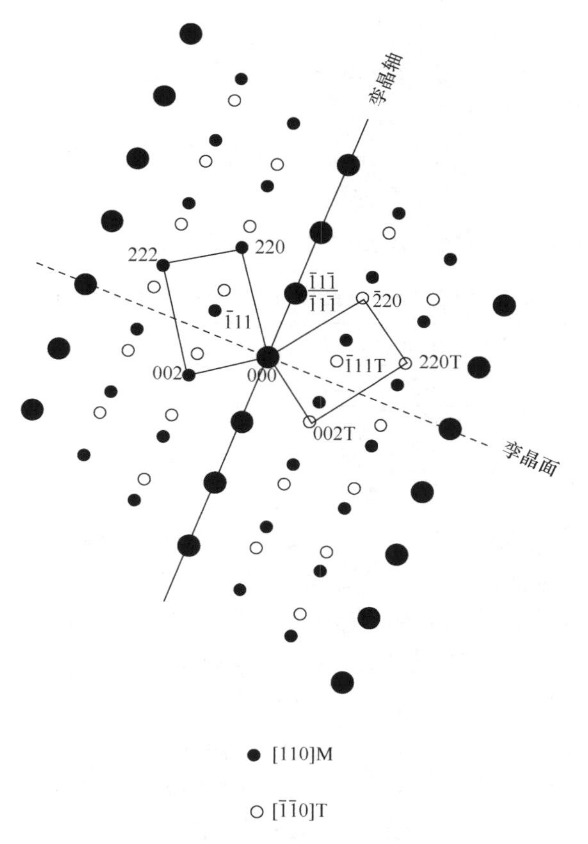

图 3-15　图 3-14(e)衍射花样的示意图

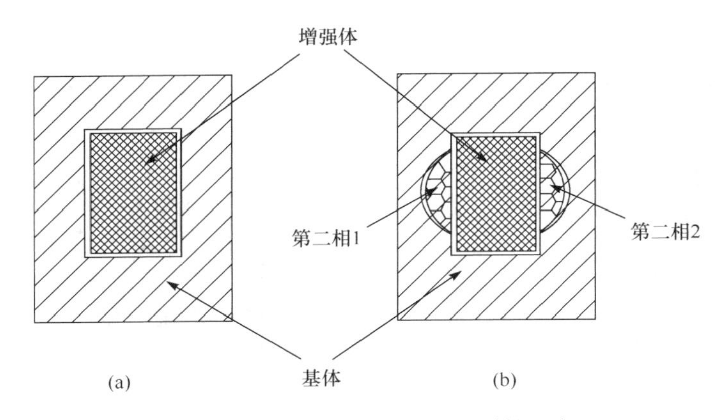

图 3-16　金属基复合材料中界面脱粘示意图

界面结合强度的准确测量是很困难的，但是从能量角度考虑，当某一界面开裂形成两个新的界面时总需要一定的能量，称之为结合能。结合能与界面剪切强度有关，因此，多数情况下可以采用结合能来衡量界面结合能力的强弱。Rohatgi 等采用 London-van der Waal 公式计算了 SiC_p/Al-Si 复合材料中各种界面的结合能[16]，如表 3-2 所示。可以看到，Si-SiC 界面的结合能远大于 Si-Al 界面。这表明，Si 相在 SiC 颗粒上形核并长大，形成 Si-SiC 界面，可以提高复合材料的界面结合能力，从而有助于提高 SiC_p/Al 复合材料的力学性能。

表 3-2　SiC_p/Al-Si 复合材料中界面结合能的预测值

	Si-SiC	Si-Al	Al-SiC
界面结合能/(erg/cm^2)	761.07	583.7	743.28

3.3.4　热物理性能

图 3-17 为 SiC_p/Al 复合材料的原始热膨胀曲线和根据原始曲线得到的热膨胀系数。复合材料的热膨胀系数主要取决于基体的热膨胀系数和增强体通过基体-增强体界面对基体膨胀的制约程度。SiC 的热胀系数仅为 4.7×10^{-6}/℃，约为基体铝合金合金的 1/4。当温度升高时，SiC 颗粒将对铝基体膨胀起到制约和抑制作用。由于 SiC 颗粒的体积分数为 70%时，复合材料的膨胀量和膨胀系数大为降低；并且，其热膨胀系数随着温度的升高而一直增加。一方面，由于铝合金的热膨胀系数随着温度的升高而增大，导致复合材料的热膨胀系数也随着温度升高而增加；另一方面，随着温度的升高，复合材料的界面传载能力下降，增强体对铝基体热膨胀的制约能力降低，也导致复合材料热膨胀系数随着温度的升高而增大。

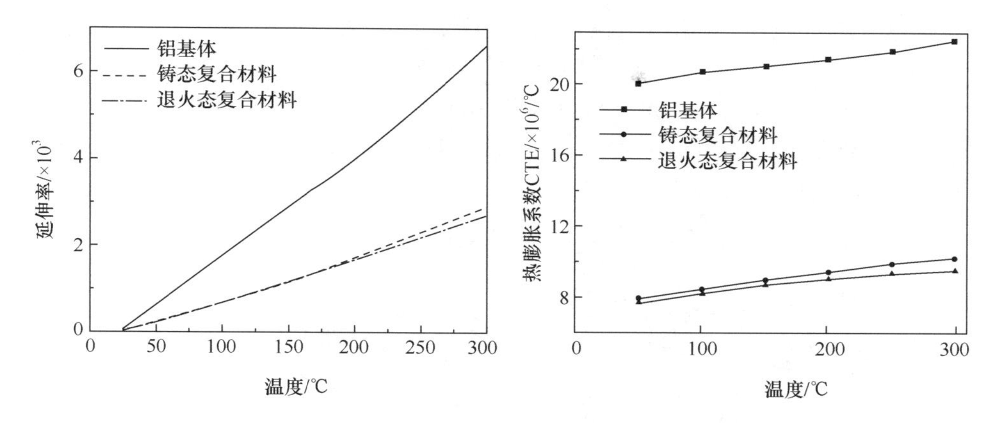

图 3-17　SiC_p/Al 复合材料的热膨胀曲线和热膨胀系数

热处理状态对复合材料热膨胀曲线的形状影响不大，但改变了热膨胀系数的大小。经过退火处理，复合材料的热膨胀系数均有所降低。但是，两种状态下热膨胀系数随温度变化的趋势保持不变。对于由压力浸渗技术制备的 SiC_p/Al 复合材料，在制备过程中由高温冷却到低温时，在界面的约束下，基体铝合金不能自由收缩，导致与 SiC 颗粒相邻的基体承受着残余拉应力的作用。退火处理后，基体中的残余应力降低，其热膨胀系数低于铸态材料的热膨胀系数。

SiC_p/Al 复合材料的热导率达到 151W/(m・℃)，是常用的封装材料 Kovar 合金热导率的 8～10 倍，满足电子封装材料高导热的性能要求。由于采用 Al-Si 合金作为基体，Si 原子的加入造成铝晶格畸变，影响了电子的平均自由程，降低了其导热能力；同时，热导率相对较低[80～100W/(m・℃)]的 Si 相作为第二相大量存在于铝合金中，也将降低铝合金的导热性能。

在复合材料中，界面热阻的存在对复合材料的导热性能影响很大。如前所述，可以用 EMA 模型计算复合材料的热导率。这里采用两种粒径(20μm 和 60μm)的 SiC 颗粒，计算其等效粒径为 23.1μm。一般而言，SiC 具有较好的导热性能，但其热导率与 SiC 的纯度关系极大。高纯度 SiC 的热导率可以达到 200W/(m・℃)以上，通常介于 70～180W/(m・℃)之间。本书采用的 SiC 为磨料级颗粒，取其热导率为 160～180W/(m・℃)。另外，根据 Hasselman 等[7,8]的研究结果，Al-SiC 系统的界面热阻约为 $0.685\times10^{-8}\,m^2$・℃/W。因此，可以基于等效粒径 EMA 方法，计算得到本书中 SiC_p/Al 复合材料的热导率为 144～156W/(m・℃)，与实测值吻合较好。

另外，SiC_p/Al 复合材料的热导率大于基体合金的热导率[140W/(m・℃)]，这与增强体 SiC 颗粒的(等效)粒径较大有关[17]。根据等效粒径 EMA 方法，可以得到 SiC_p/Al 复合材料的热导率随颗粒等效粒径变化的曲线，如图 3-18 所示。可以看到,由于界面热阻的影响,复合材料的热导率随 SiC 等效粒径的增大而增加,曲线整体成“S”形。前已指出,当增强体的热导率大于基体热导率时,如果增强体的直径大于临界直径 d_c,则复合材料的热导率可以大于基体热导率。可以计算得出,颗粒临界直径为 9～15μm;SiC_p/Al 复合材料的等效粒径大于此临界直径,复合材料热导率则会大于基体热导率。

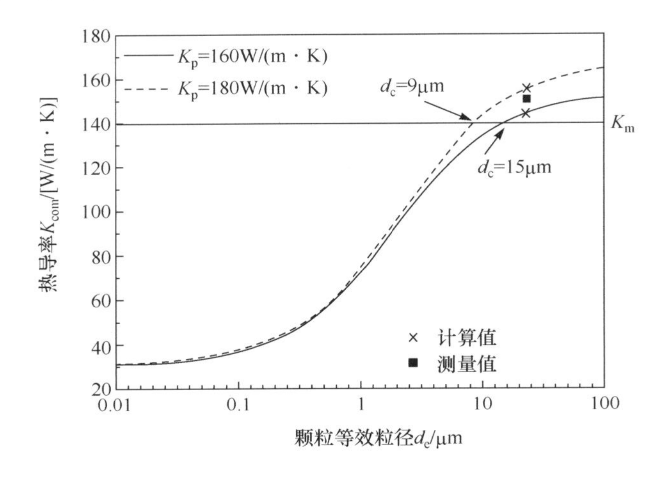

图 3-18　SiC_p/Al 复合材料的热导率与颗粒等效粒径的关系

对于 SiC_p/Al 复合材料,由于材料的密度很小(3g/cm^3),导致其比热导率较高,适用于航空、航天等场合。图 3-19 为 SiC_p/Al 复合材料与常用金属封装材料的比热导率与热膨胀系数,其阴影部分表示电子封装应用所允许的热膨胀系数范围。Al 和 Cu 的导热性能优异,但是膨胀系数较大,器件工作时的热循环常常会产生较大的应力,导致失效;Kovar、W、Mo、W-Cu 复合材料和 Mo-Cu 复合材料的膨

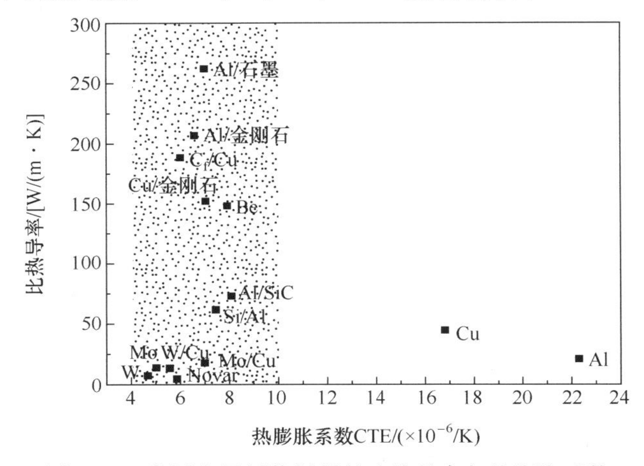

图 3-19　常用金属封装材料的比热导率与热膨胀系数

胀系数匹配，但是比热导率较低；Be 具有很高的比热导率和匹配的热膨胀系数，但是其毒性和较高的生产成本，限制了其在生产和应用中的推广。与传统金属封装材料相比，高体积分数 SiC_p/Al 复合材料具有低密度和优异的热物理性能，且力学性能优异，抗震性能理想，弹性模量可以达到 Cu 的 2 倍以上，抗弯强度也很好，保证了封装结构的坚固性。优异的机械性能也有利于电子封装的散热，这是因为可以将散热板变薄，减小热阻；另一方面，高的弹性模量有利于减小板的变形，使封装与安装面贴合紧密。这些特性几乎代表了二级封装材料的所有性能要求。

3.3.5　热阻评价

对于功率半导体等电子器件，热阻是一个重要的应用参数和指标，它定义为两点间温差与热流之比，热阻的大小表明了电子器件散热性能的好坏。热阻越大，则散热能力越差。当器件芯片面积较大、厚度较薄时，可以假定热量只沿着芯片的垂直方向传导，根据一维热传导方程和热阻的定义，可以得到热阻（R_{th}）的表达式如式(3-27)[18]：

$$R_{th}=\frac{t}{K\cdot A} \tag{3-27}$$

式中，t 为试件的厚度；K 为材料的热导率；A 为试件的表面积。

可以看到，材料的热导率越高，器件的热阻越小。对 SiC/Al 复合材料进行表面镀 Ni 处理，并焊接制成硅二极管。在规定的条件下，利用 M 参数快速测试法，测量二极管原始态和经过高、低温循环处理后的瞬态热阻，以此评价材料的热物理性能和考察其作为电子封装应用的可行性。

图 3-20 为用于热阻测试的硅二极管和其断面的结构示意图，其中，复合材料的厚度为 0.7mm。试验中采用的热循环处理规范如下：高温 150℃，低温 −55℃，各保温 30min，且高、低温转换的时间小于 10min。

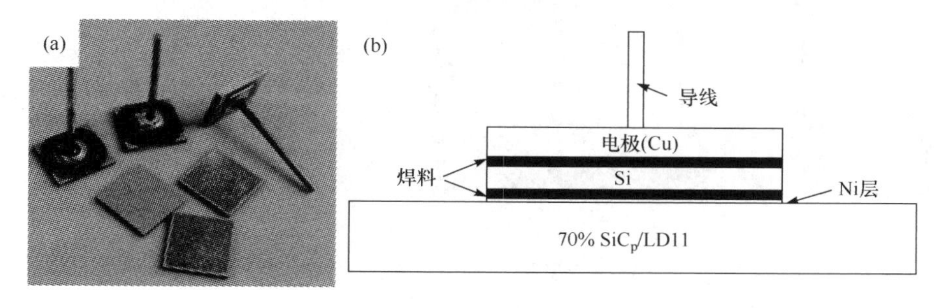

图 3-20　以 SiC_p/Al 复合材料为底座的二极管热阻测试

测试结果表明，以复合材料为底座的二极管的热阻为 3.11℃/W，而以相同厚度的 Cu 为底座的二极管的热阻为 3.095℃/W，两种二极管的热阻值相差不大。由于测试条件和二极管的尺寸完全相同，说明复合材料的导热性能可以满足电子器件的使用要求。以复合材料为底座的二极管经过 6 次热循环处理后，其热阻保持不变，符合电子器件可靠性的测试要求。图 3-21 为原始二极管和经热循环处理后二极管的断面的 SEM 组织照片。经过热循环处理以后，焊点保持完整，没有在不同材料间的界面处发现孔洞、裂纹等损伤缺陷，Si 片中也没有发现破裂失效的现象。说明复合材料的热膨胀系数较低，能够与电子元器件材料保持热匹配，当温度变化时在器件中引入的内应力较小，保证了器件的可靠应用。这表明，经过优化设计的 SiC_p/Al 复合材料的热物理性能，满足电子封装应用低膨胀、高导热的性能要求。

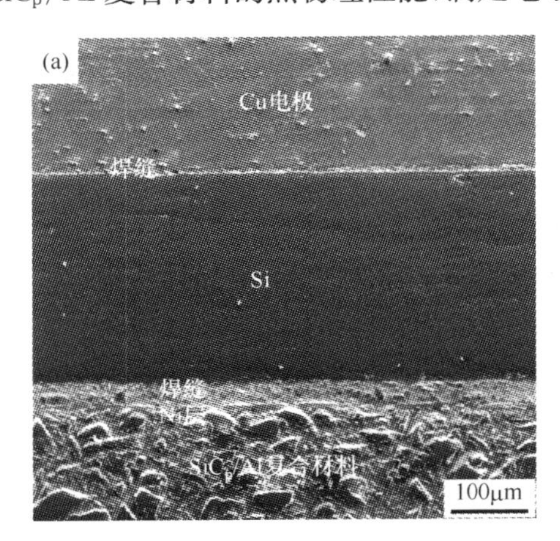

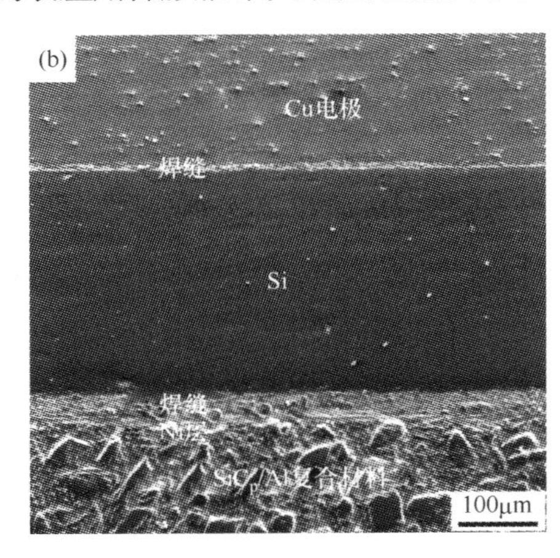

图 3-21　二极管断面扫描照片

只有经过可靠性评价的 SiC/Al 等电子封装材料才可以用来制备实际电子封装器件，图 3-22 为两组功率模块热沉的典型件照片。

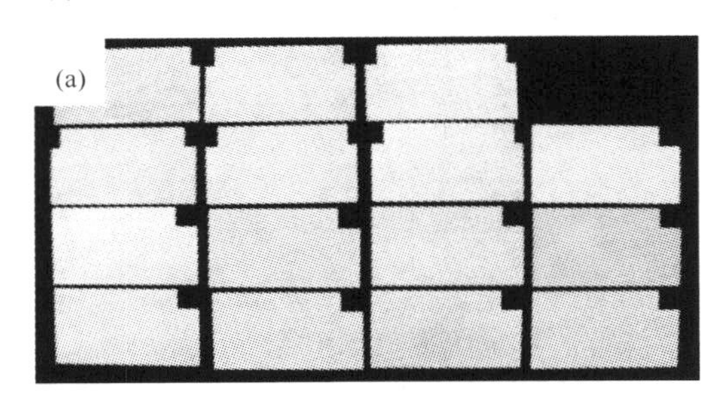

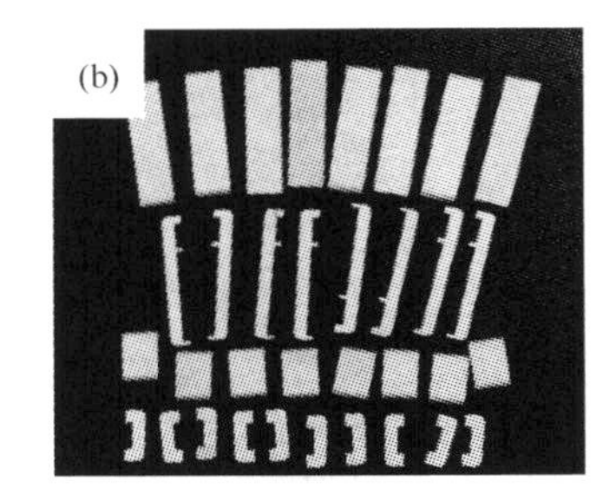

图 3-22　两组 SiC_p/Al 电子封装器件

(a) 功率模块热沉(厚度 0.5mm，表面镀银)；(b) 电子封装器件(最小尺寸 0.2mm，表面镀金)

参考文献

[1] Zweben C. Metal-matrix composites for electronic packaging. Journal of the Minerals, Metals & Materials Society(JOM), 1992, 44(7): 15～23.

[2] 石功奇，王健，丁培道. 陶瓷基片材料的研究现状. 功能材料，1994，24(2)：176～180.

[3] Turner P S. Thermal expansion stresses in reinforced plastics. Journal of Research of the National Bureau of Standards, 1946, 37: 239.

[4] Kerner E H. The elastic and thermo-elastic properties of composite media. Proceedings of the Physical Society, 1956, 69: 808.

[5] 陆厚根. 粉体技术导论. 上海: 同济大学出版社, 1998: 30～42.

[6] Monachon C, Weber L. Thermal boundary conductance of transition metals on diamond. Emerging Materials Research, 2012, 1 (2): 89～98.

[7] Hasselman D P H, Lloyd F J. Effective thermal conductivity of composites with interfacial thermal barrier resistance. Journal of Composites, 1987, 21(6): 508～515.

[8] Hasselman D P H, Donaldson K Y, Giger A L. Effect of reinforcement particle size on the thermal conductivity of particulate-silicon carbide-reinforced Al matrix composite. Journal of the American Ceramic Society, 1992, 75(11): 3137～3140.

[9] Kawai C. Effect of interfacial reaction on the thermal conductivity of Al-SiC composites with SiC dispersions. Journal of the American Ceramic Society, 2001, 84(4): 896～898.

[10] Iseki T, Kameda T, Maruyama T. Interfacial reactions between SiC and aluminum during joining. Journal of Materials Science, 1984, 19: 1692～1698.

[11] WeberL, Tavangar R. On the influence of active element content on the thermal conductivity and thermal expansion of Cu-X (X=Cr, B) diamond composites. Scripta Materialia, 2007, 57: 988～991.

[12] Weber L, Tavangar R. Silver-based diamond composites with highest thermal conductivity. Emerging Materials Research, 2012, (4): 67～74.

[13] 张强. 高体积分数铝基复合材料的微观组织与性能研究. 哈尔滨: 哈尔滨工业大学博士论文, 2003.

[14] Zhang Q, Wu G H, Chen G Q, et al. The thermal expansion and mechanical properties of high reinforcement content SiC_p/Al composites fabricated by squeeze casting technology. Composite Part A-Applied Science and Manufacturing, 2003, 34(11): 1023～1027.

[15] Wu G H, Zhang Q, Chen G Q, et al. Properties of high-reinforcement-content aluminum matrix composite for electronic packages. Journal of Materials Science-Materials in Electronics, 2003, 14(1): 9～12.

[16] Rohatgi P K, Ray S, Asthna R, et al. Interfaces in cast metal-matrix composites. Materials Science and Engineering, 1993, 162A: 163～174.

[17] Zhang Q, Wu G H, Sun D L, et al. Microstructure and thermal conduction properties of an Al-12Si matrix composite reinforced with dual sized SiC particles. Journal of Materials Science, 2004, 39(1): 303～305.

[18] Zhang Q, Xiu Z Y, Song M H, et al. Microstructure and properties of a 70vol. % SiC_p/Al-12Si composite for electronic packaging. Materials Science Forum, 2005, 475-479: 881～884.

第 4 章　金属基复合材料尺寸稳定性设计与应用

4.1　材料尺寸稳定性基本概念及其表征

材料的尺寸随时间发生变化是无时不在、无时不有的自然想象，这种现象或这种材料具有的属性，称为尺寸不稳定性。或者，反之将材料能够保持尺寸不发生变化的能力称为材料的尺寸稳定性。天然材料也好，金属材料、无机非金属材料也好，均存在尺寸不稳定性问题。公元 4000 年前，埃及人记载了早年的船舶建造者发现木头在水环境中的膨胀现象。公元前 9 世纪的古罗马时代，意大利卡拉拉采石场的工匠们在罗马寺庙和雕像的制造过程中，将木楔插于大理石缝中，利用木楔遇水膨胀现象撬开石缝[1]。这是人们最初对材料尺寸变化的认识和巧妙的利用。不过本书关注的不是这种宽泛的稳定性问题，而是集中于对精密仪表精度以及精度长期保持特性产生影响的金属材料的微小变形问题。

尺寸稳定性(dimensional stability)是指在长期储存或者服役的环境下，材料或零件保持其原始尺寸和形状不变的能力。国内的材料工程类教科书中对材料尺寸稳定性的介绍很少，加之不同领域研究者对尺寸稳定性的界定有所不同，以至于许多结构设计者对材料的尺寸稳定性的理解各不相同，影响了解决问题技术方案的有效性。以下几个基本概念需要做一强调。

(1) 热膨胀变形与尺寸稳定性。提起零件尺寸稳定性很容易联想到因材料热膨胀引起尺寸变化的问题，而实际上材料的尺寸稳定性与热膨胀的概念有着完全不同的物理内涵。材料尺寸稳定性表示在加工、存放和服役过程中随时间延长发生的不可逆的永久变形，其测量和表征是在固定温度(如 20℃)下进行的，而热膨胀变形能够随着温度反向变化而恢复，零件的尺寸和形状也可以恢复到原始状态的可逆的变化。在工程中，由热膨胀引起的可逆的尺寸变化用热膨胀系数(α)与温度变化幅度(ΔT)的乘积 $\alpha\Delta T$ 表征。这是材料温度稳定性的问题，温度稳定性可以预测，可以在结构设计和数据处理中加以补偿，不至于影响结构的尺寸精度，而材料尺寸稳定性要复杂得多，难以预测。

(2) 热稳定性与尺寸稳定性。航天器以及电子器件设计者常常关注材料热稳定性的指标。热稳定性可用材料的热导率(λ)与膨胀系数(α)之比(λ/α)来表征。该比值说明两种材料在膨胀系数相近的情况下，热导率越高稳定性越好，或者，热导率相近的情况下，膨胀系数越小稳定性越高。热稳定性的意义在于表征不同材料在环境温度变化条件下构件抵抗热载荷变化而自身尺寸不变的能力，也可以反映构件热惯性的大小。热稳定性的概念与本书研究的材料尺寸稳定性的概念也是完全不同的。

(3)材料弹性变形与尺寸稳定性。这是材料柔性问题，指的是在弹性极限以下的低应力作用下材料发生弹性变形的性质，可以用柔度系数 S，即弹性模量的倒数 $(1/E)$ 与应力幅度 $\Delta\sigma$ 的乘积 $S\Delta\sigma$ 表征。弹性变形是可恢复、可预测的变形，可以在设计中补偿，所以不属于材料尺寸稳定性研究的范畴。

可见，上述的所谓尺寸稳定性问题是因材料的物理特性不同（如热膨胀系数、热导率、弹性模量等）随外界条件变化而发生的尺寸响应问题，是一种物理现象。以陀螺仪、加速度计等惯性仪表为代表的精密仪器仪表零件，其尺寸稳定性问题是材料在服役过程或者静止存放过程中发生不可逆的微小尺寸变化，所涉及的主要是材料学本身的问题。解决这种问题的途径主要不是通过结构设计，而是用热处理工艺（称之为尺寸稳定化热处理）手段以及复合材料组分设计来提高材料尺寸稳定性。

对于金属材料的尺寸稳定性问题的研究，苏联较为深入，20 世纪 70 年代初期制定了金属材料尺寸稳定化处理工艺国家标准。在我国，80 年代末、90 年代初期该研究首先在惯性技术领域引起了重视，业已证实，金属材料与零件自发改变形状和尺寸的特性是精密仪器精度保持及其可靠性的本质性问题。至今，惯性器件尺寸稳定性研究仍然十分重要和紧迫。

4.1.1　尺寸稳定性的概念

尺寸稳定性如同硬度、强度一样，也是材料的一种基本属性，只是被人们认知较晚，这一概念是随着机械仪表设备的"精密化"而逐步引起人们重视的。前面已经述及，尺寸稳定性是指在长期储存或者服役环境下，材料或零件保持其原始尺寸和形状不变的能力。通常用零件经过存放或服役过程（经过固定环境或非恒定环境暴露）后，在固定环境下所测得的尺寸或形位的变化加以表征。

材料尺寸稳定性的准确评价是十分困难的。关于尺寸稳定性的评价有几个重要的概念：一是时间，指的是短则几天长则几年、十几年。二是尺度，如前节所述，这里的变形指的是不可逆的微变形，而不包括弹性变形和宏观变形。面向惯性仪表零件的微小变形评价尺度应该在 $10^{-6}\sim10^{-7}$ mm/mm 以内，这正是惯性仪表可能承受的变形，而且需要在恒温或者交变温度（$-50\sim+100$℃范围内）下评价。材料微变形的评价精度取决于测试仪器的精度极限。例如，测试微屈服强度的应力应变关系中，应变的取值接近应变仪的极限 10^{-7}，所以此时可测试的有效数值符合微屈服强度（$\sigma_{0.0001}$）的要求。三是环境，包含应力、温度、温度波动、吸收水分、辐照及时间等。其中应力环境的应力值要很低，远低于材料的屈服强度，并低于材料的弹性极限。四是观测条件，强调的是尺寸稳定性要在固定条件（如一个大气压、室温)下测试,其后在恒定或者非恒定环境暴露之后回到固定环境下再测试进行比较,而不是在非恒定环境(如高温、振动环境)下测试。

造成零件尺寸发生内生性变化(自发变形)的原因有很多,主要与材料的组织状态不稳定和残余内应力松弛有关,而且残余应力的松弛也会伴随着材料组织的变化。材料组织状态相关的尺寸稳定性因素包括组织稳定和相稳定两类。材料组织状态变化所涉及的微观过程可以按其作用范围归纳如下。

(1) 点缺陷运动:空位以及溶质原子的扩散,其中包括从非平衡态向平衡态变化时,空位的形成、移动或消失,溶质原子的分散与聚集状态的变化。

(2) 线缺陷运动:位错产生、移动与缠结。目前认为,微屈服的微观机制是位错开始滑动所致。

(3) 面缺陷运动:晶界或界面滑动,其中包括晶界的产生、滑动或消失,以及界面的滑动等(晶界滑动已经超过了微屈服的范畴)。挤压材料、轧制材料通常呈现晶粒取向的各向异性,而晶体不同方向上的微变形抗力差别很大,这样会使微变形出现各向异性。在高精度仪器仪表的小而薄的部位或者非对称零件中,这种微变形的各向异性更为显著。

(4) 体缺陷运动:晶格畸变恢复。材料中有缺陷就必然存在晶格畸变,内应力也是晶格畸变造成的。晶格畸变是一种非平衡状态,有向平衡态转化的驱动力。在外部载荷作用下,当晶格畸变反向变化时,必然会导致材料尺寸的变化。这种晶格畸变的恢复过程也是应力松弛的过程。

当上述各项组织变化在一定的体积内发生时,就会使材料发生不可逆的尺寸变化,进而对零件的平行度、垂直度和圆度等形状参量带来影响。特别是,材料存在各向异性的情况下,不同方向的微小变形程度不同,对形位公差的影响更为显著。

除组织因素之外,相不稳定因素也是影响材料尺寸稳定性的重要因素。含有亚稳相的金属组织由于要自发地向稳定相转变,导致出现沉淀、析出等过程,造成比容的变化,宏观上发生尺寸变化。这一点在关于铝合金稳定性 4.2.2 节中将详细讨论。

残余应力松弛是引起尺寸不稳定的重要因素,残余应力越大越容易引起微变形。这似乎是常识性问题,但是将残余应力作为关键指标或主要矛盾去分析尺寸稳定性的问题,则有失偏颇。这里需要多做一些说明。

很多人认为,消除残余应力就可以实现尺寸稳定。这种观点来源于控制大型构件宏观变形的经验,而对于精密仪表零件的微小变形并不这样。工程上常常遇到一种情况,零件在机床上加工合格,而从工装上取下来立即会变形,这显然与加工应力有关。但是,应力仅仅是问题的外在因素之一。针对同样的金属零件,如果采用提高微屈服强度的热处理方法提高微变形抗力便可以有效地抵抗这种加工应力造成的变形。也就是说，如果材料本身抵抗微变形能力强，在相同加工应力下可以不变形。作者还通过实验发现，经过去应力退火的铝合金样品在恒温下长期放置时尺寸是稳定的，而在温度的交变环境下样品的微变形急剧增加。分析认为，这一方面是退火试样抵抗微变形的能力尚不足，而另一方面还涉及析出相与基体热膨胀系数不同引起微观热错配应力发生变化，晶粒择优取向使得不同方向膨胀系数不同发生错配应力变化，以及材料的织构发生晶粒再取向等变化所导致的变形。这些微变形因素不能简单地用残余应力来解释。

一些仪器仪表精度的衰减，如陀螺仪精度漂移、反射镜面型变化等会受到结构设计、加工工艺、装配等因素的影响，但是材料内部一系列组织不均匀、各向异性、亚稳相的变化、析出相的析出等因素是零件产生微小变形的本质性原因，也称为内禀原因。残余应力仅仅是促使零件微变形的外界诱因之一，并不是产生微小变形的本质性因素。

另一方面，用消除残余应力的技术方案解决精密零件尺寸稳定性问题是不可取的。在实际工程中，几乎所有的零件为获得一定的强度都不希望进行去应力退火，而其他任何一种热处理状态下必然引起残余应力。零件中的残余应力是必要的，问题是如何使残余应力分布均匀并形成稳定的压应力，同时提高材料微变形抗力，这才是解决零件尺寸稳定性问题的正确思路。

材料内在的组织不稳定、相不稳定以及内应力释放等因素往往因外部环境作用而加剧。外部因素主要有应力、温度和辐照等。通常，外部环境因素不是单一作用而是多因素共同作用的。同时，上述引起尺寸变化的诸因素存在耦合效应。例如，铝合金时效析出时，析出相的比容发生变化，带来试样尺寸变化的同时也会引起残余应力的松弛，这些耦合效应会带来尺寸变化，而这两种尺寸变化的方向可能一致也可能相反。

综上分析不难发现，材料的尺寸稳定性是在储存和服役环境下，材料内部组织因素发生变化，导致初始尺寸和形状变化一种基本特征。材料的变形是热力学由非平衡态向平衡态变化的过程，变形是绝对的，而不变形则是相对的。材料尺寸稳定性研究的目的是要找到材料微变形的规律，进而找到合理的稳定化处理技术，以提高材料抵抗某种(不可能是全部)外界条件下微小变形的能力和减小自身自发变形的趋势。

日本学者 Haruo[2]、美国学者 Ernest[3] 和 Marschall[4]、前苏联学者亨金[5]对材料的尺寸稳定性研究较为深入系统，有兴趣的读者可以深入阅读和借鉴。

4.1.2　尺寸稳定性的评价方法

如前节所述，本书关注的以惯性器件尺寸稳定性为代表的一类材料尺寸稳定性问题是材料的内禀特性，尺寸稳定性的测试方法与变形的微观机制以及实际服役条件相关联才是合理的。前苏联学者亨金[5]将材料的尺寸稳定性划分为负载作用下的尺寸稳定性和无负载作用下的尺寸稳定性两大类。美国和日本的学者有着不同的观点，Marschall[4]将材料的尺寸稳定性按恒定环境、非恒定环境及滞弹性影响的尺寸变化分为三大类。Haruo[2]将材料的尺寸稳定性分为时间、外力和温度影响的尺寸变化三种情况。作者倾向于亨金的分类，因为这种分类方式与材料变形的微观机制相关联，与零件的服役环境关联也较为紧密。无论何种测试方法，其共同点均是在恒定环境下测试经过非恒定环境暴露回到恒定环境后的尺寸变化，而不是在暴露过程中的尺寸变化，这一点请读者明晰。

1. 有负载条件下材料微变形的评价方法

1）微屈服强度

微屈服强度（microyield strength，σ_{MYS}）反映材料抵抗微塑性变形的能力，通常指材料产生 10^{-6} 数量级的微量变形时所受的应力，常用于评价金属材料在有应力载荷条件下的尺寸稳定性。微屈服强度接近于精密弹极限（precision elastic limit，PEL），但不属于弹性范畴。中国[6~8]、美国[4,9,10]等国家常采用微屈服强度来评价材料的尺寸稳定性。标准的测试方法是在试样的弹性范围内多次加载和卸载，每次逐步提高载荷应力，记录卸载后的残余应变。当观察到试样卸载后产生 $1\times10^{-6}\sim2\times10^{-6}$ 残余形变时对应的应力值即为微屈服强度，记为 $\sigma_{0.0001}$。国内钟景明等在研究铍材的过程中也对微屈服强度的测试方法进行了系统研究[6]并形成了国家标准。这种测试方法对环境温度要求非常严格，以避免热膨胀带来测试误差，同时测试时间也较长。近年来随着数字化测试技术的发展和传感器精度的提高，多数研究者在应力应变曲线上直接测量弹性的线性段发生 $1\times10^{-6}\sim2\times10^{-6}$ 偏离时的应力值，以此近似表示微屈服强度，如图 4-1 所示。这种方法由于测试时

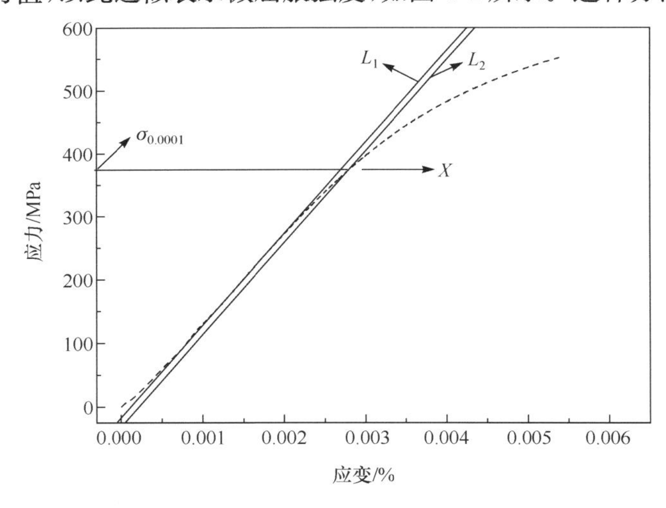

图 4-1　微屈服强度简易测试方法

间较短，可以忽略环境温度变化带来的误差。这种近似方法适宜对不同材料或不同热处理的同一种材料进行抵抗微变形能力的比较，是近似值，可以因测试设备精度不同而将评价标准放宽到 $1\times10^{-5}\sim2\times10^{-5}$，此时称之为小变形抗力。

微屈服强度是材料在短时负载下微塑性变形抗力评价指标，是材料在力学意义上的抵抗微小变形的能力，它不能表征材料的组织不稳定与相不稳定对尺寸变化的影响。还要注意的是，微屈服强度的测试是在仪器的精度极限上测量的，不同研究者的数据很难得到统一。随着测试仪器精度的提高，对同一种材料所测试的微屈服强度数值会逐渐降低。

以往的教科书和材料手册中给出的多是材料的断裂强度、屈服强度等，而没有微屈服强度。而对于不同的材料，不能用屈服强度高低来推测微屈服强度的大小。屈服强度和微屈服强度二者在变形机理和测试方法上都是不同的。微屈服现象涉及位错起始开动时的阻力、塑性流动及包辛格效应等，而屈服则主要是晶内滑移、晶界滑移的过程。这一点在 4.2 节还要详细叙述。从变形曲线上也可以说明屈服强度与微屈服强度的不同之处。图 4-2 绘制了 A、B 两种材料的拉伸应力应变曲线示意图。两种材料的屈服强度 $\sigma_{0.2}$ 相同，弹性模量也相同，但是微屈服强度 σ_{MYS}^{A} 和 σ_{MYS}^{B} 却相差甚远。

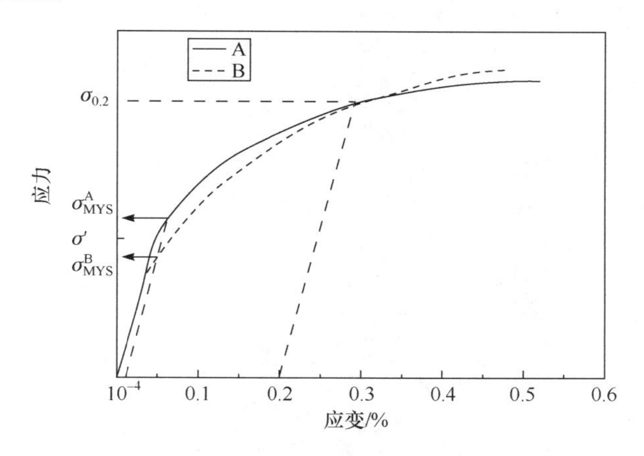

图 4-2　屈服强度和微屈服强度在应力应变曲线上的差异比较示意图

例如，在外加载荷为 σ' 时，材料 A 仍在弹性阶段，卸载后材料得到恢复，没有残余变形，但是对于材料 B 来说，在外加载荷 σ' 时尽管没有宏观屈服，却已经发生微小变形，应力卸载之后试样会发生不可恢复的尺寸变化。文献[6]对铍材的微屈服强度进行了系统的测试，表明屈服强度的测试值与微屈服强度并没有对应关系。所以，不能简单地用屈服强度高低判断材料抵抗微变形的能力。

2）应力松弛极限及微蠕变抗力[4,5]

应力松弛极限及微蠕变抗力（也称为微蠕变强度）是用于表征长期低应力负载

作用下材料的微塑性变形抗力指标。研究表明，在外界应力远低于精密弹性极限的情况下，材料仍会出现蠕变和应力松弛。因此，长期负载作用下使用应力松弛极限和微蠕变抗力来评价材料的尺寸稳定性较为合适。

前苏联的学者分别对 B95、АЛ9 铝合金和 МЛ5 镁合金给出了高温去应力退火处理后的微变形抗力测试结果，如表 4-1 所示[5]。由表中数据可以发现，材料的蠕变应力低于微屈服强度，有些材料的蠕变应力仅为微屈服强度的 1/2 左右。这表明，试样在小于精密弹性极限的应力作用下可以发生蠕变。因此，采用应力松弛极限和微蠕变抗力共同评价金属材料的尺寸稳定性，在较大程度上与实际制件中材料的服役状况相符合。

表 4-1　几种合金的微塑性变形抗力测试结果[5]

合金牌号	热处理规程	20℃ $\sigma_{0.0001}$	$\sigma_{0.2}$	蠕变应力	15.6℃，1400h 蠕变量平均值/$\times10^{-6}$
		MPa			
铁镍合金	982℃，1.25h 淬火水冷，673℃，21h 回火空冷	275.4	716.4	138.2	12 (1000h)
440C (11X18M) 不锈钢	1037℃，30min，淬火油冷 2min，然后在液氮中 30min，271℃，1h 回火空冷	482.2	—	231.3	0 (1000h)
A356 (АЛ9Т5) 铝合金	538℃，16h 淬火冷于沸水中，159℃，4h 时效空冷	51.9	151.9	27.4	20 (1000h)
2024 (Д16Т1) 杜拉铝	500℃淬火于水中，204℃，1h 退火空冷	359.7	413.6	124.5	5
5456 (АМГ6) 铝合金	半冷作硬化，204℃，1h 退火空冷	138.2	193.1	75.5 102.3	38 45
6061 (АД33) 铝合金	520℃，1h 淬火水冷，170℃，12h 时效，204℃稳定化退火空冷	179.3	282.2	124.5 165.6	5 10
AZ31 (МА2) 镁合金	232℃，1h 退火空冷	23.5	48.0	17.6 20.6	7 10
TZM 钼	锻造，1204℃，1h 在氢气中退火慢冷	364.6	826.1	254.8	<2
J-400 铍	热压，593℃，1h 真空退火慢冷	48.0	413.6	40.2	5

实际操作中，微蠕变抗力和应力松弛极限的测试存在很多困难，因为试验时载荷小、精度要求高、时间长，由此带来许多不确定因素。从材料的内禀因素上看，在高温较长时间(1000h 以上)保持条件下，对于有沉淀析出的材料，沉淀析出会直接影响测试结果。作者曾经对 Al_2O_3/6061 复合材料 T6 态试样进行压缩载荷下的微蠕变测试，发现测试 500h 后，试样没有缩短反而伸长，这是时效析出造成的干扰所致。在通常的高温蠕变测试过程中，这种时效析出的影响仅发生在初始的瞬间，对最终结果的影响可以忽略不计，而对于微蠕变测试则不可忽视。所以对有沉淀析出的材料测试微蠕变抗力时，只有对退火态试样测试才能够给出重复性较好的数据。而恰恰退火态并不是工程上常用的热处理状态。因此通过微蠕变和应力松弛测试方法来评价时效析出型合金的尺寸稳定性时会出现若干假象。另外，测试时间长也会出现其他一些不确定因素，如扩散或应力释放都会诱发蠕变，所以实验过程中需要对温度、湿度、电压、振动、仪器数据漂移等影响因素严格掌控。

2. 无负载条件下材料尺寸变化的评价指标与评价方法

1) 残余应力评价

评价金属材料残余应力的方法[11]有理论方法和实验方法两大类。实验方面，目前主要使用 X 射线衍射和中子衍射方法对材料残余应力进行无损检测。精密仪表结构材料大都经过挤压、轧制等变形加工过程，存在晶体缺陷多和组织不均匀等弊病，测试误差较大。

通过残余应力可以对材料的微变形趋势给以预测，但是并不准确。这是因为以下两类因素造成的：一是零件形状的复杂性难以给出不同部位残余应力的准确值，特别是同一材料经过不同的稳定化处理后其微屈服强度有很大不同，抵抗应力松弛的能力也不同，因此仅仅用残余应力难以准确评价材料及其零件的稳定性；二是零件的微变形是残余应力与材料相变、时效析出、组织变化等因素共同作用的结果，而且，若再考虑应力诱发相变、应力诱发蠕变等耦合效应，问题就变得更加复杂。所以，单独依靠残余应力评价材料的尺寸稳定性并不充分，还必须与材料的微屈服强度等其他指标结合起来进行评价。

2) 冷热循环实时检测方法

作者在 20 世纪 90 年代中期分析惯性仪表精度下降规律时发现，陀螺仪在长期恒温放置时产生的随机漂移并不大，而多次通电启动引起的逐次漂移却很大，意识到这可能是温度循环冲击对材料的组织稳定和相稳定带来的影响，随即设计了温度交变循环下的尺寸变化试验。测试是在热模拟机上进行的，测试对象选用了惯性仪表常用的 2024 铝合金棒材，直径为 10mm，控制热模拟机的温度以每分钟 10℃的速率在 20～150℃范围内进行冷热循环变化，实时监测样品的直径变化。实验发现样品的直径在每次循环之后并不是简单的膨胀收缩，而是回到 20℃之后尺寸不回复原位，留有残余变形，显示尺寸逐渐减小，如图 4-3 所示。结果表明，在高低温循环过程中材料的尺寸变化十分显著。如果将试样一直在 150℃保持，并没有发现试样的尺寸变化。这种温度冷热循环环境在工程中十分普遍，如惯性仪表的多次启动标定是在 20～70℃之间变化的；卫星在轨运行过程中朝阳面与背阴面的温度交替变化。有人测试了 778km 太阳同步轨道上卫星表面的进出地球阴影时的温差，最低时为－182℃，最高时为 96℃[12]；地面设备经历的昼夜温度变化在北方可达到 20℃；一年四季的温度交替变化也可达到－50～40℃；飞机在跑道上日照条件下可能达到 70℃，而飞向高空很快降到－70℃等。冷热循环的温度变化幅度虽然不大，但是却加剧了材料产生不可逆的微小变形。

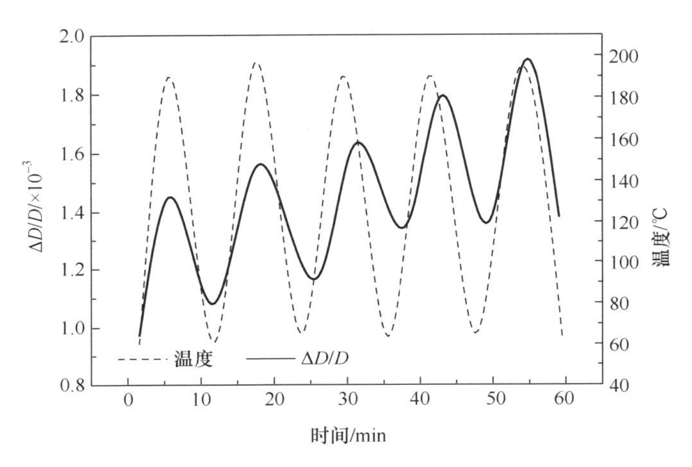

图 4-3　2024 铝合金试棒在 20～150℃冷热循环时的直径变化

总结这些经验，作者提出了温度交变环境下固体材料尺寸微小变化的实时检测方法[13]，装置原理图如图 4-4 所示。这是在热膨胀仪上拓展其功能而实现的。试样规格为 $\phi6\times(25\sim50)$mm 或 $\phi8\times(25\sim50)$mm 的圆柱试样，控制热膨胀仪的温度按照一定速率和幅度循环。冷热温度循环的温度范围可以根据材料的服役条件在－180～500℃内设定。在测试过程中，膨胀仪可以实时监测试样在冷热循环过程中长度方向的尺寸变化，包括热膨胀引起的尺寸变化和温度循环加载后不可逆的尺寸变化。每次温度循环后产生的不可逆尺寸变化是我们所关心的。确定 20℃为测试温度基准，检测记录试样在每次高低温循环回到 20℃之后的实际尺寸，然后统计计算试样尺寸变化率与循环次数的关系，即可得到试样在温度循环条件下的尺寸变化特性。图 4-5 是一个测试的例子，使用的是平均颗粒粒径 60μm 的 SiC/2024Al 复合材料，体积分数 40％，经退火处理，试样尺寸为 $\phi6\times25$mm，初始 25mm 长度记为 L_0。图 4-5(a)为设备控制的温度变化曲线，与此相对应的试样尺寸变化曲线为图 4-5(b)。首先在 20℃检测初始值确定基准点，然后以 10℃/min

的速率加热到 150℃再降到 20℃并保温 20min，仪器自动测得第一次循环后的试样长度变化 ΔL_1。随后持续循环，达到所设定的次数（如 15 次），分别记录每次循环到 20℃保温 20min 后的试样尺寸与原始尺寸 L_0 的差值 ΔL_i。将试样尺寸变化率 $\Delta L/L_0$ 对循环次数作图，得到图 4-6。图 4-6 显示出复合材料退火试样在 20～150℃循环条件下，在 20℃测得的尺寸变化，每次循环试样尺寸均缩小，15 次循环后尺寸缩小的绝对值达到了 5×10^{-5}，相当于 100mm 长的圆棒缩短了 5μm。

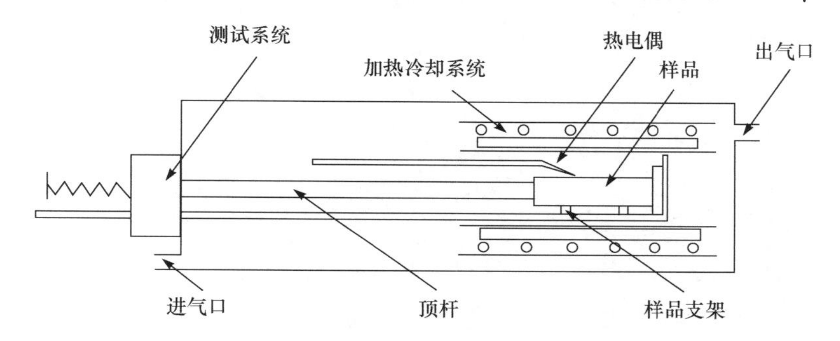

图 4-4　热膨胀分析仪结构示意图

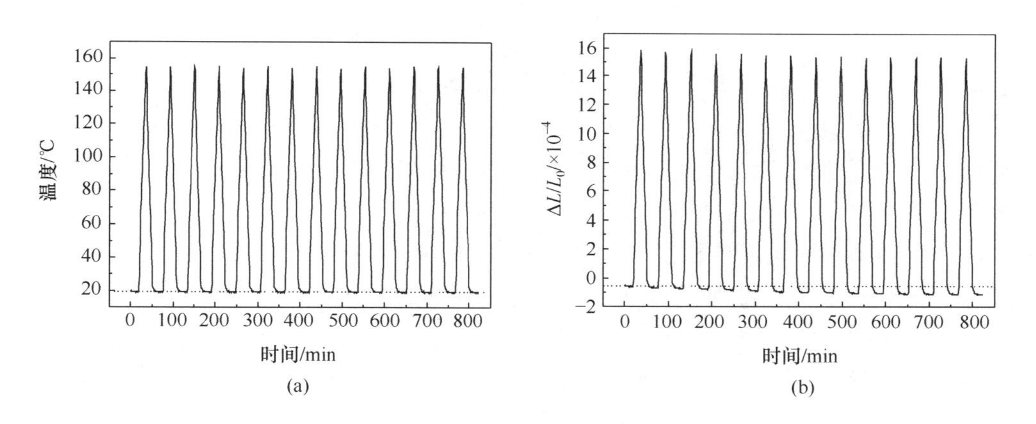

图 4-5　60μm-40%SiC/2024Al 退火试样在 20～150℃循环

(a) 温度-时间曲线；(b) 尺寸变化率-时间曲线

图 4-5(b)中自动绘出的曲线峰值是试样热膨胀所致，这不是我们关心的内容，而 20℃保温 20min 时的试样长度变化值是所要测试的信息。

试样经不同次数的温度循环后，其尺寸变化率可用下式表示：

$$\frac{\Delta L_i}{L_0}=\frac{L_i-L_0}{L_0} \tag{4-1}$$

式中，L_0 为试样在起始测试点（20℃）的长度；L_i 为试样经 i 次循环后在 20℃测量时的长度。

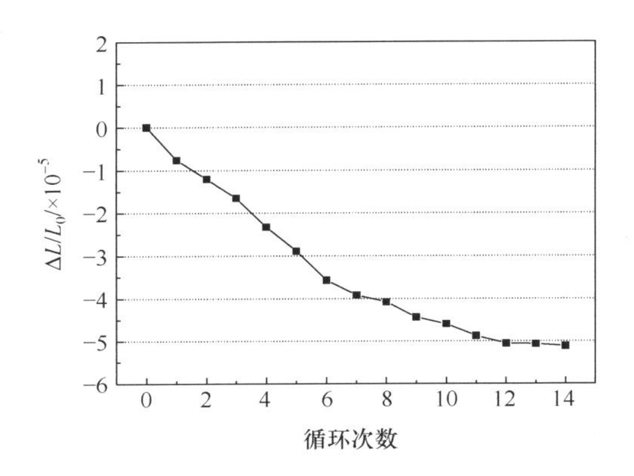

图 4-6　由图 4-5 计算而来的试样冷热循环尺寸稳定性曲线

60μm-40%SiC/2024Al 退火试样在 20～150℃循环后，在 20℃测得的长度变化

通过计算得到每次冷热循环后试样尺寸变化量的平均值 $\bar{\Delta}$ 来评价尺寸稳定性性能；每次冷热循环后试样尺寸变化量的平均值可以表示为

$$\bar{\Delta}=\frac{\sum\left|\frac{L_i-L_{i-1}}{L_o}\right|}{N}\quad i=1,2,3,\cdots,N \tag{4-2}$$

式中，$\bar{\Delta}$ 为每次冷热循环后试样尺寸变化量的平均值；N 为总循环次数。

这种方法评价材料的尺寸稳定性是一种综合的评价，可称之为材料的冷热循环稳定性。冷热循环稳定性反应的是材料内禀变形的特性，微观机制上包括了材料组织变化、相变以及应力松弛等机制。

冷热循环实时检测方法可以快速地比较出不同材料的尺寸稳定性差别，便于进行同种材料不同热处理工艺的优选，测试周期短，能够直观地反映材料在工作环境下的组织稳定性、相稳定性以及应力稳定特性。实验选择的正、负温度范围可以根据零件的服役条件设定，以模拟服役环境下的材料稳定性；也可以将温度区间放大或者向高温偏移，以放大尺寸变化幅度，缩短试验周期，结合数学模型可以预测材料 5～10 年甚至更长期的尺寸稳定性。

3. 材料尺寸变化直接评价方法

1）测量“指形”试样随时间变化的方法

所谓“指形”试样是指一端为半球状一端为平底座的棒状试样（$\phi10\times100$mm），半球端为测量端，以减小接触式测量时的测量误差。这是材料尺寸稳定性研究初期的简单而直观的直接测量方法。这种方法测试精度取决于测试仪器，表 4-2 给出了几种典型的长度计量仪器的精度比较[3]。随着测试手段的进步，接触式测量的测试精度理论上可以达到 10^{-6}，而非接触式测量可以提高到 10^{-10}量级。

要获得试样的尺寸变化率至少达到 $1\times10^{-5}\sim2\times10^{-5}$ 数量级的可信的结果，直接测试法的测试周期往往需要半年到两年的时间。这类方法周期长、测试误差大，目前工程和研究中很少采用。

表 4-2　不同长度计量技术的比较[3]

计量仪器	测量精度/m	接触方式
游标卡尺	10^{-5}	接触式
千分尺	10^{-5}	接触式
显微镜	10^{-6}	非接触式
应变计	10^{-7}	接触式
膨胀计	10^{-6}	微接触
光电干涉仪	10^{-9}	非接触式
椭圆偏光仪	10^{-10}	非接触式

2）圆环开口法[14,15]

均匀等轴晶的金属材料是很少的，精密仪表所用材料很多为挤压棒材、管材或者热轧板材，存在织构组织，材料的性能是各向异性的。在通常的机械设备设计和使用过程中关注的多是常规力学性能，这种技术要求下材料的各向异性表现并不明显，但是在精密仪器仪表技术要求下，材料的微屈服强度的各向异性、零件在温度循环后的尺寸变化的各向异性表现十分显著，不能忽视。孙东立等[14]测试了 2A12 铝合金挤压棒材的轴向、径向的微变形特性，其横纵向的变形差异能达到 14 倍之多，而用残余应力的方法无法准确测试表征出这种差异。

为表征有各向异性材料的微变形规律，孙东立等提出了圆环开口法[14]。这是模拟实际工况，定量分析零件变形的方法。按照实际零件的材料和加工工艺、热处理工艺，在所关心的部位和方向上加工出如图 4-7 所示的圆环，先在圆环侧面打上标记，测定原始标距 L_0，然后在标记中间用电火花加工等方式无应力加工出开口。通常，开口之后瞬间尺寸便有张大或闭合，称为即时尺寸变化，标距变为 L_i，由此可以计算出圆环周向的残余应力。另外，通过圆环开口后的延时（如放置几天或几个月）尺寸变化量 ΔL_i，可以评价材料在不同织构方向上的尺寸稳定性差别。

圆环开口即时尺寸变化量与宏观残余应力的定量关系可作如下表征：

如果将已经开口的圆环试样恢复到开口前的状态，则需要施加一个弯距 M 使 L_i 变为 L_0。可以认为，由此而引入的应力与圆环开口前的应力相同，方向相反。假设圆环变形后仍为圆环，这等价于假设：

（1）施加的应力沿圆环周向均匀分布；

（2）施加的应力只沿圆环截面的直径方向不均匀分布。

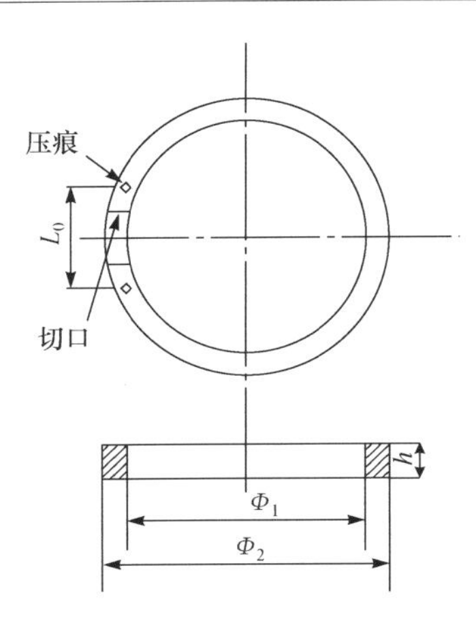

图 4-7　圆环试样的尺寸及压痕和开口位置[13]

$\Phi_1=50\text{mm}$；$\Phi_2=56\text{mm}$；$h=4.5\text{mm}$；$L_0=5\text{mm}$

这便将问题简化为曲杆纯弯曲问题。根据曲杆纯弯曲时应力 σ 的分布规律、曲杆纯弯曲时的形变能，并利用莫尔积分可得到圆环开口即时变化量 ΔL_i 与圆环中宏观残余应力 σ 的关系式：

$$\sigma=\frac{2E\Delta L_i}{\pi(\phi_1+\phi_2)}\left[1-\frac{2(\phi_2-\phi_1)}{(4y+\phi_1+\phi_2)\ln\dfrac{\phi_2}{\phi_1}}\right] \tag{4-3}$$

式中，E 为材料的弹性模量；y 为所求应力的点到中性层或形心轴的距离。

当 y 取定值时 ΔL_i 与 σ 呈线性关系，即圆环开口即时变化量越大，则表明圆环开口前宏观残余应力水平越高。因此，可以通过测量圆环开口即时变化量来评价宏观残余应力的状态。

表 4-3 给出了一种 2A12 铝合金圆环试样在不同热处理工艺下 ΔL_i 和最外侧宏观残余应力 σ 的计算值。由表可见，尽管试样中宏观残余应力水平较低，但通过圆环开口法可以容易地比较出各工艺之间的差别。这说明，圆环开口尺寸的即时变化量对宏观残余应力水平具有较高的敏感性，宏观残余应力微小的差别即可反映在圆环开口的变化上。

表 4-3　2A12 铝合金经不同工艺处理后圆环试样开口即时变化量(ΔL_i)的实测值及宏观残余应力的计算值

工艺	CZ	TCC0	TCC1	TCC2	TCC3	TCC4	TCC(50)	As+TCC4′
ΔL_i/mm	1.448	0.792	0.986	0.808	0.674	0.581	0.508	0.359
σ/MPa	33.51	18.32	22.81	18.69	15.59	13.44	11.75	8.30

圆环开口法还可以模拟服役环境下，试样经历恒温放置或者温度循环冲击所

引起的尺寸变化。图 4-8 给出了经过几种尺寸稳定化工艺处理后圆环试样开口 $\Delta L_t/L_i$ 随时间的变化情况。由图可见，经各种工艺处理的圆环开口后在室温放置过程中，开口尺寸均发生了不同程度的变化。通过这种方法能够有效地表征材料室温放置条件下的尺寸稳定性。

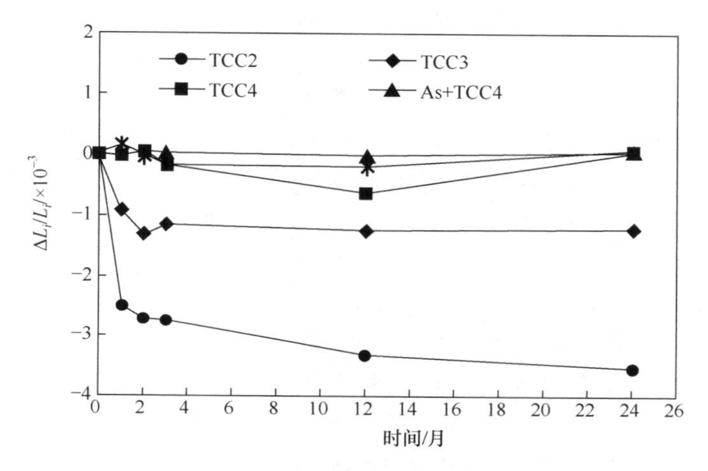

图 4-8　尺寸稳定化处理的 2024 铝合金圆环开口试样在恒温放置时的开口尺寸变化

实践证明，圆环开口法对材料尺寸稳定性反应灵敏、结果准确。通过对实际构件进行必要的破坏性试验检测，能够比较不同工艺条件下的尺寸稳定性，也可以对零件产生微变形的趋势进行定量评价。

4.2　金属基复合材料尺寸稳定性设计原理

4.2.1　高精度仪器仪表对结构材料的基本要求

精密仪器仪表结构材料的尺寸稳定性及功能材料的功能稳定性是仪表高精度和精度稳定的基础。精密仪器仪表对其结构材料的性能要求与其他机械零件有着明显的不同：

(1) 尺寸稳定性高(经历时效、冷热交替变化、振动冲击及辐照等环境，尺寸变化要小于 1～5ppm)；

(2) 热学性能匹配性好(膨胀系数应与配合零件相匹配，避免在温度变化过程中产生热错配应力；热导率要高，抗热载荷，减小热惯性)；

(3) 微屈服强度高(发生永久微应变前承受载荷的能力大)；

(4) 重量轻(在高速摆动下减小惯性力矩；在振动条件下保持系统稳定)；

(5) 刚度高(在应力作用下弹性变形小；振动条件下谐振频率高)；

(6) 环境适应性强(抗高能射线辐照，抗高真空、抗粒子流冲击)；

(7) 无磁性(在地磁场、交变电磁场环境下不受扰动);

(8) 阻尼(可以缓解马达等机械振动对系统的影响);

(9) 力学与物理学性能各向同性(保证复杂零件对外界环境变化的反应能够在各个方向上均匀一致,易于误差补偿);

(10) 实用性好(镀膜结合牢固,易于精密加工,材料致密,无吸气放气现象)。

现有的金属材料很难同时满足这些要求,随着惯性技术的进步,惯性仪表对材料要求的提高,精密仪表材料经历了三代变迁。第一代材料为2024铝合金,铝合金密度低、导电和导热性能优良,具有不锈钢的比强度且工艺性能优异。随着仪表精度及其寿命的要求提高,铝合金暴露出一些先天性不足,如热膨胀系数大(与轴承钢相差近一倍),在冷热交变环境下产生较大的热错配应力;刚性不足,导致谐振频率过低;尺寸稳定性差,在存放或服役过程中因尺寸形状的变化导致仪表精度超差。第二代材料为铍材。铍材具有许多优异的物理性能,如密度小(约为铝合金的2/3、钢的1/4)、弹性模量大(约为铝的4倍,钛的2.5倍,钢的1.5倍),特别是从室温到615℃范围内,其比刚度大约是钢、铝、钛的6倍;热容量大,室温下比热容为1.88J/(g·K),是比热容最大的一种金属,这一特性可以保持到熔点;机械强度高,不同型号的铍材的拉伸强度在350～850MPa之间,而且在800℃时仍有可使用的强度。美国于60年代中期开始将铍材用于陀螺仪,使精度较铝合金陀螺有了大幅度提高[16]铍材的性能优越,不过对于惯性仪表对材料的具体要求而言,其比模量、比强度等指标有很大的冗余,而微屈服强度等尺寸稳定性指标不足,表4-1给出的数据也说明了这一点。铍材料应用的主要障碍是有毒性和价格昂贵。铍的粉尘和蒸气对人体有害,制造和加工过程需要特殊的防护措施。这些问题限制了铍材的扩大应用。金属基复合材料是继铝合金、铍材之后发展起来的第三代仪表材料。1985年美国首先将SiC_p/Al复合材料[17～20]用于导弹惯性制导测量系统中,这种经过特殊设计和稳定化处理的仪表级SiC_p/Al复合材料在微屈服强度、尺寸稳定性、热膨胀系数等关键性能指标上则优于铍,在密度、弹性模量、热导率等指标上逊于铍,但是可以满足惯性仪表高精度的要求,而且成本大大低于铍材,被认为是可以替代铍材的第三代仪表材料。仪表级SiC_p/Al复合材料的精密机械加工难度较大,需要金刚石刀具等,组织、成分比较特殊,需要经过特殊设计和热处理。

4.2.2　基体铝合金的尺寸稳定性

1. 铝合金的尺寸稳定性

影响复合材料尺寸稳定性的诸多因素中,基体合金的稳定性最为关键,因为相对于陶瓷增强体,铝合金基体是稳定性的薄弱区域而且其体积比要占50%以上。因此,复合材料的尺寸稳定性设计首先要从基体铝合金的稳定性入手。铝合金的尺寸稳定性主要涉及相稳定性、组织稳定性以及应力稳定性问题。

1）相稳定性

铝合金中由于添加了合金元素，必然会出现总熵增加或材料的自由能降低的变化[20]。这种变化的表现形式是合金元素的扩散和聚集，从基体金属中析出形成新的金属间化合物，即形成新相，如2024铝合金中形成Al_2CuMg、$CuAl_2$析出相，这是主要的强化相，带来材料硬度、强度增加，同时还有少量的$MnAl_6$相的生成，有时还会有极少量的Al_7Cu_2Fe、$(FeMnSi)Al_6$、$(FeMn)Al_6$、Mg_2Si等杂质相。这些析出相与基体铝的比容（单位质量的物质所占有的体积，单位：m^3/kg）不同，必然会引起零件尺寸的变化。不同铝合金的析出相种类不同，比容变化也不同，显然，选择析出相比容变化小的合金有利于相稳定。

2）应力稳定性[22～24]

残余应力是一种弹性应力，它与材料中局部区域存在的残余弹性应变相联系。无论是宏观残余应力还是微观残余应力，其本质上均是材料的晶格发生了畸变所致，晶格畸变是一种弹性应变，是不平衡状态，当从不平衡的畸变态向平衡态转变时，应力会得到释放。应力释放的结果使材料产生不可逆的塑性应变，随之弹性应变减小、残余应力降低。影响材料应力释放速度的因素包括：①温度、时间和应力水平；②热循环；③机械振动和循环应力；④辐照；⑤外加场。这些外界因素的作用能够改变材料内应力释放的速度，从而改变材料尺寸变化的速率。当材料通过调整合金成分或者合金成分一定，通过热处理调整组织之后，可以改变应力释放引起的尺寸变化规律。

3）组织稳定性

组织稳定性反映了材料抵抗微塑性变形的能力。在铝合金中，塑性变形的方式以位错运动为主。铝合金的组织稳定性可以通过位错结构的稳定性加以表征。很早以前，Roberts等[25]和Marschall等[26]发现，在非常小的外加应力作用下，材料就会产生微应变。Brown和Lukens[9]基于位错源在材料整个体积内均匀分布和仅在晶界上表现出障碍效应的假设，给出了微应变与组织因素之间的关系：

$$\varepsilon=\frac{c\rho d^3(\sigma-\sigma_o)^2}{G\sigma_o} \tag{4-4}$$

式中，c为常数，约等于0.5；ρ为可动位错的密度；d为晶粒尺寸；σ为外部施加的应力；σ_o为第一个位错运动所需的应力；G为切变模量。

基于式(4-4)分析可见，通过减小可动位错密度，增加位错的运动阻力，减小可动位错的运动距离，增加沉淀相的分布密度以及减小晶粒尺寸等组织因素，有助于改善微变形特性。

2. 复合材料基体尺寸稳定性设计原则

综上所述，具有尺寸稳定性特征的铝合金需具备以下条件。

（1）相稳定：在使用条件下尽可能少地发生时效析出，析出相比容变化要小；

（2）应力稳定：材料的宏观、微观应力要小而均匀；

（3）组织稳定：位错密集、稳定或者无位错；

（4）晶粒细小。

相稳定性主要依赖于合金元素的强化效果。鉴于上述铝合金尺寸稳定的基本要素分析，可以归纳出铝合金中添加合金元素的基本原则：

（1）能在基体中形成细小弥散相；

（2）具有较大的固溶度 C_{max} 与较小的平衡相固溶度 $C_{ambient}$；

（3）扩散系数低；

（4）形成与 Al 基体共格的弥散平衡相；

（5）有利于界面的润湿；

（6）析出相比容变化小。

在这些合金化的基本原则中，期望在基体合金中形成细小弥散的第二相，目的是能够起到阻碍位错运动的作用；在铝合金中要具有较大的最大固溶度 C_{max} 和较小的平衡固溶度 $C_{ambient}$，目的是保障有更多的溶质元素参与到析出相中，使弥散相的体积分数增高，弥散程度更大，确保其对位错的阻碍作用更强；所添加的合金元素要有较低的扩散系数，目的是在服役环境下有尽量少的沉淀相析出与回溶；所形成的第二相最好与 Al 基体共格，是为减小由共格态向非共格态转变时应力释放所带来的尺寸变化；所添加合金元素最好能够改善基体与增强体的润湿性，以获得复合材料的界面强度和良好的界面结合，这是复合材料提高微屈服强度的基本要求。

4.2.3 复合材料的相稳定性

1. 颗粒增强体对复合材料析出行为的影响

高精度仪表材料要求是各向同性的，因此，颗粒增强复合材料是最佳的选择，这里讨论的尺寸稳定性的问题均以颗粒增强复合材料为对象。颗粒加入到铝合金中，会引入大量的界面、高密度的位错、很大的界面应力，同时因基体被强烈分割而使微观结构发生变化，尤其是使时效析出行为受到强烈的影响。大量的研究表明[27～33]，基体合金中加入增强体并没有从根本上改变基体合金的时效析出种类，但却改变了时效动力学，使时效加速或减速。

以往的研究已经证实，通过对铝合金进行塑性变形可以显著加快时效进程[27～31,34]，这从侧面证明了位错密度的增加有助于时效析出过程的加速。高密度位错的存在，一方面可以为沉淀相的非均匀形核提供有利位置，缩短形核孕育期，加速析出相的形核，导致复合材料的时效被加速；另一方面，高密度位错的存在，可以使原子扩散通道增加，原子扩散速度加快，促进析出相的长大，而且复合材料中高密度的位错缠结交互作用，使得复合材料中空位浓度增高，也有助于溶质原子的扩散，导致复合材料时效被加速[28,35,36]。

研究者在 14% SiC_p/Al-4Cu 复合材料[17]、SiC_p/Al-1% Mg_2Si 复合材料[35]、Al_2O_{3p}/Al-Cu 及 SiC_p/Al-Cu-Mg 复合材料[36]，以及 SiC_w/6061Al 复合材料[37]的研究中均发现低温时效时析出加速的倾向。

根据上述试验结果，可以推断增强体的尺寸减小和体积分数增加，有利于位错密度增加，而使复合材料中第二相的析出变得更加充分。

复合材料不同于基体合金，由于引入了界面，对时效析出行为会带来影响。一方面溶质原子容易在界面上偏析，偏析的结果对复合材料的时效过程可以产生显著的影响；另一方面由于淬火空位在界面上湮没，造成基体中的空位浓度降低也会直接影响到时效析出的过程。

现象之一是，界面成为基体溶质原子的陷阱，吸收空位和溶质原子。在 SiC_p/Al-Li 复合材料中观察到了小于 90nm 的无析出区[38]，分析认为界面吸附空位使局部空位浓度减小，就会形成无析出区（PFZ）。

赵永春[34]对 0.15μm 的 SiC_p/6061Al 复合材料的时效行为研究结果表明，细小的增强颗粒的加入有利于抑制时效硬化现象，如图 4-9 所示。在该复合材料的基体微观组织中很难发现时效析出相的存在。这是由于亚微米级颗粒增强体的加入带入了更多的界面，使得 Mg 和 Si 在界面大量富集、淬火空位在界面湮没所致。随着增强体体积分数增加和颗粒尺寸减小，界面表面积急剧增大，从而捕获空位和溶质原子的机会大大增加，因而使合金中第二相的析出变得更加困难。

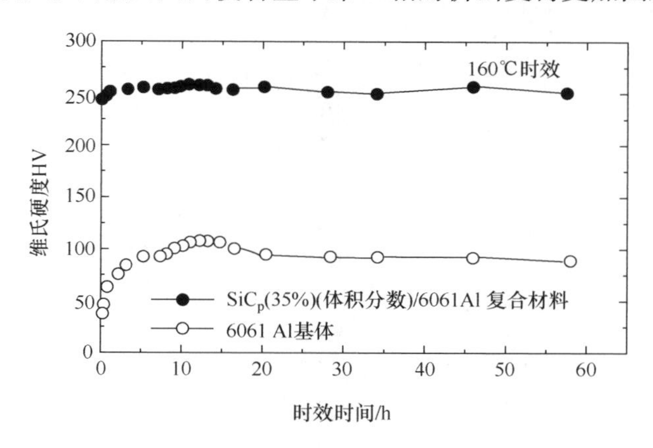

图 4-9　SiC_p/6061Al 复合材料及其基体合金在 160℃下的时效硬化曲线[33]

现象之二是，发生界面反应，消耗溶质元素从而弱化时效析出。例如，Al_2O_{3p}/6061Al 复合材料的基体合金中的 Mg 元素与 Al_2O_3 颗粒发生界面反应，生成镁铝尖晶石（$MgAl_2O_4$），时效硬化曲线近似为一条直线[39]。Al_2O_{3p}/A356Al 复合材料也得出相同的结论[40]。在 SiC_p/Al-Mg 复合材料中，因 SiC 颗粒表面有 SiO_2，也可能发生 $MgAl_2O_4$ 的界面反应，从而削弱该种复合材料在时效过程中的硬化效果[41]。

在微细颗粒增强的复合材料中无论表现出上述哪种现象，本质上都弱化了时效析出作用，显然，这对于减少析出相因比容变化所引起的尺寸不稳定是有意义的。

2. 复合材料析出过程中的尺寸变化

为验证复合材料中溶质原子的析出对材料尺寸稳定性的影响，王秀芳[42]研究了复合材料时效过程中的尺寸变化。以 SiC 为增强体，分别基于 2024Al 和无时效析出的 1199Al 为基体制备了两种复合材料，将试样在 495℃/1h 固溶淬火后立即放入热膨胀仪中在 160℃时效，观察保温时效过程中的试样的尺寸变化。当然，1199Al 基体的复合材料不存在固溶和时效问题，为了实验条件一致，两种复合材料采用了相同的热处理方式，实验结果示于图 4-10。图 4-10(a)是温度随时间变化的曲线，表明试样所处的环境温度在整个试验过程中保持不变。图 4-10(b)中的曲线分别为 SiC_p/2024Al 和无时效析出的 SiC_p/1199Al 试样在时效保温过程中的尺寸变化，可见，随着保温时间的延长，试样尺寸逐渐增加，SiC_p/2024Al 复合材料试样累计发生的尺寸变化量为 3.67×10^{-4}。

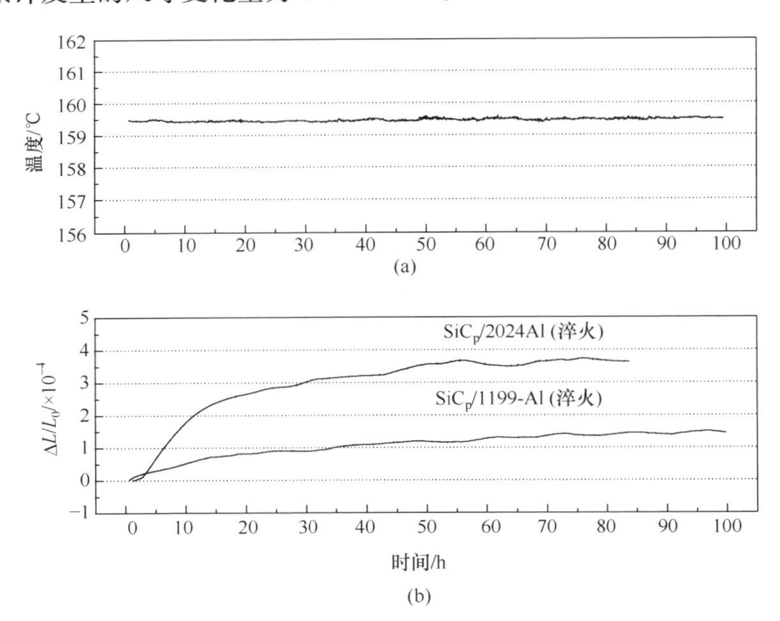

图 4-10　SiC_p/2024Al 和 SiC_p/1199Al 在 160℃时效过程中的尺寸变化

在上述实验中，SiC_p/1199Al 试样尺寸也增加，累计达到 1.5×10^{-4}，增加量小于 SiC_p/2024Al 复合材料。两种不同试样的尺寸增加一方面是因为淬火压应力释放所致，SiC_p/1199Al 主要是这个原因；另一方面是来源于合金的时效析出，SiC_p/2024Al 与 SiC_p/1199Al 试样尺寸变化的差值部分可以理解为主要是时效析出造成的。合金元素析出会使铝基体的晶格参数发生改变，从而造成材料微区内的体积变化；另一方面，形成的新相晶体结构不同于铝基体，存在比容变化，也会在材料的微区内造成体积改变(增加)。

为了分析析出相比容变化的影响，对 SiC_p/2024Al 复合材料时效组织进行了分析，结果如图 4-11 所示。图中所有照片都是从基体〈001〉晶带轴的方向拍摄的。衍射斑点显示，经 160℃/2h 时效后，复合材料基体中出现了具有 S′相(Al_2CuMg)和 θ′相(Al_2Cu)特征的析出相，但是很难从形貌上将二者区分开。复合材料经 160℃/100h 长时间时效后，如图 4-11(c)所示，析出相的形貌并没有发生显著变化，只是尺寸有所长大。显微组织的观察还发现，在 SiC 颗粒和 2024Al 基体的界面处普遍存在着尺寸较大的块状析出物。图 4-12 所示的标定结果认为这种块状析出相与正方晶系的 Al_2Cu 晶体结构一致，因此确定该物相为 Al_2Cu。可见，在 SiC_p/2024Al 复合材料中，Al_2Cu 相以两种不同的形态，分别在基体(亚稳相 Al_2Cu)

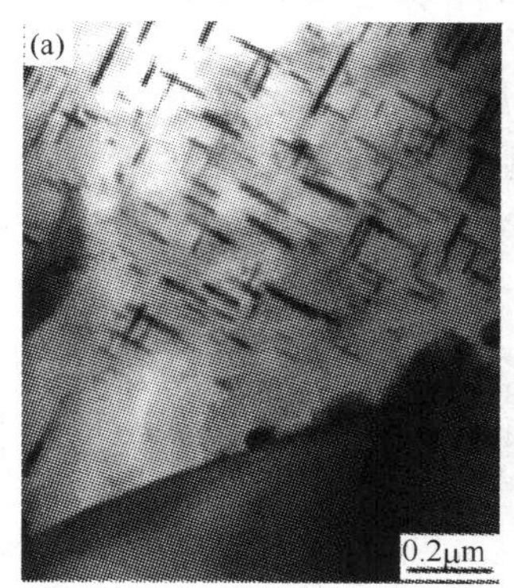

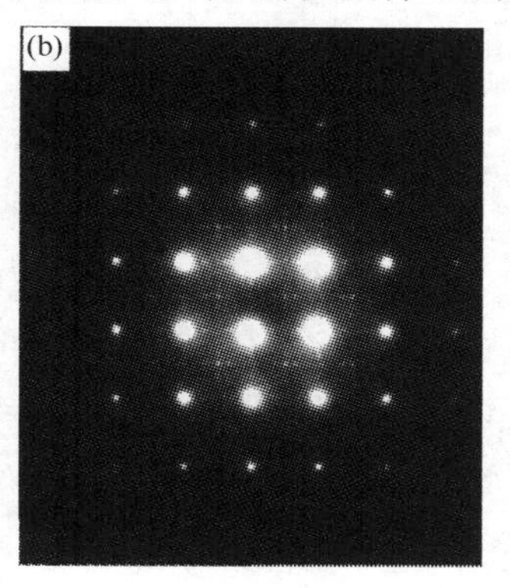

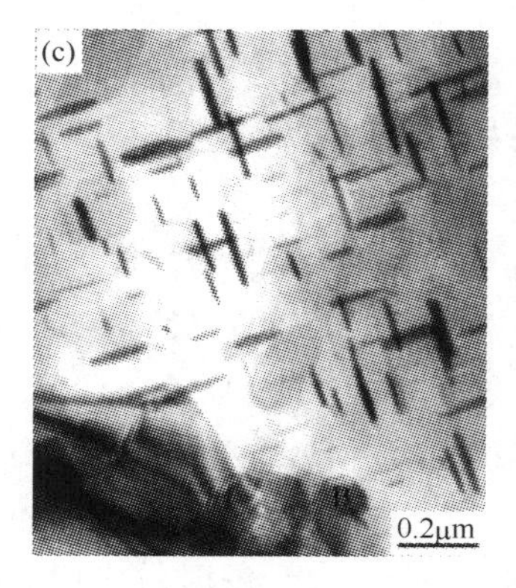

图 4-11　SiC_p/2024Al 经 160℃时效不同时间后的析出相形貌及选取电子衍射花样

(a) 时效 2h；(b) (a)中的衍射花样；(c) 时效 100h

和界面(稳定相 Al_2Cu)上析出。另外,在界面附近的基体中,存在明显的无析出区。

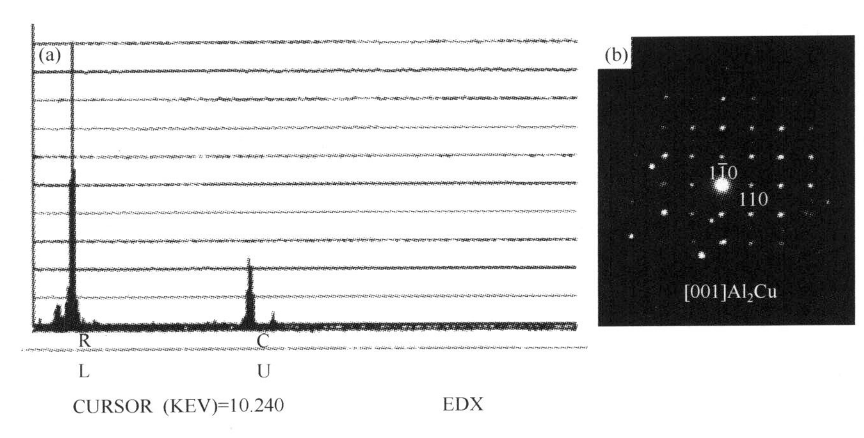

图 4-12 SiC_p/2024Al 复合材料界面处块状析出物的透射电镜能谱和电子衍射花样

(a) EDS;(b) 选区衍射花样

陈苏等[43]对 2024Al 基体合金时效析出使复合材料试样尺寸变化进行了定量计算。假设 2024Al 的时效析出为各向同性,固溶处理过程中所有的 Cu 原子和 Mg 原子都能固溶在 Al 基体中,并且忽略其他合金元素的影响。结果表明,基体中 Al_2CuMg 和 Al_2Cu 的析出均使体积增大,每析出 1%(质量分数)的 Al_2CuMg 或 Al_2Cu,复合材料试样线性尺寸变化率分别为 2.13×10^{-5} 和 4.25×10^{-5}。可见,Al_2CuMg 的析出对试样尺寸变化影响相对较小,而 Al_2Cu 的析出对尺寸稳定性影响较大。

实际时效的过程中,复合材料基体中的 Al_2CuMg 和 Al_2Cu 是同时析出的。根据重心法则,对基体 2024Al 合金在 160℃处于三相平衡时 Al_2CuMg 和 Al_2Cu 两相的相对含量进行了计算。结果表明,基体合金可以析出 5.48%(质量分数)的 Al_2CuMg 和 2.84%(质量分数)的 Al_2Cu,这将使 SiC_p/2024Al 复合材料试样的线性尺寸增加率为 1.96×10^{-4}。

实际上,计算过程中所提出的一些假设条件使时效析出过程对尺寸稳定性的影响与实际情况略有一定差异。首先,在固溶处理的过程中并不是所有的合金元素都能够回溶,Cu 与不溶解的元素(如 Fe、Mn、Ni)形成化合物时,这部分 Cu 元素就不能回溶。另外,界面易导致合金元素的偏聚,这部分合金元素可能会不参与时效析出,对时效析出总量以及析出相的相对含量均会造成一定的影响。总之,理论分析和实验结果均表明,2024Al 基体合金的时效析出会使 SiC_p/2024Al 试样尺寸增大。

4.2.4　复合材料的应力稳定性

残余应力是一种内应力，当产生应力的各种外部因素撤除之后，在材料内部依然残留，并自身保持平衡。对于金属材料，影响残余应力的因素有很多，包括载荷、相变、析出、温度变化、表面处理、机械加工、塑性变形等。通常，可以将残余应力按其平衡的范围分为三类，第一类内应力是指在材料宏观体积内平衡着的内应力，也称"宏观内应力"；第二类是指在一个或几个晶粒范围内平衡着的内应力；第三类是指在若干个原子尺度范围内平衡着的内应力，如晶体缺陷（位错线、间隙原子、空位以及复合材料界面等）周围的应力场。第二类和第三类内应力也称"微观内应力"。无论哪种内应力都是晶格发生畸变造成的。金属基复合材料因有增强体的存在，而且常用的增强体的弹性模量、强度远高于基体，热膨胀系数远低于基体，其尺寸（非连续增强）远小于晶粒尺寸。在这种情况下，微观应力作用范围和作用力大小远高于基体析出相的作用。增强体的这些因素会造成复合材料的内应力呈现不稳定性，引起复合材料的尺寸不稳定，但从另一方面分析，增强体的存在可以阻碍基体中的位错滑移，因此可以增加材料的尺寸稳定性。由此可见，复合材料的微观应力问题使得复合材料的尺寸稳定性设计变得较为复杂，如何控制和平衡影响尺寸稳定性的有利因素和不利因素是一项关键性的工作。

复合材料的颗粒和基体的热膨胀系数不同，当复合材料从高温冷至较低温度时，就会在增强体和基体中产生热错配应力，当热错配应力高于基体屈服强度时，高出的部分通过位错环移动和基体屈服变形而释放，低于基体屈服强度的部分将以残余应力的形式保存下来，这种微观残余应力称为热残余应力。热残余应力的存在是复合材料的本质特性之一，它对复合材料的组织结构[44,45]、物理[46,47]和机械性能[48~51]均会产生影响，更是尺寸稳定性[52~54]的重要影响因素之一。

Arsenault 等[45]认为，当复合材料中增强体与基体之间的热错配应力低于位错增殖应力（即低于基体的屈服强度）时，就会以热残余应力的形式被保存下来。由于基体合金的屈服强度随温度的降低而显著增大，所以复合材料在冷却过程中，热残余应力将逐渐增加。Ledbetter 和 Austin[55]认为，即使很小的温度变化速率也会在复合材料内产生很大的热残余应力。

对 SiC/Al 复合材料而言，Al 和 SiC 之间的热膨胀系数相差约 7 倍。不难理解，在制备或者热处理冷却至室温时，基体铝合金受残余拉应力，颗粒受残余压应力作用。诸多学者对两种残余应力的数值进行了定量计算。因计算方法和边界条件不同，所得出的残余应力的数值有很大差异。多数研究者认为在 500MPa 甚至 1000MPa 左右，均高于基体合金屈服强度的若干倍。这种残余应力状态对复合材料宏观强度（如屈服强度和断裂强度）的影响不大，因为屈服强度和断裂强度是在宏观大变形条件下获得的参数，在拉伸过程中外界载荷会对这部分微观应力产生一定的抵消作用，同时，微屈服强度测试结果受到很大的影响。因为基体预先已经承受着拉应力，易在叠加外部拉伸载荷之后产生微屈服，显示出微屈服强度降低。实验表明，当颗粒尺寸较大(如大于 60μm)时，SiC/6061Al 复合材料的微屈服强度甚至低于基体合金，原因便是基体微观拉应力作用的结果。这种微观应力状态对冷热循环下的尺寸稳定性也有较大影响。冷热循环条件下，界面附近发生的热应力呈拉-压周期性变化，与原始的热残余应力叠加使其呈周期性地增大或消除，并在消除的过程中导致材料或者零件变形，显示出材料的尺寸不稳定特性。

在界面强度很低的情况下，依靠界面的滑移、蠕变可以使热应力得到一定程度的释放，但是，从强度设计的角度上考虑，研究者都希望界面强度提高而不是减弱，某些 SiC 颗粒或 SiC 晶须增强的复合材料界面结合良好已被众多的研究者所证实[44,45,56~58]。在界面结合强度较高的情况下，可以抑制基体中的微观应力在界面处的松弛。

颗粒尺寸对残余应力的影响十分显著。赵永峰[59]对 SiC_p/2024Al 复合材料在 160～－70℃循环 3 次回到 20℃时 SiC 颗粒所承受的残余压应力进行了模拟计算，计算中假设 SiC 颗粒形状为立方体，边长为 d，体积分数为 45%。模拟结果示于图 4-13，当颗粒尺寸在 16μm 时颗粒表面产生最大压应力，约为 1300MPa，当颗粒尺寸减小时压应力有所减小，4μm 时压应力降至 900MPa 左右。注意到，尺寸稳定性的机制是微屈服，主要涉及位错开动的阻力，因此，与应力数值相比，残余应力状态和分布更为重要。残余应力分布云图如图 4-13 所示，显然，在相同体积分数下，增强体颗粒的尺寸减小之后颗粒间隙随之减小，应力分布更加均匀，而且，颗粒尺寸减小之后应力的影响区域也随之大大减小，应力分布更加弥散。这种状态对增加位错的运动阻力，进而提高尺寸稳定性是有利的。

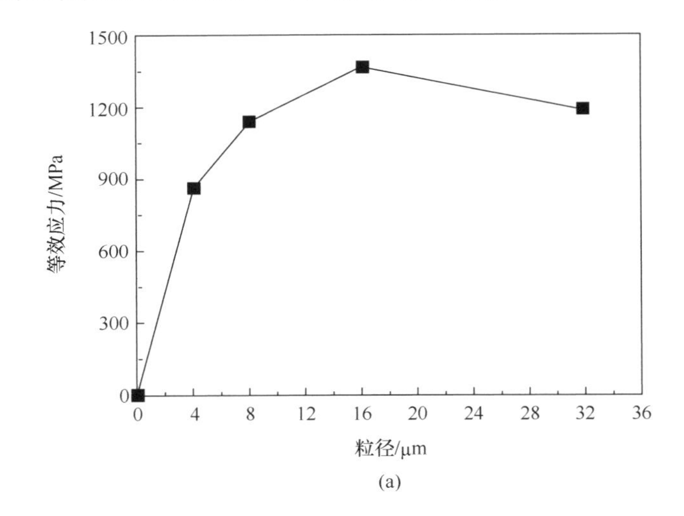

(a)

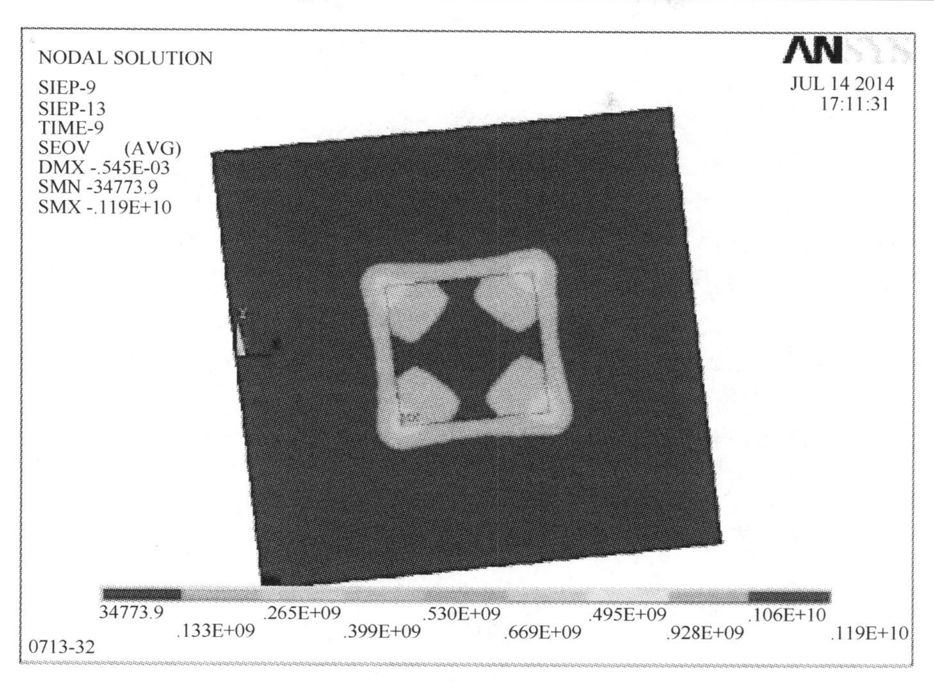

(b)

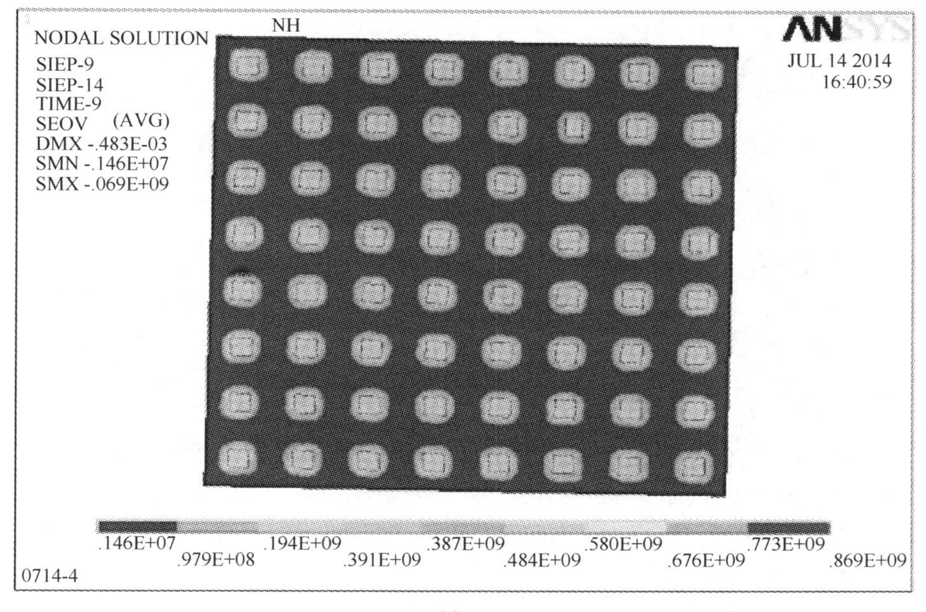

(c)

图 4-13　SiC 颗粒中最大等效应力及其分布与颗粒粒径的关系

(a) SiC 颗粒中最大等效应力；(b) 粒径为 32μm 的应力云图；(c) 粒径为 4μm 的应力云图

复合材料中的热残余应力受增强体形状因素的影响较大。图 4-13 显示出立方形增强体颗粒的尖角处应力集中的图像。Varma 和 Kamat[60]的研究表明,在等轴状的颗粒增强体中,颗粒周围的基体中存在平均残余拉应力,而在颗粒的边界和尖角处,颗粒受压应力、基体受拉应力,热残余应力水平很高。对于非等轴状的增强体,如长径比在 10∶1～30∶1 的晶须,其热错配应力的数值要大得多。Levy 和 Papazian[61]的研究表明,晶须增强复合材料中,晶须的侧表面处存在最大拉应力,晶须的端部存在最大压应力。较大的残余拉应力容易引起应力松弛以降低残余应力[53,62,63]。这种应力松弛过程必然伴随着宏观的变形,甚至界面脱粘。

从复合材料性能设计的角度分析,增强体的种类决定着热膨胀系数的差异,增强体形状决定应力集中系数大小。增强体的种类可选择空间不大,而其形状、尺寸和分布方式有很大的设计空间。换言之,复合材料尺寸稳定性设计应该以颗粒的形状、尺寸及分布为切入点,进行微观构型的设计。

4.2.5　复合材料的组织稳定性

如前所述,铝合金的微观组织对尺寸稳定性有着重要的影响。在铝合金基体中加入增强体之后,微观组织复杂化。幸好,诸多陶瓷增强体本身相对于铝合金是稳定的,所以基体组织的稳定性仍然是影响金属基复合材料尺寸稳定性的主要因素。

颗粒增强铝基复合材料基体组织的显著特征是存在高密度位错。这种位错组态主要是由增强体颗粒与基体合金的热错配应力带来的,而位错的形态因颗粒的尺寸不同而不同。图 4-14 给出了不同颗粒尺寸复合材料的典型的透射电镜组织形貌。尺寸较大的 SiC 颗粒的条件下,如图 4-14(a)所示,热错配应力数值达到一定程度之后,以基体发生塑性变形的方式释放,在颗粒的周围产生高密度位错。这一位错增殖过程与增强体的体积分数和颗粒尺寸有直接关系。

当增强体体积分数很低,以致可以忽略颗粒应力场之间的交互作用时,位错呈梯度分布,即在基体与增强体的界面处的位错密度高,并随距界面的距离增大,位错的密度减小。当颗粒体积分数逐步升高时,颗粒之间的应力影响区产生相互作用,此时位错的密度进一步增加,甚至发生位错的缠结。随体积分数增加,颗粒周围的应力场相互作用增大,复合材料中残余应力水平也会提高[64～66]。颗粒在复合材料中分布的不均匀性也是不可忽略的因素,颗粒分布如果不均匀,基体的塑性区也不均匀,在外加载荷作用下内部应力分布不均匀,产生局部应变集中,造成微小变形,无外加载荷时,复合材料内部热应力及位错松弛过程也会产生不均匀性。这些不利于尺寸稳定性。

颗粒尺寸对复合材料中位错密度有影响,但是影响的效果尚无定论。有研究表明[66～73],位错密度随颗粒尺寸的增加而减小,而有的研究却得出与其相反的结论,有的还以定量的方式给出了位错密度与颗粒尺寸之间的关系。

Ashby 和 Johnson[73]认为，对于短纤维和颗粒增强复合材料，最简单的应力松弛机制是向基体中释放位错环。通常在放出位错环的基体晶粒的晶体取向和位错环释放方向之间存在一定的关系。如果相邻晶粒的晶体取向不利于释放位错环（此时表现出高的微屈服强度），便会取代位错环或在位错环的基础上形成复杂的二次位错缠结，并且随着位错运动摩擦应力的减小，导致颗粒周围的高位错密度区域的尺寸将增大[74]。

Arsenault[45]和其合作者[75]也假设错配应变由放出位错环来松弛，并预测位错密度增加量与颗粒数目和颗粒的总面积成正比。Miller 和 Humphrey[76]假设颗粒为立方体，预测位错密度的增加量与增强体的体积分数成正比，而与增强体粒径成反比，这一模型与 Arsenault 等[45]的研究具有相同的结果，即随着颗粒尺寸的减小，位错密度增高。

也有研究者以粒子间距为参量建立了复合材料位错密度模型，如 Lee[63]认为 SiC_p/Al 复合材料中位错密度与产生位错的离子平均间距成反比。当平均间距为 2μm，相邻颗粒间产生 1%应变时，求得位错密度 $\rho=1.8\times10^{13}m^{-3}$等。

复合材料的微屈服强度与基体中的位错密度相关，而位错密度又与颗粒尺寸和体积分数有关，王博[77]在不同颗粒尺寸的 SiC/1060Al 复合材料研究中发现，在颗粒尺寸从 60μm 逐渐减小为 5μm 的条件下，复合材料的微屈服强度随颗粒尺寸减小而逐渐提高。文献[78]和[79]报道了 SiC/ZL101 和 SiC/2024Al 复合材料的微屈服强度随着增强体体积分数增加而提升的现象，间接地证明了位错密度对微屈服强度的影响。

上述关于位错密度与颗粒尺寸之间关系的结论都是建立在颗粒尺寸为微米级的基础上的，颗粒尺寸减小到亚微米或者纳米量级，情况就发生了变化。赵永春、武高辉[80]对等轴状纳米尺度的 35%SiC_p/6061Al 和 33%Al_2O_{3p}/6061Al 复合材料的时效组织研究发现，压铸态与时效后复合材料基体中没有发现通常的线型位错组态，也没有发现明显的析出相，如图 4-14(b)、(c)所示。无析出现象的产生与细小颗粒的表面积巨大，造成溶质元素偏聚有关，类似于“无析出带”组织分布于整个基体。颗粒细小且形状为等轴状的时候，颗粒周围的应力分布变得十分均匀，并且因颗粒增强体非常细小，引起的热错配应变也分布在很小的范围内，甚至可以通过基体的弹性应变给以协调，而不足以产生塑性变形，因此在组织特征上表现为“近无位错”特征。“近无位错”是指没有通常所谓的线状位错，而晶体缺陷组织是必然存在的，只是形态会有所不同。图 4-15 是 100nm-30%SiC/Al 复合材料的退火组织，这种组织中没有发现析出相，基体中只有点状的缺陷形貌，经进一步放大后确认为是层错。通常认为，层错、孪晶等面缺陷在铝合金中是很难存在的，这是由于铝是层错能最高的单质金属。已有研究表明，通过增加晶界的数量（晶粒尺寸减小至纳米级），铝中可以形成层错和孪晶。而本研究发现，在金属基复合材料中由于增强体引入的相界面，数量急剧增加后，会使铝的缺陷形式产生变化。本项工作的研究结果表明，同样在 150nm-33%Al_2O_{3p}/6061Al 复合材料中也发现了层错状的缺陷，如图 4-16 所示。目前认为，上述层错区是颗粒间隙细小（为纳米～亚微米级别）导致颗粒周围的应力影响区发生交互作用的结果。

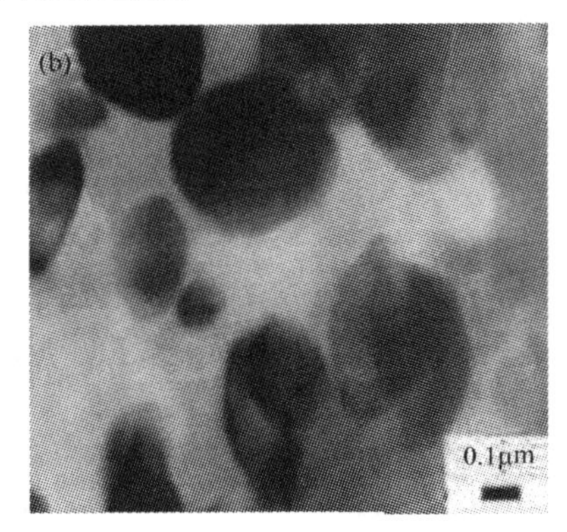

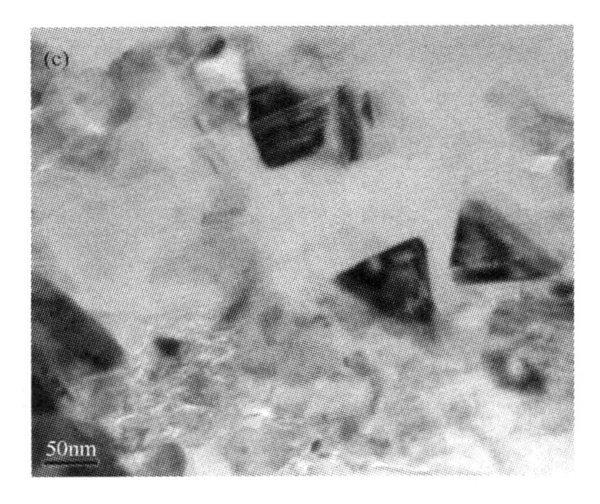

图 4-14 不同颗粒尺寸对复合材料基体组织的影响

(a) 10μm SiC/2024Al；(b) 150nm Al_2O_3/6061Al；(c) 150nm SiC/2024Al

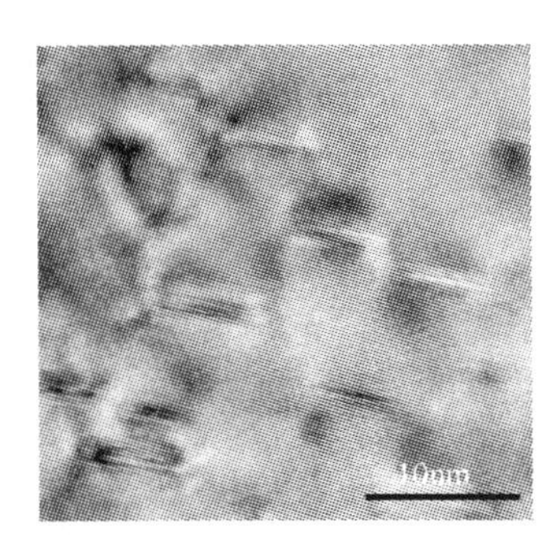

图 4-15 100nm-30%SiC/2024Al 复合材料基体组织中的缺陷(层错)

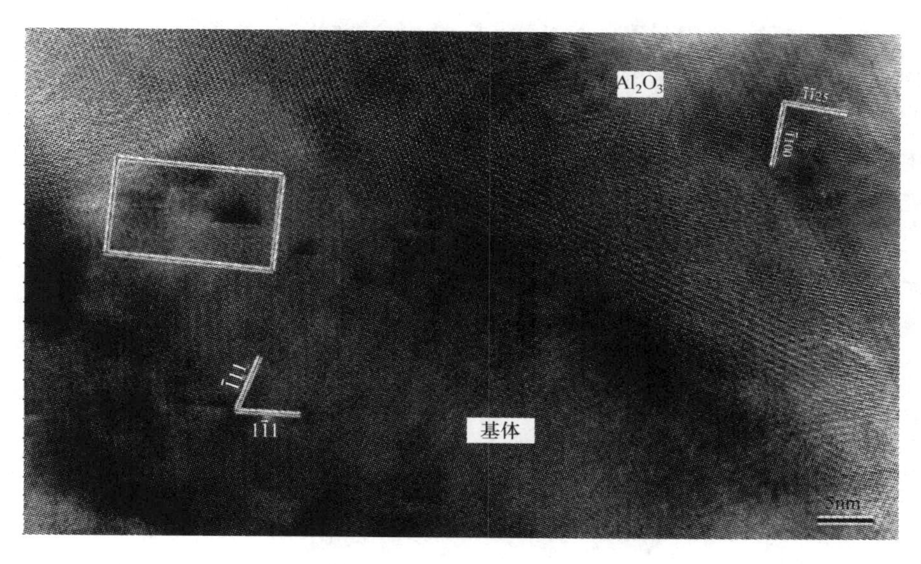

图 4-16　150nm-33%Al_2O_{3p}/6061Al 复合材料时效组织中的点缺陷

综合上述研究结果，可以总结出如下实验规律：增强体周围的热错配应力将导致基体中形成大量的位错；对于微米量级的增强体，随着增强体体积分数的增加和颗粒尺寸的减小，基体中的位错密度提高；当颗粒间距减小至亚微米、纳米级别后，铝基复合材料基体的缺陷则形成了以层错为主的基体组织。因为有高弥散度的颗粒阻挡，这种层错在基体中的滑移距离很短，因此，有利于尺寸稳定性的增加。

4.3　基于尺寸稳定性的复合材料微观构型设计

总结前几节所述及的尺寸稳定性原理，可以归纳出高尺寸稳定性复合材料（仪表级复合材料和光学级复合材料）的设计要素，包括颗粒尺寸、颗粒的平均间距、微观应力控制、界面结合状态、基体合金的组织形态、基体合金成分等。考虑到仪表级复合材料对密度和性能的各向同性的严格要求，复合材料宜优先选择 SiC 颗粒为增强体，又根据基体合金的相稳定原理分析，首选 2024 铝合金为基体合金。当复合材料增强体的物理性质和基体合金确定之后，复合材料的构型（亦称微观结构）设计将成为影响复合材料尺寸稳定性的重要因素。下面将会看到，微观构型对材料稳定性的影响是十分复杂的。

复合材料微观构型主要取决于颗粒形状、尺寸分布和体积分数。增强体分割复合材料基体，同时引入了界面。这将导致复合材料在相稳定、应力稳定和组织稳定等方面与基体合金相比产生诸多变化，这种变化同时受到增强体的体积分数和颗粒尺寸两者的共同作用，而这两个参数是有耦合效应的，颗粒直径分别与体积和表面积呈 3 次方和 2 次方的关系。在相同的体积分数下，当颗粒尺寸减小为 1/2 时，单位体积的粒子数、粒子表面积以及粒子间距会发生巨大的变化。表 4-4 给出了不同粒径引起的单位体积内颗粒数目和平均间距变化的计算结果。常用的颗粒尺寸大多在 10～200μm 范围内，单位体积内的颗粒数目和颗粒间距变化不大，一旦颗粒直径小于 3μm 之后，颗粒增强体的尺寸效应就变得突出起来。

表 4-4　颗粒增强复合材料基本参量的相互关系

颗粒尺寸/μm	体积分数/%	单位体积内颗粒数目/m^{-3}	颗粒间距/μm
63	45	3.4×10^{12}	17.7
30	45	3.2×10^{13}	8.4
10	45	8.6×10^{14}	5.6
3	45	3.2×10^{16}	0.8
1	45	8.6×10^{17}	0.3
0.1	45	4.5×10^{20}	0.06

现行的复合材料强度理论中大多包含体积分数和颗粒尺寸参数，但是对这两者的耦合效应考虑的不多。另外，从增强体的自身特征进行表征的较多，而从增强体对基体的作用角度去考虑得较少。实际上，无论是增强体尺寸 d 的变化还是增强体体积分数 V 的改变，对基体的强化作用都是通过对基体的弥散分割而体现的。当单位体积内粒子数越多，基体被分割的越剧烈，则粒子之间间距也就越小，基体与增强体接触的表面积就越大，从而对复合材料力学性能和尺寸稳定性的影响也更为突出，这也是复合材料增强体的一种尺寸效应。所以在复合材料尺寸稳定性设计中有必要考虑颗粒数量和尺寸对强化的交互作用。

通过提出弥散度(dispersion factor，DF)的概念，可以综合反映增强体的体积分数和颗粒尺寸这两个外部可控要素的耦合作用，表征增强体在不同维度所起到的尺寸效应。假设增强体颗粒为圆形，在基体中均匀分布，弥散度的向量形式如式(4-5)所示[77]：

$$\mathrm{DF}=[\mathrm{DF}_0\quad \mathrm{DF}_1\quad \mathrm{DF}_2\quad \mathrm{DF}_3] \tag{4-5}$$

式中，DF_0 为单位体积内的增强体数目；DF_1 为单位体积内增强体截面的平均周长；DF_2 为单位体积内的增强体总表面积；DF_3 为单位体积内的增强体总体积，即体积分数 f。

式(4-5)表明，强化相的弥散度(DF)包含四个参量，即分布密度(单位体积中的数目)、颗粒总表面积、体积分数。弥散度便于从多个维度上表征强化相的弥散分布状态。例如，针对 SiC/Al 复合材料中 10μm 和 0.15μm 两种颗粒增强体在体积分数 45%条件下的弥散度变化，所得计算结果列于表 4-5。

表 4-5　45%SiC/Al 复合材料中强化相的弥散度计算举例

粒子尺寸/μm	弥散度参量			
	DF_0/m^{-3}	DF_1/m^{-2}	DF_2/m^{-1}	DF_3
10	8.6×10^{14}	2.7×10^{10}	4.0×10^{5}	0.45
0.15	2.5×10^{20}	1.2×10^{14}	2.7×10^{7}	0.45

显而易见，同样在 45%体积分数下，150nm 颗粒的表面积比 10μm 的增加了 67.5 倍，单位体积的粒子数量增加了 290697 倍。这种表面效应和体积效应给复合材料的微观组织带来的影响，如图 4-17 所示。

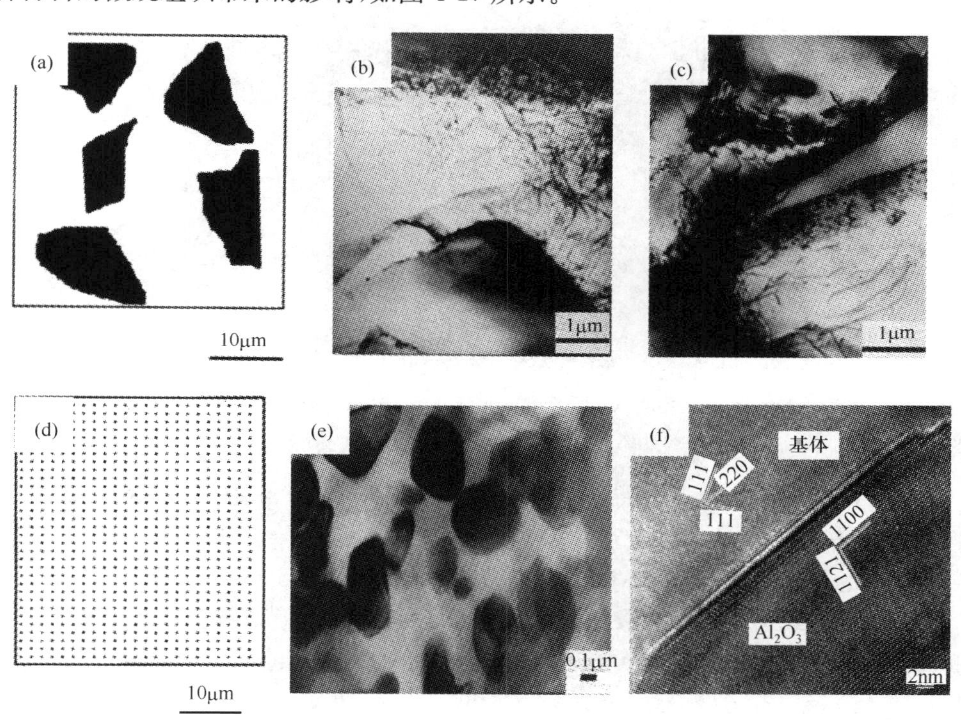

图 4-17　微米级和纳米级复合材料的组织结构示意图和微观组织照片

(a) 10μm 颗粒在二维空间的弥散度示意图；(b) 10μm-SiC_p/6061Al 的组织；
(c) SiC_p/6061Al 颗粒尖端应力集中及位错；(d) 150nm 颗粒在二维空间的弥散度示意图；
(e) 亚微米 Al_2O_3/2024Al 的组织；(f) Al_2O_3 与基体铝合金界面结构

图 4-17(a)和(d)显示的是 45%体积分数下 10μm 和 150nm 颗粒的平面分布示意图，(b)和(c)为 10μm 颗粒时的微观组织形态，复合材料基体中存在有大量的线性位错，颗粒尖角处有较大的应力集中，显然应力过大引起了基体塑性变形(应力释放)，结果在界面附近区域产生了大量的位错。当颗粒尺寸减小到 150nm 之

后，微观组织发生了显著的变化，如图 4-17(e)和(f)所示。归纳起来，有如下组织特征以及尺寸稳定化作用。

(1) 线状位错稀少。细小颗粒的膨胀量绝对值很小，在 100℃温差下其数值与铝合金的 1～2 个原子间距相当，这样小的热错配量难以引发位错，而引起的是界面的弹性变形。这一观点在 150nm 的 Al_2O_3/2024Al 复合材料的界面高分辨像上得到证实，如图 4-18 所示，界面约有 7nm 厚度的晶格畸变区，而没有发生位错。原始位错的稀少是获得高微屈服抗力的必要条件。

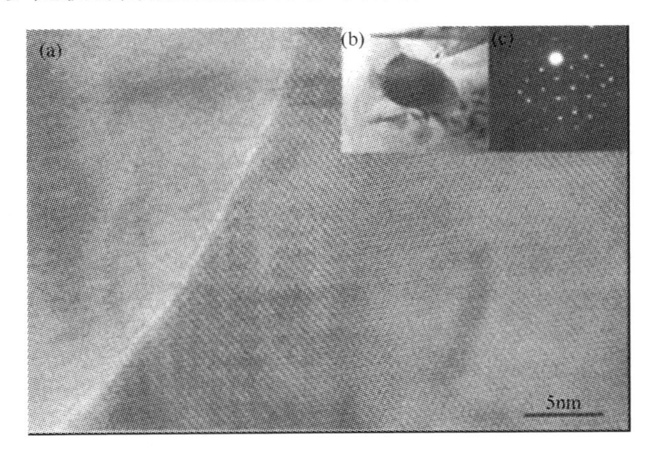

图 4-18　150nm-Al_2O_3/6061Al 复合材料的界面的晶格畸变区

(a) 高分辨像；(b) 低倍形貌；(c) 界面处电子衍射花样

(2) 几乎无析出。由于颗粒表面积巨大，界面吸附大量的淬火空位和溶质原子，加之位错缺陷稀少也使沉淀相形核部位减少，析出变得困难；颗粒的间距小限制了析出的长大。这一点使材料获得了很高的相稳定性。

(3) 亚晶组织。高度弥散的颗粒增强体起到结晶异质形核的作用，同时又阻止晶粒长大。基体中见不到大角晶界，取而代之的是细小的纳米级亚晶组织；晶粒细小是高微屈服抗力的必要条件。

(4) 界面。纳米颗粒的表面具有不完整性及高的活性使得界面结合良好。这是高强度、高尺寸稳定性所必需的组织条件。

作者观察了亚微米 Al_2O_3 颗粒的不完整性，见图 4-19，纳米尺度的 Al_2O_3 颗粒表面是由多个不同取向的微小晶面所构成的，这样与铝合金晶面指数相近的晶面裸露的概率高，有利于界面结合。纳米 Al_2O_3 与铝合金复合之后的另一组界面结构示于图 4-20，纳米尺度的颗粒表面由若干个台阶组成，这些台阶的边长在 20～100 个原子面间距之间，可以看出台阶是由两个晶面的拼接组成的。这种台阶状的界面形态有利于降低复合过程的形核功，对形核和长大较为有利，且比较容易与基体产生一定的位向关系。按照科赛尔晶体生长理论，晶体生长的过程应该是先长一条行列，再长相邻的行列，长满一层网，然后开始长第二层网面，晶体是逐层向外平行推移的。因此，液态铝结晶时首先形成一条铝原子列，该原子列在颗粒表面的形成位置则是从能量角度来确定的。铝原子首先应该沿着与 Al_2O_3 的[1126]晶向平行的[011]晶向形成一个原子列，接着平行于 Al_2O_3 的(1121)晶面形成的(011)晶面。

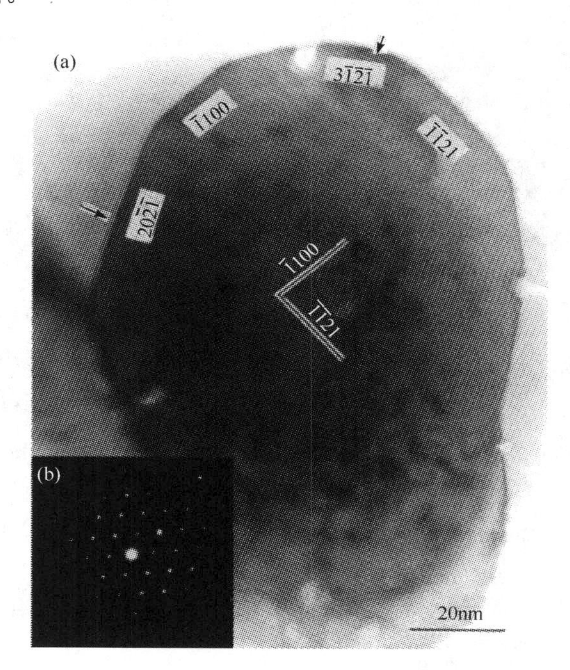

图 4-19　纳米 Al_2O_3 颗粒高分辨像(a)与电子衍射花样(b)

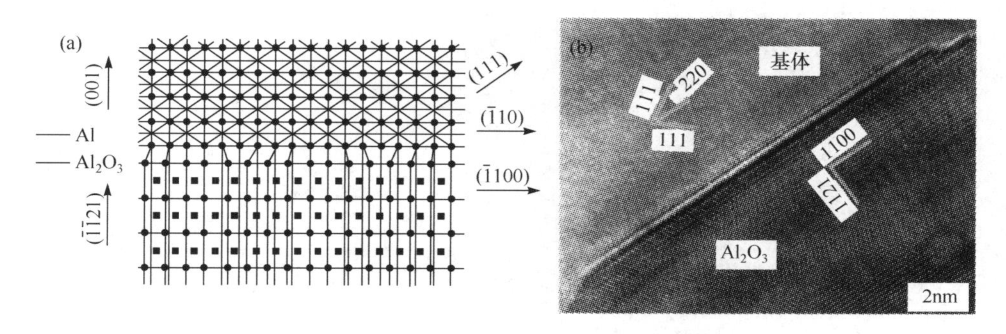

图 4-20　150nm-Al_2O_3/6061Al 复合材料的界面微观结构

(a) 界面的高分辨像；(b) 界面结合情况的点阵示意图

作者对 SiC 纳米颗粒增强复合材料的研究也发现了同样的现象，图 4-21 是纳米 SiC 颗粒与 2024 铝合金界面的高分辨像，清晰地表现出了 Al 与 SiC 存在位向关系。

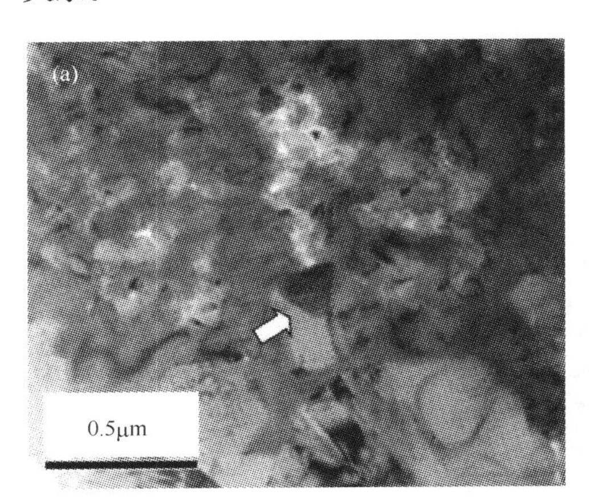

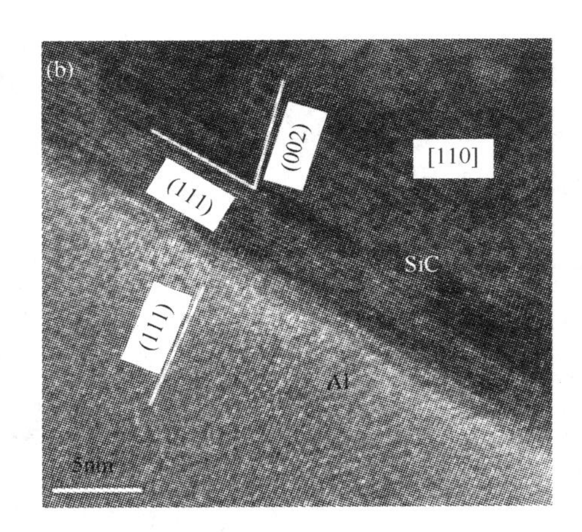

图 4-21　纳米 SiC/2024Al 复合材料透射电镜组织(a)和界面的高分辨像(b)

上述实验观察证明,纳米级颗粒的界面具有很高的活性,与铝合金的界面结合良好。这是获得高微屈服强度进而获得高尺寸稳定性的必要条件。

颗粒的尺寸效应给复合材料微观组织所带来的深刻影响势必引起性能的变化。图 4-22 给出了体积分数为 45%的几种不同颗粒尺寸复合材料的拉伸应力-应变曲线[81]。可以看出,当颗粒尺寸逐渐减小时,复合材料的微屈服强度有明显的提高。

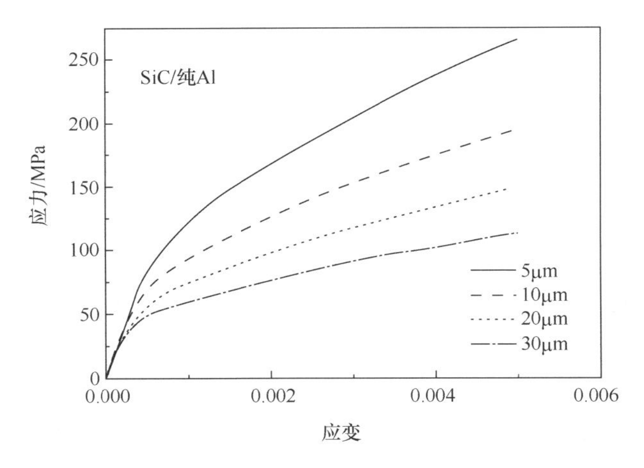

图 4-22　几种不同颗粒尺寸的 45% SiC/纯 Al 复合材料的拉伸曲线[81]

采用圆环开口法测定了材料的尺寸稳定性,发现亚微米复合材料在无负载下的微变形较 2024 铝合金和晶须增强复合材料小 1～2 个数量级,具有突出的尺寸稳定性优势,如表 4-6 所示。表中也列出了部分相关文献的数据。

表 4-6　不同材料的尺寸稳定性比较

材料	规格	微屈服强度/MPa	微蠕变/1000h	开口圆环变形量/mm	
				0 月	3 个月
2024Al[5]	（前苏联）	367	（127MPa）5×10^{-6}		
I-400 Be[5]	热压板材	49	（41MPa）5×10^{-6}		
RJY-50 Be	热压	130			
Al_2O_3/6061Al	0.4μm,30%	298		+0.0048	+0.0050
AlN/6061Al	4μm,40%	257.2		−0.0459	−0.0714
SiC_w/6061	1×30μm,20%	—		−0.5626	−0.5761
仪表级 SiC/Al	3μm,42%	220		+0.0016	+0.0017

上面重点论述了复合材料尺寸稳定性设计的基本原理。光学器件、惯性器件对精度和精度稳定性要求极高，导致对材料的要求很特殊，尤其尺寸稳定性是最基本的要求。此外，还必须满足热膨胀、热导率、低密度、易加工等各方面的设计要求。第 3 章中介绍了热膨胀系数和热导率设计的原理，这里不再赘述。关于低密度，这是必须满足的指标，尤其类似于液浮陀螺等精密零件，需要在油中悬浮工作，因此对密度要求十分苛刻。幸好，SiC/Al 基本可以满足要求，易于在膨胀系数和密度设计两者之间协调，通过调整体积分数可以容易地解决这一问题。前已述及，采用弥散度为基础的设计方法可以设计出在组织稳定、应力稳定、相稳定、化学稳定和微屈服抗力等方面有优势的复合材料。同时，就加工性能而言，由于颗粒细小，粒径远小于切削量，切削的剥离过程发生在界面而不是使颗粒断裂，这就保证了精密加工特性。

4.4　材料尺寸稳定性对惯性仪表精度的作用机制

国外惯性仪表材料的发展经历了三个阶段。20 世纪 50 年代，美国和苏联等国主要采用铝合金；由于铝合金刚度低、膨胀系数高等原因，60 年代开始采用铍材，1964 年美国制造了全铍惯性平台 ST-124，使陀螺仪精度提高了一个数量级，同时也暴露出铍材的“毒、脆、贵”等问题；美国率先于 1981 年研制了仪表级金属基复合材料，鉴于其出色的物理性能和微观力学性能，专门用于制造惯性制导系统的精密部件。这种金属基复合材料惯导零件样品于 1984 年送审，1985 年被批准用于一种导弹制导系统的惯性测量单元[20]（如图 4-23 所示）。这是金属基复合材料首次应用于惯导系统的范例。1999 年美国在三叉戟-Ⅱ导弹陀螺仪上应用了 SiC/Al 复合材料，结果证明，“金属基复合材料是目前在惯性仪表上可以替代铍材的材料”。

图 4-23 美国仪表级金属基复合材料惯导系统的器件盖板[20]

我国惯性制导技术的发展经历了从无到有的过程。在发展的初级阶段，惯性仪表结构件自然也采用铝合金制造。当惯性技术发展进入高精度、长寿命技术阶段之后，铝合金的天生不足便显现出来。工程上暴露的问题可以归结为以下几点。

（1）自发变形。铝合金含有的合金元素在温度、应力、电磁场等外界因素作用下发生扩散迁移而偏聚形成新的金属间化合物，所形成的化合物的体积与基体合金相比会有所增大或缩小，造成比容的改变。作者的研究表明，惯性仪表中最常用的 2024 铝合金经 100h 的时效后，体积增加率为 3.3×10^{-4}。这种变化促使应力松弛过程发生，而这足以造成精密仪表零件因变形而失效。

（2）低应力变形。铝合金的微屈服强度和蠕变强度很低（具体数值依赖于热处理工艺和测试方法，约 80～150MPa）。零件装配的拧紧力、粘合力等应力足以使零件在短时间产生微屈服或者长时间发生蠕变。

（3）热失配变形。铝合金热膨胀系数与相匹配的不锈钢、轴承钢零件（如轴、螺钉、轴承等）相差将近一倍，温度变化时膨胀系数的差别使原来的预紧力发生变化，足以导致铝合金产生不可恢复的永久变形；装配间隙、配合精度也随之变化，导致仪表零件精度丧失。

（4）热错配变形。这是材料内部微观组织因素。铝合金中的位错是不稳定的，在冷热交变的环境下容易发生移动。铝合金中的析出相与铝合金的热膨胀系数也不一致，这样，在温度交变循环过程中会产生微观错配热应力导致位错的移动，逐渐积累造成零件不可逆变形。

(5) 微变形各向异性。常用的铝合金大多是经过挤压、轧制制成的板材、棒材，后期还要经过预拉伸处理。这样的原材料伴有大量的纤维组织(织构)，导致尺寸稳定性呈现各向异性。作者测试了直径 60mm 的 2024 铝合金棒材轴向和径向的微屈服强度和圆环开口尺寸，发现两种情况差别均在 14 倍左右[82]。这对于非对称零件来说，形位的变化也是非对称的，必然引起复杂的仪表结构更大的形位变化。

为解决铝合金尺寸稳定性的不足，作者在前几节所述及的尺寸稳定性设计原理的基础上，针对仪表级 SiC/Al 复合材料和光学级 SiC/Al 复合材料对尺寸稳定性的要求，通过综合控制颗粒尺寸、颗粒的平均间距、微观应力、颗粒与基体界面结合、基体合金组织以及基体合金成分等各项技术参数，收到了十分良好的效果。仪表级 SiC/Al 复合材料的基本性能参数列于表 4-7。作为比较，表中也列出了惯导平台关键结构件常用材料的指标，涉及铝合金、不锈钢(1Cr18Ni9Ti)、钛合金(TC4)及轴承钢(GCr15)等。

表 4-7　仪表级 SiC/Al 复合材料和其他几种常用材料的性能对比

	SiC/Al	RJY50	LY12	不锈钢	ZL201	GCr15	TC4
密度/(g/cm^3)	2.9	1.85	2.78	7.9	2.80	7.81	4.44
热膨胀系数/(×10^{-6}/K)	11～13	11.8	23	16.6	19.3	13.3	9.1
热导率/[W/(m·K)]	130～150	>150	150	16.3	121	36.7	6.8
弹性模量/GPa	145～150	309	71	184	71	212	110
屈服强度/MPa	>420	240	345	275	435	1700	825
微屈服强度/MPa	>220	～100	<120	<100	<100		
冷热循环稳定性/×10^{-5}	0.8～1.0	>7	2～6		>50		

图 4-24 照片显示的是几种惯性仪表零件。其中，角位移传感器结构中镶嵌 GCr15 材料的轴承和高精度的编码器，要承担惯导平台的十几公斤的载荷和 50g(重力加速度)的冲击振动，是典型的精密结构与功能构件。仪表级 SiC/Al 复合材料的热膨胀系数与轴承钢差别约为 4%，而与不锈钢的差别为 88%。这样，与不锈钢相比热错配减少了 95%，质量减少 63%；热导率提高 8.5 倍，优势十分显著。

仪表级复合材料用于惯性仪表时，能够收到显著地提高精度和精度长期稳定性的效果。其原因可以从影响惯导平台精度的三个主要材料特性进行分析，包括：①平台、框架等结构件弯曲变形；②振动谐振；③热变形及其温度场。

影响惯导平台精度的因素很多，误差传递系数很复杂，尚难以给出各种影响因素的定量描述。一般规律是仪表的随机漂移与零件变形近似呈平方关系，即零件变形减小 1 倍，随机漂移减小 10 倍(实际上不同零件对变形的敏感程度有所不同)。惯导平台精度的主要影响因素可以归结为以下几方面。

图 4-24　仪表级 SiC/Al 复合材料惯性仪表结构件
(a) 平台惯导角位移传感器骨架；(b) 液浮陀螺零件

1) 弯曲变形(包括弹性弯曲变形)

在框架加工和安装绝对对称的条件下，平移变形不会引起惯导测试误差，弯曲变形对误差的影响也不大，但是绝对对称的加工和安装是不存在的，弯曲将引起附加角运动，带来误差。台体最为明显，台体的变形将引起三轴不正交，产生加速度分量，从而引起瞄准误差。所以希望台体材料具有高的刚度。

2) 尺寸稳定性问题

热膨胀变形是可知的，可以在后期进行误差补偿。复杂构件的不同材料膨胀系数差别带来的热失配问题是影响精度和精度稳定性的重要因素。测试结果表明，在 20～150℃的交变温度冲击下，T6 处理的 2A12 铝合金变形在 10×10^{-5}～60×10^{-5}量级，RJY50 铍材为 7×10^{-5}～8×10^{-5}量级，仪表级 SiC/Al 复合材料在 0.8×10^{-5}～1×10^{-5}量级。仪表级复合材料的尺寸变化比铝合金小近 10 倍，按漂移误差与变形呈近似平方关系推算，用仪表级 SiC/Al 复合材料制造陀螺仪，理论上可使逐次漂移降低 1 个数量级以上，其效果是十分可观的。

3) 振动变形

振动过载时引起附加误差，谐振时最为严重。因此希望材料具有较高的弹性模量以提高谐振频率，通常需要零部件的振动频率特性避开发动机、外部气流扰动等的振动频率，即 300～2000Hz 的危险频率。

在结构一定的情况下，谐振频率取决于材料的弹性模量。某铝合金惯导支架的一阶振动频率为 1249Hz，换成复合材料达到 2256Hz，避开了危险频率。换成铍材时，谐振频率更高，可以达到 4000Hz 以上，有较多的冗余度。

4) 热场影响

在对精度产生影响的几个因素中，热影响最为显著，主要涉及以下问题。

其一，产生装配间隙、预紧力的变化从而改变设计的初衷。为此希望各个零件的热膨胀系数相近。在各种零件的材料匹配中，轴承材料难于改变，需要其他材料的热膨胀系数与轴承钢的 12.5×10^{-6}/K 相近。自铝合金材料之后，选择铍材也有这个原因。

其二,材料发生不可逆微变形。材料在螺钉拧紧力、胶黏力以及在交变温度场下会发生应力松弛、微观组织变化、时效析出等不可逆过程,从而引起精度不能长期保持,复合材料的较高的微屈服强度有利于提高精度的长期稳定性。交变温度场引起不可逆变形直接带来的是逐次漂移。曾经有过计算,尺寸为 $\phi 40\times 65$mm 的铝浮子,在 20~70℃内变形零点几微米就会引起千分之几的形位变化。2024 铝合金的热膨胀系数与轴承钢相差 77%,而仪表级复合材料与轴承钢的差别仅在 4%以内,因此,由热失配产生的形变所引起的误差预计将会降低十倍以上。

其三,热均匀性问题。惯性仪表启动的过程是一个热均衡和各个零件的应力和间隙调整的过程。为获得稳定的运行条件,平台各个部件必须在恒定温度下工作,恒温时间长短是影响启动时间的重要因素。为此,热导率高的材料有利于快速启动。以不锈钢轴承座为例,热导率仅为 16.3W/(m·K),台体的热量要由空气对流和不锈钢轴承座传导到两个框架和基座,热导率低导致启动慢。复合材料热导率高于 150W/(m·K)而且热容量小,有希望使启动时间缩短。

惯性仪表精度与设计、加工、装配等因素密切相关,但是精度稳定性取决于材料稳定性和不同零件不同材料间的匹配是否合理,因此可以认为,材料的稳定性问题是引起仪表精度漂移的本质性因素。

参考文献

[1] Marsh J S. Alloys of Iron and Nickel-Volume I. Special Purpose Alloys. New York:McGraw-Hill Book Co. ,1938:135~183.

[2] Haruo F. Dimensional stability in materials for precision machine parts. Materials,1978,27(303):1129~1140.

[3] Ernest W G. Introduction to the Dimensional Stability of Composite Materials. Lancaster:DEStech Publications,Inc,2004:1~419.

[4] Marschall C W,Maringer R E. Dimensional Instability. New York:Pergamon Press,1977.

[5] 亨金 M Л,洛克申 И X. 精密机械制造中金属与合金的尺寸稳定性. 蔡安源,杜树芳译. 北京:科学出版社,1981.

[6] 王学泽,马立斌,钟景明. 铍材微屈服强度测试方法. 理化检验-物理分册,1998,34 (10):20~36.

[7] 张力宁,朱平. 金属微应变抗力及其影响因素分析. 金属学报,1990,26 (3):B208~212.

[8] 张帆,金城,李小翠,等. 2024 铝合金微屈服行为. 中国有色金属学报,1998,8 (suppl. 1):136~140.

[9] Brown N,Lukens K F. Microstrain in polycrystalline metals. Acta Metallurgica,1961,9:106~108.

[10] Carnahan R D,White J E. The microplastic behavior of polycrystalline nickel. Philosophical Magazine,1964,10:513~519.

[11] 黄斌,杨延清. 金属基复合材料中热残余应力的分析方法及其对复合材料组织和力学性能

的影响. 材料导报,2006,20:413～419.

[12] 李国强. 卫星隔热材料再贵温度数据分析. 航天器工程,2008,17(5):25～29.

[13] 武高辉,王秀芳,张强. 一种固体材料尺寸稳定性检测方法:中国,ZL03105719. 5. 2007-06-20.

[14] 孙东立,杨峰,武高辉. 尺寸稳定性评定的新方法—圆环开口法的初步尝试. 理化检验(物理分册),1999,35 (10):447～448.

[15] 杨峰. LY12 铝合金尺寸稳定化处理工艺原理及其评价方法. 哈尔滨:哈尔滨工业大学博士学位论文,2000.

[16] Williams B. Beryllium production at brush wellman,elmore. Metal Powder Report,1986;41(9):671.

[17] Clyne T W,Withers P J. An Introduction to Metal Matrix Composites. London:Cambridge University Press,1993.

[18] Lee K. Interfacial reaction in SiC_p/Al composite fabricated by pressureless infiltration. Scripta Materialia,1997,36(8):847～852.

[19] Cole G S,Sherman A M. Lightweight materials for automotive applications. Materials Characterization,1995,35:3～9.

[20] Mohn W R,Vukobratorich D. Recent applications of metal matrix composites in precision instruments and optical systems. Journal of Materials Engineer,1988,10:225～231.

[21] 马丁 J W,多尔蒂 R D. 金属系中显微结构的稳定性. 李新立译. 北京:科学出版社,1984:1～5.

[22] Kim C T,Lee J K,Plichta M R. Plastic relaxation of thermoplastic stress in aluminum/ceramic composites. Metallurgical & Materials Transactions A,1990,21A (3):673～681.

[23] Povirk G L,Needleman A,Nutt S R. An analysis of residual stress formation in whisker-reinforced Al-SiC composites. Materials Science & Engineering A,1990,A125:129～140.

[24] Hoffman M,Skirl S,Pompe W,et al. Thermal residual strains and stresses in Al_2O_3/Al Composites with interpenetrating networks. Journal of the European Ceramic Society,1999,47 (2):565～577.

[25] Roberts C S,Brown N. Microstrain in zinc single crystals. Transactions of the Metallurgical Society of AIME,1960,218:454.

[26] Marschall C W,Maringer R E. Stress relaxation as a source of dimensional instability. Journal of Materials Science,1971,6:374.

[27] 李义春. 颗粒增强铝基复合材料的微塑性变形行为. 哈尔滨:哈尔滨工业大学博士学位论文,1996. 35～110.

[28] 董尚利,杨德庄. SiC 晶须和颗粒增强铝基复合材料的时效行为. 材料工程,1996,(8):38～41.

[29] Nieh T G,Karlak R F. Aging characteristics of B_4C/6061Al. Scripta Metallurgica,1984,18(3):25～28.

[30] Suresh S,Christman T,Sugimure Y. Accelerated aging in a cast alloy-SiC particulate com-

posites. Scripta Metallurgica,1989,23:1599～1602.
[31] Towle D J,Friend C M. The effect of particulate oxidation on the age-hardening characteristics of SiC/6061 MMC produced by the perform infiltration route. Scripta Metallurgica et Materialia,1992,26:437～442.
[32] 李义春,邵文柱,安希墉. Al_2O_3 颗粒对 Al_2O_3/Al 复合材料时效析出的影响. 复合材料学报,1993,10(1):48-50.
[33] Dutta I,Allen S M,Hafley J L. Effect of reinforcement on the aging response of cast 6061 Al-Al_2O_3 particulate composites. Metallurgical & Materials Transactions A, 1991, 22A: 2553～2563.
[34] 赵永春. 颗粒增强铝基复合材料的显微组织及力学行为. 哈尔滨:哈尔滨工业大学博士学位论文. 1997.
[35] 池野进,松田健二,寺木武志,他. SiC 粒子分散型 Al-1%Mg_2Si. 合金复合材料の时效析出举动. Institute of Light Metals,1996,47(10):527～532.
[36] 池野进,古田胜野,寺木武志,他. Al_2O_3 粒子、Al-Cu 合金およびSiC 粒子、Al-Cu-Mg 合金复合材料の时效析出. Institute of Light Metals,1996,46(1):9～14.
[37] 户口裕之,小林俊朗. SiCウイスカ-强化アルミニウム复合材料の时效析出举动. 日本金属学会志,1992,56(11):1303-1311.
[38] Prangnell P B,Stobbs W M. The effect of SiC particulate reinforcement on the ageing behaviour of aluminium-based matrix alloys//Proceedings of the 7th International Conference on Composite Materials (ICCM7),Pergamon,1990:573～578.
[39] Chu H S,Liu K S,Yeh J W. Aging behavior and tensile properties of 6061Al-0. 3μmAl_2O_3 particle composites produced by reciprocating extrusion. Scripta Materialia,2001,45:541～546.
[40] Daoud A,Reif W. Influence of Al_2O_3 particulate on aging response of A356 Al-based composites. Journal of Materials Processing Technology,2002,123:313～318.
[41] Pai B C,Ramani G,Pillai R M,et al. Role of magnesium in cast aluminium alloy matrix composites. Journal of Materials Science,1995,30:1903～1911.
[42] 王秀芳. SiC/2024Al 复合材料尺寸稳定性研究. 哈尔滨:哈尔滨工业大学博士学位论文,2003.
[43] 陈苏,王秀芳,武高辉. SiC_p/2024Al 时效过程中的尺寸变化规律分析. 2004 年中国材料研讨会. 北京,2004:418～419.
[44] Vogelsang M,Arsenault R J,Fisher R M. An in situ HVEM study of dislocation generation at Al/SiC interface in metal matrix composites. Metallurgical & Materials Transactions A, 1986,17A (3):379～389.
[45] Arsenault R J,Shi N. Dislocation generation due to difference between the coefficients of thermal expansion. Materials Science & Engineering,1986,81,175～187.
[46] Vaidya R U,Chawla K K. Thermal expansion of metal-matrix composites. Composites Science and Technology,1994,50:13～22.
[47] Shen Y L. Thermal expansion of metal-ceramic composites: a three dimensional analysis.

Materials Science and Engineering,1998,9:269～275.

[48] 秦蜀懿,刘澄,陈嘉颐,等. SiC_p/LD2 复合材料的微区力学性能. 中国有色金属学报,1999,9(4):748～751.

[49] Hu G K,Weng G J. Influence of thermal residual stress on the composite macroscopic behavior. Mechanics of Materials,1998,27:229～240.

[50] Huang Z M. Strength formulae of unidirectional composites including thermal residual stress. Materials Letters,2000,43:36～42 .

[51] Taya M,Mori T. Dislocations punched-out around a short fiber in a short fiber metal matrix composite subjected to uniform temperature change. Acta Metallurgica,1987,35 (1):155～162.

[52] Kim R Y,Crasto A S,Schoeppner G A. Dimensional stability of composite in a space thermal environment. Composites Science and Technology,2000,60:2601～2608.

[53] 徐文娟,吴申庆,卫中山. 短纤维增强铝基复合材料的热循环尺寸稳定性. 特种铸造及有色合金,1999,5:1～3.

[54] Nite G,Mielke S. Thermal expansion and dimensional stability of alumina fiber reinforced aluminum alloys. Materials Science and Engineering,1991,A148:85～92.

[55] Ledbetter H M,Austin M W. Internal strain(stress) in an SiC-Al particle reinforced composite:an x-ray diffraction study. Materials Science & Engineering,1987,81:53～61.

[56] Barlow C Y, Hansen N. Deformation structures and flow stress in aluminum containing short whiskers. Acta Metallurgica et Materialia,1991,39 (8):1171.

[57] Pickard S M,Schmauder S,Zahl D B,et al. Effects of misfit strain and reverse loading on the flow strength of particulate-reinforced Al matrix composites. Acta Metallurgica et Materialia,1992,40 (11):3113.

[58] Prangnell P B,Downes T,Stobbs W M,et al. The deformation of discontiously reinforced MMCs-Ⅰ. the initial yielding behaviour. Acta Metallurgica et Materialia, 1994, 42 (10):3425.

[59] 赵永峰. 含夹层缺陷的 SiC_p/2024Al 复合材料力学性能及尺寸稳定性研究. 哈尔滨:哈尔滨工业大学硕士学位论文. 2014.

[60] Varma V K, Kamat S V, Mahajan Y R, et al. Effect of reinforcement size on low strain yielding behaviour in Al-Cu-Mg/SiC_p composites. Materials Science and Engineering,2001,A318:57～64.

[61] Levy A,Papazian J M. Elastoplastic finite element analysis of short-fiber-reinforced SiC/Al composites:effects of thermal treatment. Acta Metallurgica et Materialia,1991,39:2255～2266.

[62] Arsenault R J,Taya M. Thermal residual stress in metal matrix composite. Acta Metallurgica et Materialia,1987,35 (3):651.

[63] Lee J K,Earmme Y Y,Aaronson H I,et al. Plastic relaxation of the transformation strain energy of a misfitting spherical precipitate:ideal plastic behavior. Metallurgical & Materials Transactions A,1980,11A (11):1837～1847.

[64] Arsenault R J,Taya M. Thermal residual stress in metal matrix composite. Acta Metallurgi-

ca,1987,35(3):651～659.

[65] Kim C T,Lee J K,Plichts M R. Plastic relaxation of thermoplastic stress in aluminum/ ceramic composites. Metallurgical & Materials Transactions A,1990,21A(3):673～681.

[66] Chan H J,Daniel I M. Residual thermal stresses in filamentary SiC/Al composite. Composites Engineering,1995,5(4):425～436.

[67] Prangnell P B, Downes T, Stobbs W M, et al. The deformation of discontinuously reinforced MMCs-I. :the initial yield behavior. Acta Metallurgica et Materialia,1994,42(10):3425～3436.

[68] Lee J K,Earmme Y Y,Aaronson H I,et al. Plastic relaxation of the transformation strain energy of a misfitting spherical precipitate:ideal plastic behavior. Metallurgical & Materials Transactions A,1980,11A(11):1837～1847.

[69] Taya M,Mori T. Dislocation pouched-out around a short fiber in a short fiber metal. Matrix composite Subjected to Uniform Temperature Change. Acta Metallurgica,1987,35(1):155～162.

[70] 秦蜀懿,张国定. 改善颗粒增强金属基复合材料塑性和韧性的途径与机制. 中国有色金属学报,2000,10(5):621～629.

[71] Nan C W,Clarke D R. The influence of particle size and particle fracture on the elastic/plastic deformation of metal matrix composites. Acta Materialia,1996,44(9):3801～3811.

[72] 森本启之,岩村宏. SiC 粒子强化アルミニウム复合材料の引张特性に及ぱ粒子径の影响. 轻金属学会 83 回秋期大会讲演概要,日本,1992:15～20.

[73] Ashby M F,Johnson L. On the generation of dislocations at misfitting particles in a ductile matrix. Philosophical Magazine,1969,19:1009～1022.

[74] Mohn W R,Vukobratovich D. Recent applications of metal matrix composites in precision instruments and optical systems. Journal of Materials Engineering,1988,10(3):225～235.

[75] 姜龙涛. 亚微米 Al_2O_3 颗粒增强铝基复合材料近界面区的显微结构特征. 哈尔滨:哈尔滨工业大学博士学位论文,2001.

[76] Miller W S,Humphreys F J. Strengthening mechanisms in metal matrix composites. Script Metallurgica et Materialia,1991,25(1):33-38.

[77] 王博. 增强相弥散度对 PRMMCs 尺寸稳定性影响的研究. 哈尔滨:哈尔滨工业大学硕士学位论文,2012.

[78] 张建云. 碳化硅颗粒增强铝基复合材料的性能研究. 南京:南京航空航天大学博士学位论文,2006.

[79] 张帆,金城,李小璀,等. SiC_p/LY12 复合材料微屈服强度的研究. 材料导报,1998,12(2):53～55.

[80] 赵永春,武高辉. 亚微米级 Al_2O_{3p}/6061Al 复合材料的断裂行为. 复合材料学报,1998,15(3):27～31.

[81] 王玺. SiC/Al 复合材料为屈服行为与强化机理研究. 哈尔滨:哈尔滨工业大学博士学位论文. 2014.

[82] 杨峰,武高辉,孙东立,等. 2024 铝合金微变形各向异性消除工艺研究. 金属热处理,2000,3:20～21.

第5章　碳纤维增强铝复合材料界面反应控制与应用

5.1　引　　言

碳纤维自出现以来便显示出作为金属基复合材料增强体的强大诱惑力，表5-1列出了几种常用的增强体的主要力学与物理性能，可见与其他传统增强体相比，碳纤维的特性表现在高强度、高模量、低密度等方面，对于沥青基碳纤维还有突出的高导热特性，是一类十分优秀的增强体材料。碳纤维增强铝(C_f/Al)是以碳或石墨纤维为增强体，以纯铝或铝合金为基体的高性能复合材料。这种材料可以满足空间结构高比刚度和热稳定性要求。图5-1给出了几种金属基复合材料的比刚度和热稳定性的对比，作为参照，图中也给出了常用金属材料和陶瓷材料等的数据。对于金属基复合材料来说，由于基体为金属属性，以与树脂基碳纤维复合材料相比，具有耐高低温、无挥发、抗原子氧、抗辐照、导热、导电等特性，是理想的空间结构材料。

表5-1　常用纤维增强体材料的基本特性[1,2]

厂家	型号	密度/(g/cm^3)	模量/GPa	抗拉强度/MPa	伸长率/%	热导率/[W/(m·k)]	热膨胀系数/($\times10^{-6}$/℃)
Toray碳纤维	T300	1.76	230	3530	1.5	10.5	～0.41
	T700	1.80	230	4900	2.1	9.4	～0.38
	M40JB	1.77	377	4410	1.2	68.7	～0.83
	M55JB	1.91	540	4020	0.8	156.2	～1.1
Amoco碳纤维	P100	2.16	751	2410	0.3	520	～1.45
	P120	2.17	827	2410	0.3	640	～1.45
Nicalon SiC纤维	K1100	2.20	965	3100	—	900～1000	～1.45
	NL200	2.55	220	3000	1.4	2.97	3.2
Sylramic Al_2O_3纤维	—	>3.1	400	28000	0.7	40～45	5.4

用碳纤维增强铝合金预期会得到高比模量、低膨胀等特性，这一点在碳纤维研制成功之后立即就被复合材料学者关注到了。早在1961年，Keppenal和Parikh就开始尝试使用粉末冶金法制备C_f/Al复合材料，但是因为碳纤维与铝不润湿，容易发生界面反应，这类研究始终没有成功[2]。因制备方法、浸润性等问题无法解

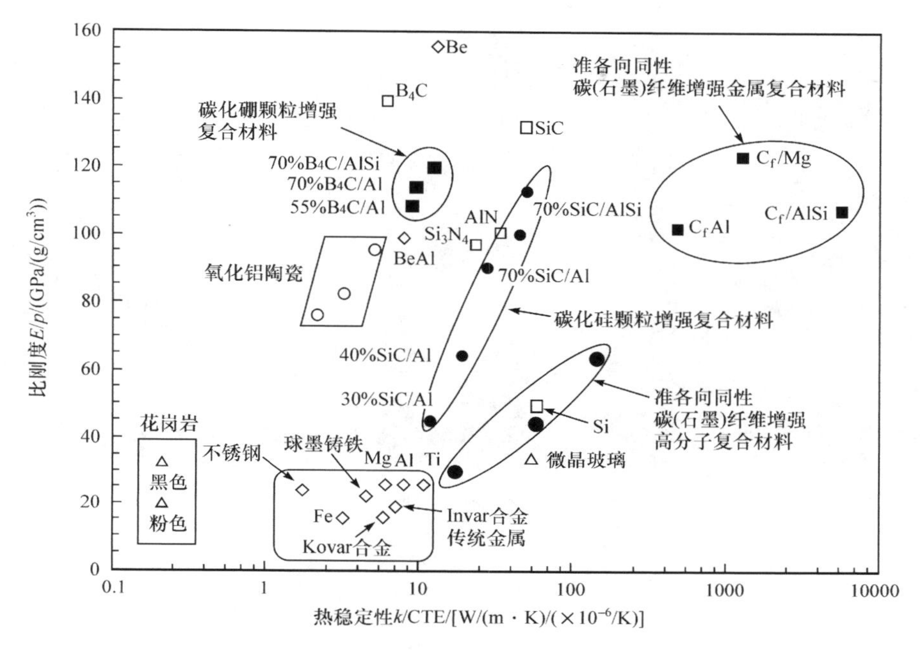

图 5-1　C_f/Al 复合材料与其他宇航材料性能对比

决，整个 20 世纪 60 年代 C_f/Al 复合材料的研究发展几乎停滞不前。到了 70 年代，随着纤维与基体合金之间的界面相容性以及界面反应方面的研究取得了进展，C_f/Al 复合材料的制备与应用才得以发展[3]。美国率先采用扩散连接技术制备了碳纤维增强铝基复合材料管材、板材，并广泛应用于制造人造卫星支架、平面天线、太空望远镜和照相机镜筒、红外反射镜、人造卫星抛物面天线等。90 年代，美国 3M 公司采用扩散黏结法，制备了 P100 型沥青基碳纤维增强 6061 铝复合材料(P100/6061Al)的 4.3cm×8.6cm×2m 中空型杆件，用于哈勃望远镜桅杆(兼做波导管)，成为碳纤维增强铝复合材料空间应用的范例[4]。应用形式及产品照片示于图 5-2。

C_f/Al 复合材料的研究在我国起步于 20 世纪 80 年代，上海交通大学张国定、中国科学院金属研究所周本濂等诸多学者对碳纤维增强复合材料的界面反应、成型工艺等方面进行了大量的探索性研究[5~9]，同样也是因界面反应问题一时难以解决，加之需求牵引不强烈研究处于停滞状态。作者自 2002 年开始在航天任务牵引下开始 C_f/Al 复合材料的研究，吸取了国内外学者的研究经验，初步解决了界面润湿和界面反应问题，研制成功 C_f/Al 复合材料空间相机镜筒(如图 5-3 所示)，其膨胀系数为 4×10^{-6}/℃，密度为 2.2g/cm³，尺寸稳定，空间环境耐候性好，已经于 2007 年正式服役。

图 5-2　哈勃望远镜高增益天线波导桅杆(P100/6061Al,4.3cm×8.6cm×2m)[3]

图 5-3　C_f/Al 红外相机镜筒

左侧为精通部分零件,右侧为发黑处理并组装好的镜筒

C-Al 系的界面反应是指在一定温度下发生 Al_4C_3 反应,材料制备过程的高温状态会使这一反应加速。Al_4C_3 是脆性相,且遇水发生水解,生成 CH_4 和 $Al(OH)_3$。因此,有 Al_4C_3 界面反应的复合材料断裂强度低、容易吸潮而加速腐蚀。人们在基体与增强体之间的界面反应规律、控制界面反应的途径、界面微结构、界面对材料性能的影响等方面进行了大量的研究工作[10,11]。主流的技术方案是纤维表面改性,包括碳纤维表面镀 Ni、镀 Cu、气相沉积 SiC 等。界面改性对于抑制 Al_4C_3 反应有一定效果,但是难以从根本上解决问题,而且带来环境污染、成

本增加的问题。界面问题仍然是 C_f/Al 复合材料研究和应用的关键问题，作者一直努力探寻一种非表面处理的技术方法，既要解决界面反应问题，同时又要尽量避免环境污染，试图用简单的方法解决复杂的问题。

本章将介绍在此方向上研究的一些收获和体会。

5.2　C-Al 界面反应热力学及其控制方法

分析 C-Al 界面反应的热力学是为探究 Al_4C_3 界面反应的驱动力及内部成分条件，以实现从合金成分入手控制界面反应。本节将首先分析 C-Al 界面反应的热力学条件，然后从复合材料增强体中碳元素活度出发，计算分析碳纤维石墨化度对界面反应热力学的影响以及相应的反应热力学控制方法，再从复合材料基体的铝元素的活度出发，讨论基体铝合金与碳纤维的热力学及反应热力学控制方法。因原材料品质的差异，试验方法、手段、环境的局限，计算结果未必十分精确，但其变化趋势可以为反应规律的分析和控制提供理论指导。

5.2.1　碳纤维石墨化度对 C-Al 反应热力学的影响

碳纤维从原料体系就可分为黏胶基碳纤维、聚苯烯腈基碳纤维和沥青基纤维三大类，其中每类碳纤维按照制备工艺及性能又可以划分为若干不同牌号的纤维。碳纤维的微观结构由不完全的石墨结晶沿纤维轴向排列所构成，是由 sp^2 杂化碳原子组成的六角形网面层状堆积物，碳原子所组成的微晶是碳纤维的显微结构单元，各平行层堆积不规则，缺乏三维有序排列，呈乱层结构，如图 5-4 所示[12]。碳纤维的制备工艺不同，碳纤维中碳原子有序化程度亦不同。

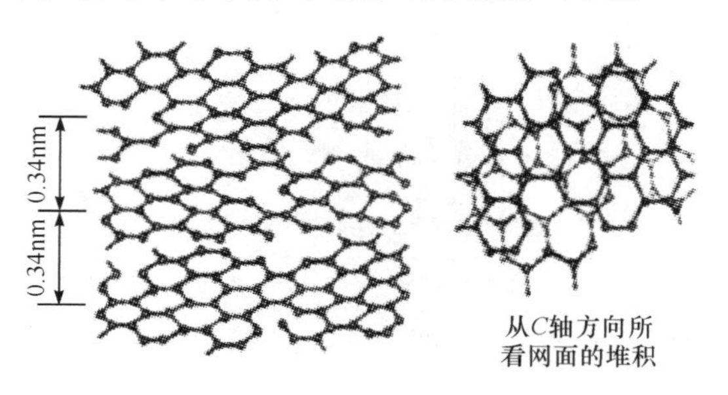

图 5-4　乱层石墨结构[12]

通常用石墨化度评价碳纤维中碳原子的有序化程度。石墨化度的评价方法有三种：X 射线衍射法、激光拉曼法、磁阻法。常见的是 X 射线衍射法。根据石墨微晶衍射峰所对应的层间距计算碳纤维的石墨化程度，这种测试方式最早由梅林-梅雷提出[13]。

梅林-梅雷的测量原理为：碳纤维在石墨化过程中，石墨微晶不仅长大，而且沿纤维轴向取向排列，使(002)晶面间距 d 逐渐缩小，逐步向理想石墨靠近。以纯石墨的晶面间距为基准由下式可表征纤维石墨化度。

$$g=\frac{0.344-d_{002}}{0.344-0.3354} \tag{5-1}$$

其中，d_{002} 为测试样品(002)平均晶面间距；0.344 为完全无序结构的(002)晶面间距(nm)；0.3354 为理想石墨的(002)晶面间距(nm)。

图 5-5 为日本东丽公司生产的几种不同型号碳纤维和高纯石墨的 XRD 谱。将 XRD 测试数据代入式(5-1)计算的 T300、T700 的石墨化度出现负值，显然这是不合理的。采用比较法进行了尝试，选择高纯石墨，将其石墨化度设为 100%，以此为基准对晶面间距进行修正，由此获得碳纤维石墨化度的相对值，测试结果见表 5-2。从数值上看，结果是可信的，碳纤维 T300、T700、M40、M55 与高纯石墨的石墨化度从低到高依次增加。

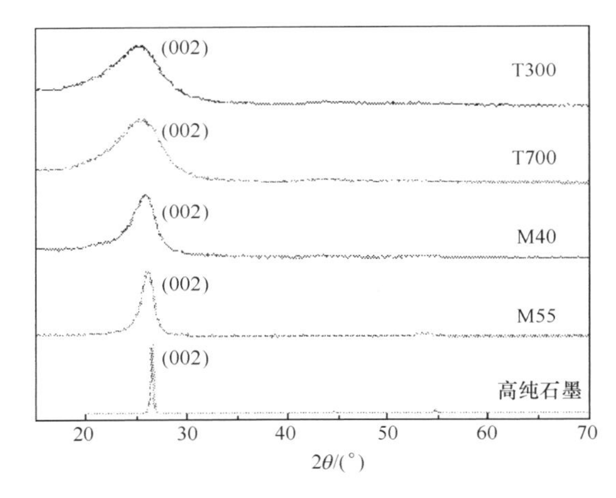

图 5-5　碳纤维和高纯石墨的 XRD 谱

表 5-2　碳纤维的石墨化度

纤维型号	2θ/(°)	晶面间距 d/nm	梅林-梅雷公式计算值/%	相对值/%
T300	25.34	0.35169	−89	34
T700	25.90	0.34921	−61	44
M40	26.00	0.34291	13	69
M55	26.06	0.34214	22	73
高纯石墨	26.57	0.33552	99	100

晶体结构的不完整性在界面反应中表现为活度的增加。石墨化度低的纤维微

观结构的不完整性更为严重，即石墨化度低的纤维表面活度大，纤维石墨化度对 C_f/Al 复合材料界面反应热力学有直接的影响。

碳活度对 C-Al 复界面反应的影响规律可以通过热力学计算得出。

采用压力浸渗法制备 C_f/Al 复合材料，其制备温度在 700℃以上（>1000K），基体合金均处于熔融液态，界面处所发生的反应如式(5-2)所示。

$$4[Al]+3C(s)=\!=\!=Al_4C_3(s) \tag{5-2}$$

反应(5-2)的 Gibbs 自由能由公式(5-3)给出

$$\Delta G_a=\Delta G_a^{\ominus}+RT\ln\frac{a_{(Al_4C_3)}}{a_{([Al])}^4 a_{(C)}^3} \tag{5-3}$$

式中，ΔG_a 为发生(5-2)反应的 Gibbs 自由能；$\Delta G_a^{\ominus}$ 为发生反应(5-2)的标准 Gibbs 自由能；R 为摩尔气体常数(8.3145J/(mol · K))；T 为热力学温度；$a_{[i]}$ 为物质 i 的活度。

在反应(5-2)中，界面产物 Al_4C_3 被视为理想状态下的纯固态物质，因此反应中产物的活度可视为 1。基体中 Al 元素含量极高，因而其 Gibbs 自由能也可视为 1。研究表明[14]，1000K 时，C_f/Al-Mg 中 C 元素的摩尔分数为 0.004，则复合材料中 C 的活度系数处于 0～0.004，使用 FACT 热力学软件可直接计算出 $\Delta G_a^{\ominus}=-169.823$kJ/mol，因而可计算出 1000K 温度下 Al_4C_3 相反应的 Gibbs 自由能随碳元素活度的变化，如图 5-6 所示。由图 5-6 可明显看出，碳元素活度越高，则 Al_4C_3 相的 Gibbs 自由能越低，Al_4C_3 相生成越容易。因此，高石墨化度的碳纤维本身碳元素活度较低，Al_4C_3 反应的驱动力减小，因此选择高石墨化度的碳纤维可以 Al_4C_3 相的生成有抑制作用。

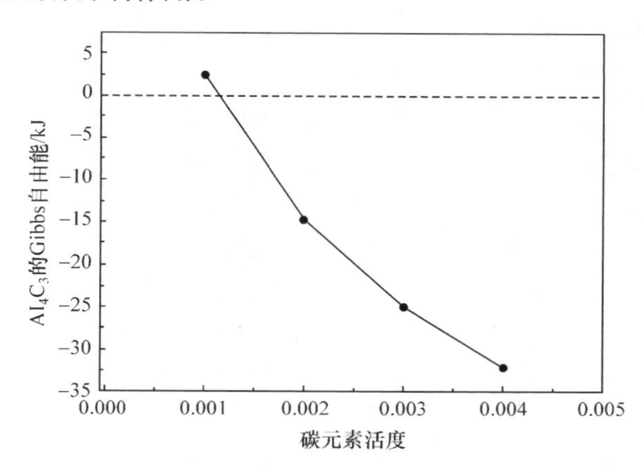

图 5-6 1000K 下 Al_4C_3 的 Gibbs 自由能随碳元素活度的变化

上述分析表明，石墨化程度高的纤维碳元素活度较低，反应的 Gibbs 自由能高，反应程度自然降低。为验证这一推论，选择了石墨化度相对值分别为 34%、

44%、69%的T300、T700、M40碳纤维与6061铝合金在较高的温度800℃下复合，500℃以上的保温时间约为30min，由此考察界面反应程度。T300、T700、M40碳纤维增强6061Al复合材料的典型界面组织示于图5-7。由图5-7(a)可见，T300与6061Al基体生成的Al_4C_3数量最多，T700的界面反应物数量减少，反应物仅在界面处聚集(图5-7(b))，而石墨化度较高的M40纤维界面反应物数量大大减少，如图5-7(c)所示，并且仅在界面局部出现。

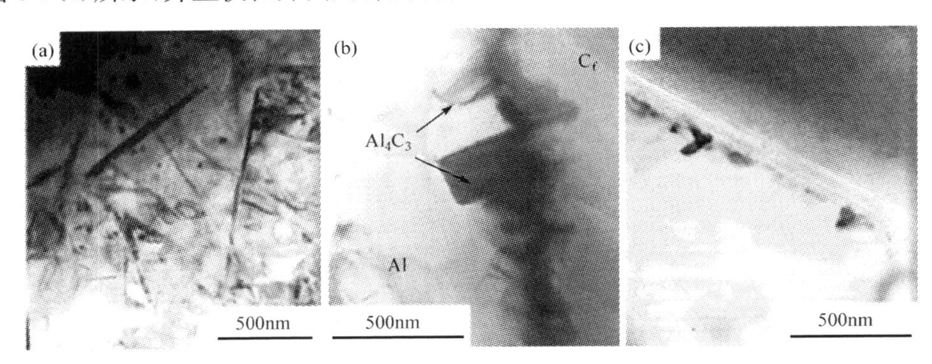

图5-7 C_f/Al复合材料的界面处Al_4C_3的数量与形貌

(a) T300/6061Al；(b) T700/6061Al；(c) M40/6061Al

Al_4C_3作为脆性相不仅使C_f/Al复合材料强度降低，而且对纤维也会造成损伤并降低纤维的强度。将T300、T700、M40三种纤维从复合材料中用NaOH水熔液萃取出来，观察其表面形貌，其结果示于图5-8。相比于原始纤维表面，T300纤维表面布满了有一定几何形状的凹坑，原始纤维表面的形态已经消失(图5-8(b))。这些凹坑是由于碳与铝之间生成反应物Al_4C_3而消耗的，这也预示着T300纤维表面的损伤将导致纤维本身性能的下降。

与T300相比，T700纤维表面的凹坑深度较浅，数量也有所减少，而M40纤维表面的凹坑数量和面积变得更加细小，纤维表面的原始沟槽痕迹还清晰可见，表明界面反应程度比较微弱，这与复合材料的界面TEM形貌观察结果是相符合的。三种复合材料的XRD分析结果示于图5-9，在T300、T700增强的复合材料中检测到了Al_4C_3反应物，而M40/6061没有检测出。这与TEM、SEM观察结果相一致。上述试验结果说明，随着纤维石墨化度的升高，碳纤维的石墨晶体结构趋于完整，碳原子受到的束缚作用更加强烈，化学稳定性增加，从而使碳与铝发生反应的活力减小。

5.2.2 Mg元素对C-Al反应热力学的影响

C-Al界面反应是C与Al双方的一个热力学过程，在C一方，通过提高石墨化度可以使反应倾向得到控制，同样道理，在Al一方，通过改变合金成分，从而改变

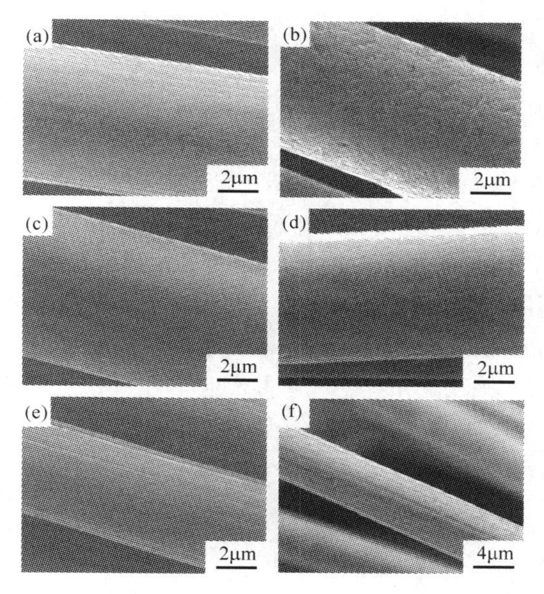

图5-8 C_f/Al复合材料制备前后碳纤维表面形貌

制备前(a) T300,(c) T700,(e) M40;制备后(b) T300,(d) T700,(f) M40

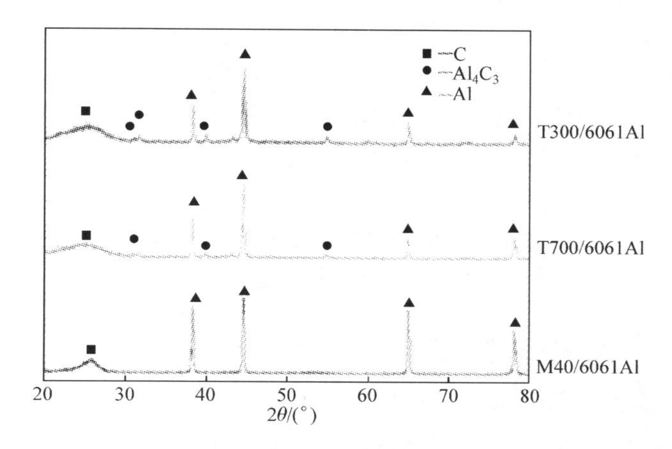

图5-9 C_f/Al复合材料的XRD谱

与碳纤维反应的热力学条件,同样也可控制界面反应。本节讨论在Al中通过加入Mg元素改变C-Al热力学条件的分析和实践。

为讨论这个问题,需要从以下几层次展开。首先是如何表征C-Al-Mg体系中界面产物Gibbs自由能;为满足自由能计算,预先计算基体中各个元素的活度;进而分析Mg对界面产物生成自由能的影响;再分析Mg对Al_4C_3反应形核阻力的影响;最后通过实验实际验证上述计算分析结果。

总体思路是期望在基体合金中加入某元素，使其与 C 的反应自由能低于 C-Al 的反应自由能，生成有益的界面反应，取代不良的界面反应。

1. C-Al-Mg 体系中界面产物 Gibbs 自由能的表达

期望在 Al 中加入 Mg 之后生成 $\beta(Al_3Mg_2)$ 相，抑制或者取代 Al_4C_3 反应。体系中除可以发生式(5-2)反应之外还可能发生(5-4)反应。

$$3[Al]+2[Mg]=\!=\!=Al_3Mg_2(s) \tag{5-4}$$

基于热力学理论，通过计算 Al_4C_3 和 $\beta(Al_3Mg_2)$ 相反应的 Gibbs 自由能，可以估计界面反应(5-2)、(5-4)发生的可能性和反应产物的稳定性。反应(5-2)、(5-4)均为液态反应物生成固态产物的反应，这种反应中，产物的 Gibbs 自由能不单是温度的函数，同时也是所有参与反应的物质(包括反应物以及生成物)在整个熔融体系中的活度的函数。界面反应(5-2)、(5-4)的产物 Gibbs 自由能表达式如公式(5-3)、(5-5)所示。

$$\Delta G_b=\Delta G_b^{\ominus}+RT\ln\frac{a_{(Al_3Mg_2)}}{a^3_{([Al])}a^2_{([Mg])}} \tag{5-5}$$

式中，ΔG_b表示反应(5-4)产物的 Gibbs 自由能；$\Delta G_b^{\ominus}$ 为反应(5-4)产物生成的标准 Gibbs 自由能；其他同式(5-2)。

由于在反应(5-2)、(5-4)中，界面产物 Al_4C_3 和 $\beta(Al_3Mg_2)$都被视为理想状态下的纯固态物质，因此两个反应中产物的活度均可视为 1。

利用式(5-3)、(5-5)来估算 ΔG_a、ΔG_b，还需要获得 Al、Mg、C 三元素在反应进行时的活度($a_{[Al]}$、$a_{[Mg]}$、a_C)以及界面反应(5-2)、(5-4)的标准 Gibbs 自由能的基本参数。

这些未知参数可以通过实验测量得到，但测量的实验量很大，现今出现了多种估测不同体系中元素活度值的理论模型，可以通过建模手段来计算未知参数值。

2. Al 合金基体中元素活度理论计算

1) 活度计算模型与分析

对于偏离拉乌尔定律的一般溶体来说，其中任意组元 i 的活度可由公式 $a_i=\gamma_i\cdot x_i$ 表示，其中，x_i 为元素 i 在溶体中的摩尔分数，γ_i 为对偏离拉乌尔定律的浓度校正系数，即元素 i 在溶体中的活度系数。1964 年，Wilson 基于局部组成概念设计了用于计算活度系数的 Wilson 方程。这一方程被广泛应用在估计与理想溶体偏差较大的多组元溶体中元素的活度系数。在 i-j 二组元体系中，Wilson 方程可表达为公式(5-6)所示的形式，公式中的 $A_{i/j}$ 与 $A_{j/i}$ 被称为 Wilson 系数，这一系数是随 i-j 的摩尔体积和相互作用能变化而变化的参数。方程组(5-7)是由公式(5-6)中 x_i、$x_j\to0$ 而推导出的。

$$\ln\gamma_i = 1-\ln(1-x_jA_{j/i})-\frac{\chi_i}{1-x_jA_{j/i}}-\frac{\chi_j(1-A_{i/j})}{1-\chi_iA_{i/j}} \tag{5-6}$$

$$\begin{cases}\ln\gamma_i^{\chi_i\to0}=-\ln(1-A_{j/i})+A_{i/j}\\ \ln\gamma_j^{\chi_j\to0}=-\ln(1-A_{i/j})+A_{j/i}\end{cases} \tag{5-7}$$

由方程组(5-7)可得，在和 $\gamma_i^{\chi_i\to0}$ 和 $\gamma_j^{\chi_j\to0}$ 的值可以得到的情况下，将其数值代入方程组就可以解出 Wilson 系数 $A_{i/j}$ 与 $A_{j/i}$ 的值。由于合金体系太多，很多参数不能通过工具书直接得到，因此 $\gamma_i^{\chi_i\to0}$ 和 $\gamma_j^{\chi_j\to0}$ 的数值无法通过查找直接得到，因此需要结合 Miedema 模型计算 $\gamma_i^{\chi_i\to0}$ 和 $\gamma_j^{\chi_j\to0}$ 的数值。

由 Miedema 模型基本公式可得，在 i-j 二组元体系中焓变 ΔH_{ij} 可由式(5-8)来表示，而式(5-8)中的参数 f_{ij} 可写为式(5-9)的形式。

$$\Delta H_{ij}=\frac{f_{ij}\chi_i[1+u_i\chi_j(\varphi_i-\varphi_j)]\chi_j[1+u_jx_i(\varphi_j-\varphi_i)]}{x_i[1+u_i\chi_j(\varphi_i-\varphi_j)]V_i^{2/3}+\chi_j[1+u_jx_i(\varphi_j-\varphi_i)]V_j^{2/3}} \tag{5-8}$$

$$f_{ij}=\frac{2pV_i^{2/3}V_j^{2/3}\{q/p[(n_{\text{sw}}^{1/3})_i-(n_{\text{sw}}^{1/3})_j]^2-(\phi_i-\phi_j)^2-b(r/p)\}}{(n_{\text{sw}}^{1/3})_i^{-1}+(n_{\text{sw}}^{1/3})_j^{-1}} \tag{5-9}$$

式中，φ 为电负性(V)；V 为摩尔体积(cm^3)；n_{sw}为电子密度；u、p、q、b、r 为常数。

根据溶体的特性可以直接得出，在 i-j 二组元体系里，元素 i 的 Gibbs 自由能是可以表达为式(5-10)的形式的。同时，元素 i 的 Gibbs 自由能变与 i-j 二组元体系总体的 Gibbs 自由能变的关联可以利用 Gibbs-Duham 方程计算得出，计算结果表达为式(5-11)的形式。式(5-12)为 Gibbs 自由能的定义。在熔融液态下，i-j 二组元体系总熵变 S_{ij}^{E}表示如式(5-13)所示，式中的 T 代表实际热力学温度，$T_{\text{m}i}$代表组元 i 的熔点，$T_{\text{m}j}$代表组元 j 的熔点。

$$\Delta G_i^{\text{E}}=RT\ln\gamma_i \tag{5-10}$$

$$\Delta G_i^{\text{E}}=G_{ij}^{\text{E}}+(1-x_i)\frac{\partial G_{ij}^{\text{E}}}{\partial x_i} \tag{5-11}$$

$$G_{ij}^{\text{E}}=\Delta H_{ij}-TS_{ij}^{\text{E}} \tag{5-12}$$

$$S_{ij}^{\text{E}}=0.1\times\Delta H_{ij}\left(\frac{1}{T_{\text{m}i}}+\frac{1}{T_{\text{m}j}}\right) \tag{5-13}$$

将式(5-10)与式(5-11)、式(5-12)、式(5-13)联立可解得式(5-14)，式(5-14)中参数 a_{ij} 可表示为式(5-15)的形式。使式(5-14)中 $x_i\to0$，此时式(5-14)可化简为式(5-16)。

$$\ln\gamma_i=\frac{\alpha_{ij}\Delta H_{ij}}{RT}\left\{1+(1-x_i)\left[\frac{1}{x_i}-\frac{1}{1-x_i}-\frac{u_i(\varphi_i-\varphi_j)}{1+u_i(1-x_i)(\varphi_i-\varphi_j)}+\frac{u_i(\varphi_j-\varphi_i)}{1+u_jx_i(\varphi_j-\varphi_i)}\right.\right.$$
$$\left.\left.-\frac{V_i^{2/3}[1+u_i(1-2x_i)(\varphi_i-\varphi_j)]+V_j^{2/3}[-1+u_j(1-2x_i)(\varphi_j-\varphi_i)]}{x_iV_i^{2/3}[1+u_i(1-x_i)(\varphi_i-\varphi_j)]+(1-x_i)V_j^{2/3}[1+u_ix_i(\varphi_j-\varphi_i)]}\right]\right\} \tag{5-14}$$

$$\alpha_{ij}=1-0.1T\left(\frac{1}{T_{m1}}+\frac{1}{T_{m2}}\right) \tag{5-15}$$

$$\ln\gamma_i^{x_i\to 0}=\frac{\alpha_{ij}f_{ij}[1+u_i(\varphi_i-\varphi_j)]}{RTV_j^{2/3}} \tag{5-16}$$

因此，由式(5-16)可计算出 $\gamma_i^{x_i\to 0}$ 的值，从而将结果代入方程组(5-7)就可解出 Willson 系数 $A_{i/j}$ 与 $A_{j/i}$ 的值。最终再利用 Willson 方程计算出二组元系统中元素的活度系数值。

此外，1969 年 Belton 等[15,16]的研究表明，1073K 时，Mg 和 Al 的活度系数符合亚正规溶体模型，如下式所示。

$$\log\gamma_{Al}=-1.02\,(1-X_{Al})^2+0.68\,(1-X_{Al})^3 \tag{5-17}$$

$$\log\gamma_{Mg}=-0.68\,(1-X_{Mg})^3 \tag{5-18}$$

2) Al-Mg 基体活度计算

使用 Miedema 模型计算 Al-Mg 二元系统中 Al、Mg 元素活度时需要的参数值如表 5-3[17]所示。由表 5-3 所示的参数值可计算得到 Willson 系数值：$A_{Al/Mg}=0.956$、$A_{Mgl/Al}=-4.086$(计算中 $q/p=9.4$、$b=0$、$p=14.1$、$T=1000K$)。因此，使用 Miedema 模型计算得到的 Al-Mg 二元系统中 Al、Mg 元素活度值如表 5-4 所示。亚正规溶体模型的计算结果如表 5-5 所示。

表 5-3　计算所需参数值

元素	n_{ws}/d. u.	Φ/V	$V^{2/3}/cm^2$	T_m/K	u	r/p
Al	2.69	4.20	4.6	933	0.07	1.9
Mg	1.60	3.45	5.8	922	0.10	0.4

表 5-4　Miedema 模型活度计算结果

Mg 含量(质量分数)/%	0	4.5	6.5	8.5	10	12	15
$a_{Al}/\times10^{-2}$	100	95.0	92.8	90.0	88.9	86.7	82.0
$a_{Mg}/\times10^{-2}$	0	1.65	3.48	4.34	5.65	8.03	12.3
Mg 含量(质量分数)/%	20	25	30	35	40	50	
$a_{Al}/\times10^{-2}$	76.7	66.0	58.5	51.7	45.4	34.4	
$a_{Mg}/\times10^{-2}$	17.3	22.9	28.7	34.7	40.3	46.9	

表 5-5　亚正规溶体模型活度计算结果

Mg 含量(质量分数)/%	0	4.5	6.5	8.5	10	12	15
$a_{Al}/\times10^{-2}$	100	94.4	91.7	88.8	86.5	83.5	78.8
$a_{Mg}/\times10^{-2}$	0	1.32	2.08	2.96	3.70	4.79	6.67

续表

Mg 含量(质量分数)/%	20	25	30	35	40	50
$a_{Al}/\times10^{-2}$	70.9	63.0	55.5	48.5	42.0	30.7
$a_{Mg}/\times10^{-2}$	10.4	14.9	20.1	25.8	32.0	45.0

3. Al 中 Mg 含量对界面反应物生成自由能的影响

使用 FACT 软件可以计算出式(5-2)和式(5-4)的两个反应中，生成物的标准生成 Gibbs 自由能变化分别是：$\Delta G_a^\ominus=-169.823$kJ/mol，$\Delta G_b^\ominus=-56.785$kJ/mol。溶解于铝基体中的碳元素活度值取 0.0013[18]。将以上所述的参数和使用两种不同理论模型计算得到的元素活度值代入式(5-3)和式(5-5)，可以得到 C_f/Al-Mg 复合材料界面处生成物 Al_4C_3 和 Al_3Mg_2 的 Gibbs 自由能随 Mg 含量的变化。用两种模型计算得到的 Al_4C_3 的 Gibbs 自由能变化几乎没有差别，如图 5-10(a)所示，这与计算中忽略了 C 元素有关。用两种模型计算的 Al_3Mg_2 自由能有一定的差距，但总体变化趋势相同，如图 5-10(b)所示。为分析比较 Al_4C_3 和 Al_3Mg_2 相的生成竞争关系，将图 5-10 的计算结果绘制于图 5-11，可以发现，Al_4C_3 的 Gibbs 自由能随 Mg 含量的增加不断升高，当 Mg 含量接近于 10%时，Al_4C_3 的 Gibbs 自由能大于零，因而，Al_4C_3 的反应受到抑制；Al_3Mg_2 的 Gibbs 自由能随 Mg 含量的增加而减小，当 Mg 含量达到 8%～10%时，Al_3Mg_2 自由能将降到 Al_4C_3 自由能以下，此时界面处不再生成 Al_4C_3，而优先生成 Al_3Mg_2 相。

由此可以判断，在 Al 合金中调整 Mg 含量，达到 8%～10%时 Al_4C_3 的反应将被抑制，取而代之的是生成 Al_3Mg_2。这说明利用基体合金化的方法去控制有害界面反应，用有益的界面反应产物取代有害的界面产物在理论上是可行的。

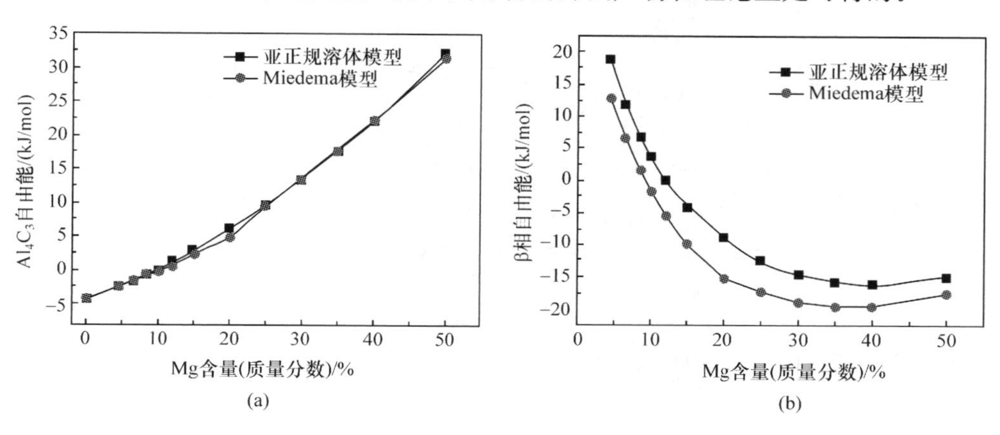

图 5-10　两种模型的计算结果对比

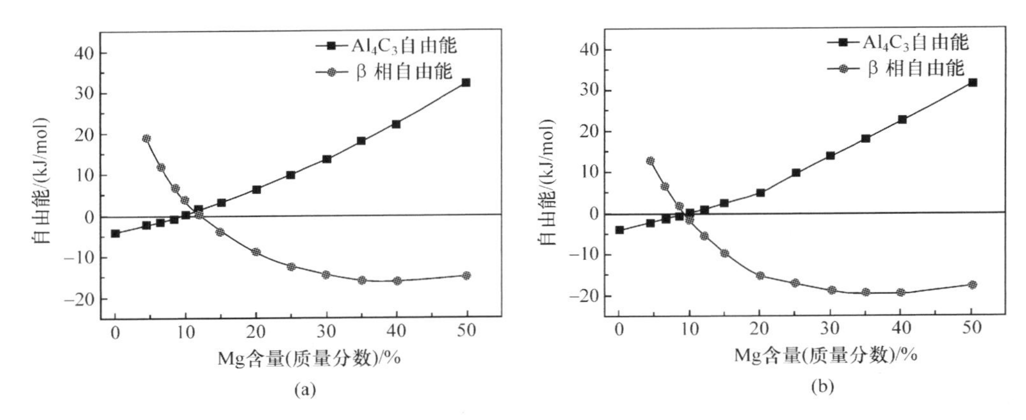

图 5-11　两种模型计算的界面处生成物自由能对比

(a) 亚正规溶体模型;(b) Miedema 模型

4. Al 中 Mg 含量对 Al_4C_3 反应形核阻力的影响

界面反应类型除了由反应驱动力决定外，还应该考虑热力学方面的反应阻力影响。界面产物在形核过程中，体系的 Gibbs 自由能变化会随着形核的晶胚半径 r 先增加后减少，在 r^* 时达到最大值。当晶胚的半径 $r<r^*$ 时，其长大将导致体系自由能的增加，故这种晶胚不稳定，难以长大，最终回溶进基体熔液中；当晶胚的半径 $r\geqslant r^*$ 时，其长大将导致体系自由能的降低，这些晶胚就成为稳定的晶核，可以继续长大。因此，半径为 r^* 的晶核为临界晶核，而 r^* 称为临界形核尺寸。通常可以用界面产物形核长大时的临界形核尺寸来表征该反应的热力学阻力。

研究发现，第二相生成时系统的 Gibbs 自由能沿生成方向的变化可以表示为式(5-19)。

$$\frac{\mathrm{d}G}{\mathrm{d}z}=\left(\frac{\Delta G_{\mathrm{a}}}{V}\right)t+(\gamma_{\mathrm{MC/Alloy}}+\gamma_{\mathrm{MC/Carbon}}-\gamma_{\mathrm{Alloy/Carbon}}) \tag{5-19}$$

式中，ΔG_{a} 为新相 Gibbs 自由能(kJ/mol)；V 为摩尔体积(cm^3)；t 为第二相沿反应方向的尺寸(nm)；$\gamma_{\mathrm{MC/Alloy}}$ 为金属碳化物与基体合金的界面能；$\gamma_{\mathrm{MC/Carbon}}$ 为金属碳化物与碳纤维间的界面能；$\gamma_{\mathrm{Alloy/Carbon}}$ 为基体合金与碳纤维间的界面能。

当 $\mathrm{d}G/\mathrm{d}z=0$ 时，由式(5-19)可推出产物的临界形核尺寸表达式(5-20)。

$$t_{\mathrm{Crit}}=-V_{\mathrm{m}}\frac{\Delta\gamma}{\Delta G_{\mathrm{a}}} \tag{5-20}$$

式中，t_{Crit} 为沿反应方向的临界形核尺寸(nm)；$\Delta\gamma=\gamma_{\mathrm{MC/Alloy}}+\gamma_{\mathrm{MC/Carbon}}-\gamma_{\mathrm{Alloy/Carbon}}$，为新相形核产生的界面能变化($\mathrm{mJ/m^2}$)。只有当 $t>t_{\mathrm{Crit}}$ 时，第二相晶胚才能稳定存在，继续形核长大。第二相的临界形核尺寸 t_{Crit} 越大，形核需要的额外功越多，形核长大时热力学方面的阻力也就越大。

在 C_f/Al-Mg 复合材料反应体系中，反应产物的生成过程实质也是一个形核长大的过程。基体熔液中的 Al 原子与碳纤维表面的活性 C 原子发生反应，形核析出 Al_4C_3 晶胚，逐渐向基体中长大形成最终的界面产物。因此，理论计算出 Mg 元素对 Al_4C_3 临界形核尺寸的影响规律，即可从界面产物形核阻力角度预测出 Mg 元素对 C_f/Al-Mg 复合材料界面反应类型的影响规律，与上一节所述的界面产物形核驱动力相呼应，对比分析。

就 C_f/Al 复合材料界面处生成的 Al_4C_3 而言，其摩尔体积是 49.56cm^3[19]。通过理论推测，设定 $\Delta\gamma=800mJ/m^2$[20]，同时，通过上节的理论模型计算，Al_4C_3 的 Gibbs 自由能已经可以得到，C 元素在 Al 基体中的活度值设为 0.0013。将以上所述的参数代入式(5-20)，可计算出 Al 中 Mg 含量变化与 Al_4C_3 形核临界尺寸的关系。图 5-12 直观显示了 Al_4C_3 临界形核尺寸随 Mg 添加量的变化。

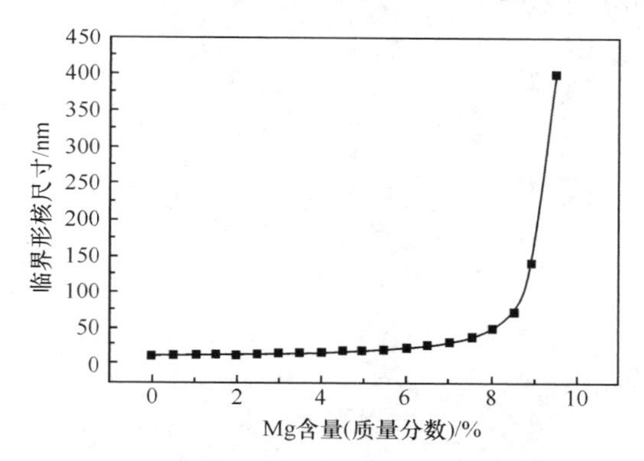

图 5-12　Al_4C_3 临界形核尺寸随 Al 中 Mg 含量变化的计算值

由图 5-12 可以明显观察到，当 Mg 含量高于 8%时，Al_4C_3 临界形核尺寸急剧增加，也就是说，Al_4C_3 形核长大的热力学阻力急剧增大使 Al_4C_3 反应受到限制，这将限制 Al_4C_3 长大的动力学过程。

综合归纳上述热力学计算的结果可以看出，随基体中 Mg 含量的增加，Al_4C_3 的 Gibbs 自由能升高，Al_4C_3 形核阻力也不断加大，当 Mg 含量高于 8%时，生成 Al_4C_3 的自由能升高到零以上，形核的热力学阻力突增，Al_4C_3 反应受到抑制。这个计算结果预示着，当基体铝中加入 8%左右的 Mg 元素便有可能抑制 Al_4C_3 的生成。

综合反应产物界面生成相的反应热力学驱动力和临界形核阻力两个因素的理论分析结果，可以发现，随着 Al 中的 Mg 元素含量增加，界面反应发生由 Al_4C_3 向 Al_3Mg_2 的转换，而且存在一个转换的临界 Mg 含量。在本计算条件下的临界 Mg 含量在 8%～10%(计算值)。

5.2.3　抑制 C-Al 界面反应的基体合金化控制方法

根据 5.2.2 节的分析结果，可以设计一种基体合金成分，通过改变 Al 中的 Mg 含量，使其超过析出相转换的临界 Mg 含量，就可以使界面优先生成无害的 β 相(Al_3Mg_2)，并取代有害的 Al_4C_3 反应。图 5-13 为在纯铝中加入不同质量分数的 Mg 之后 C_f/Al-Mg 复合材料界面附近的 TEM 组织照片。随 Mg 含量增加，Al_4C_3 数量减少、尺寸和长径比减小，当 Mg 含量增加到 8.5%时，C_f/Al-8.5Mg 复合材料界面处已经看不到界面脆性相 Al_4C_3，取而代之出现了 β(Al_3Mg_2)相，如图 5-13(d)所示。

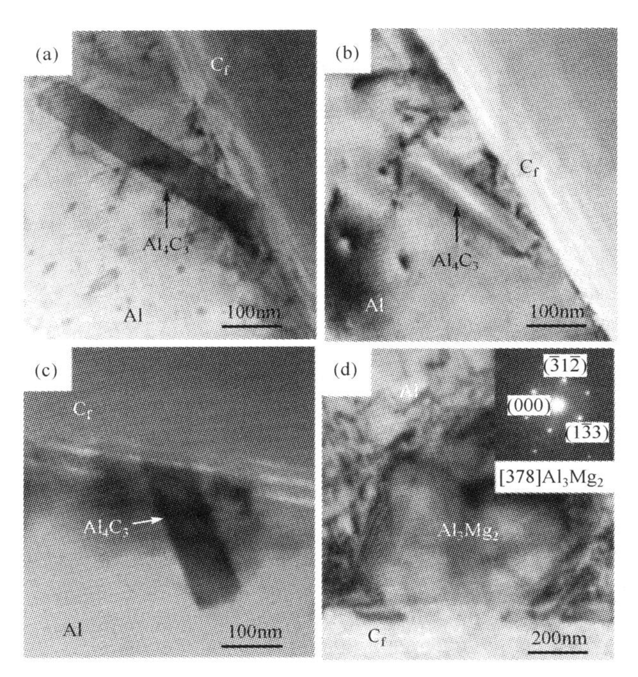

图 5-13　C_f/Al-Mg 复合材料界面附近 TEM 照片

(a) C_f/Al 复合材料；(b) C_f/Al-3.2Mg 复合材料；

(c) C_f/Al-6.5Mg 复合材料；(d) C_f/Al-8.5Mg 复合材料

脆性的 Al_4C_3 界面反应物的减少将会提高复合材料强度性能。对上述不同 Mg 含量的 C_f/Al-Mg 复合材料进行了三点弯曲力学性能测试，结果示于图 5-14，试样均经过 300℃退火处理。由图可见，纯 Al 基体的复合材料的弯曲强度仅为 425MPa，这与基体强度低有关。更重要的是，从图 5-13(a)的照片不难理解，界面 Al_4C_3 的影响占主要因素，基体中 Mg 含量增加到 3.2%以后强度开始急剧增加，到 8.5%左右增加幅度开始变缓，C_f/Al-10Mg 复合材料的弯曲强度达到 1400MPa

左右。对照图 5-13(b)、(c)、(d)的界面产物形态,可以确认,复合材料力学性能的变化印证了复合材料反应产物的影响规律,反应产物由大量 Al_4C_3 反应过渡到没有 Al_4C_3 反应,转而生成 Al_3Mg_2 之后,弯曲强度提高了 3 倍以上。在扫描电子显微镜下观察了不同 Mg 含量 C_f/Al-Mg 复合材料的弯曲断口,也印证了不同界面反应产物对断口形貌的影响,如图 5-15 所示。

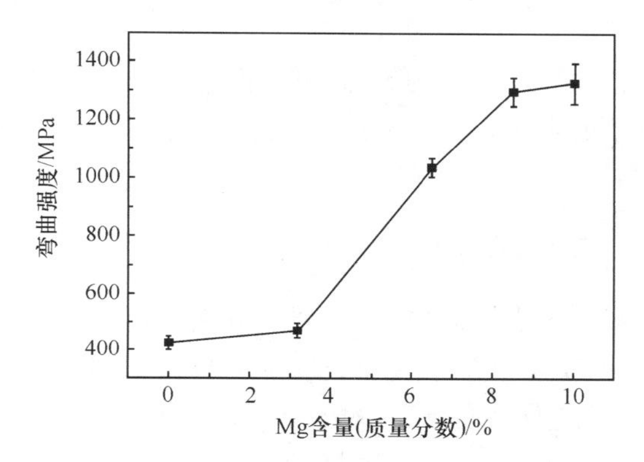

图 5-14　C_f/Al-Mg 复合材料弯曲强度随 Mg 含量的变化

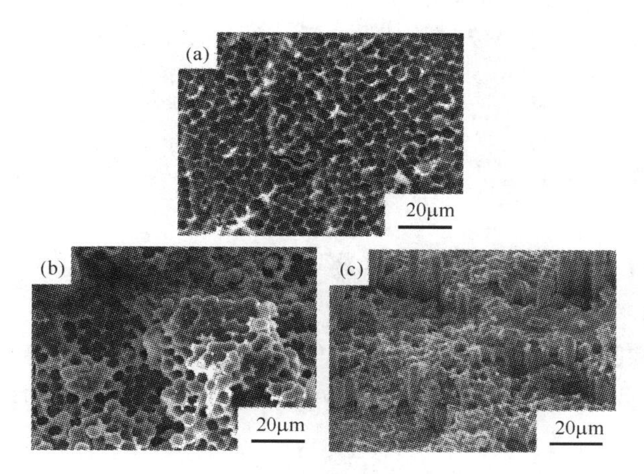

图 5-15　C_f/Al 复合材料弯曲断口 SEM 照片

(a) C_f/Al 复合材料;(b) C_f/Al-6.5Mg 复合材料;(c) C_f/Al-8.5Mg 复合材料

图 5-15(a)所示的 C_f/Al 复合材料几乎为平断口,没有明显的纤维拔出,表现为低应力下的脆性破坏,显示出界面结合程度过强的征兆。图 5-15(b)所示的 C_f/Al-6.5Mg 复合材料的断口形貌出现明显的凸凹不平,而非平断口,这说明 C_f/Al-6.5Mg复合材料的界面可以起到阻碍裂纹扩展的作用,出现了裂纹走向偏转的功能。图 5-15(c)所给出的 C_f/Al-8.5Mg 复合材料断面处的纤维不但可以观察到簇状拔出,也可观察到单根拔出的现象,说明 C_f/Al-8.5Mg 复合材料界面结

合程度适中，能有效吸收断裂功，阻止裂纹扩展和延迟断裂。

界面微观组织和宏观断口形貌特征支持了弯曲性能提高的实验结果，并证实了热力学计算结论的正确性。

5.3　C-Al 界面反应动力学及工艺控制原理

5.2 节讨论了 C-Al 界面反应的热力学问题，从而引申出基体合金化的界面反应控制方法，但是，仅仅这些还不足以控制界面反应，还要讨论化学反应速率问题，寻找反应速率和制备工艺参数的相关规律，从而找到界面应控制的工艺控制方法。

5.3.1　C-Al 界面反应动力学问题

本节选择日本东丽公司产 M40J 碳纤维讨论界面反应的动力学问题，基体合金确定为 Al-Mg-Si 系的 6061 铝合金。用第 1 章所述的自排气压力浸渗法制备的 C_f/6061Al 复合材料的界面反应很少，为准确了解界面反应的动力学规律，将复合材料试样再放入 600℃、640℃下真空环境中分别保温 0.5h、1h、2h、4h，使其发生界面反应，再依据参比强度法，测试界面产物 Al_4C_3 的含量。

C-Al 界面反应属于扩散控制的反应，反应层厚度 Z 与时间 t 的关系满足经验公式：

$$Z=k\sqrt{t} \tag{5-21}$$

式中，k 为速率常数，由温度 T 和反应激活能 Q 决定，可以用 Arrhenius 公式表示

$$k=k_0 e^{-\frac{Q}{RT}} \tag{5-22}$$

为了用反应层厚度表征反应程度，这里假设生成的 Al_4C_3 均匀包覆于纤维表面，可以将实测的 Al_4C_3 含量转换为扩散层的厚度 Z，Z 与 $\sqrt{t}$ 的关系绘制于图 5-16。将其按照式(5-21)拟合，得到如式(5-23)、式(5-24)的结果。式中截距 $b_0\neq0$，表示高温处理前复合材料在制备过程中已经发生了界面反应。

$$Z_{600℃}=0.5398\sqrt{t}+37.6658 \tag{5-23}$$

$$Z_{640℃}=4.9637\sqrt{t}-163.87 \tag{5-24}$$

将式(5-23)、式(5-24)与式(5-21)对比，可以得到扩散速率常数

$$k_{600℃}=0.5398\text{nm/s}^{1/2} \tag{5-25}$$

$$k_{640℃}=4.9637\text{nm/s}^{1/2} \tag{5-26}$$

可以看到，随温度升高，扩散系数迅速增加，温度由 600℃升到 640℃，仅升高 40℃，扩散速率常数便增加 9.2 倍，使界面反应加剧。因此，降低材料制备温度对于控制界面反应得效果会是十分显著的。

将式(5-25)、式(5-26)代回式(5-22)可以得到界面反应的激活能 $Q=$

367.564kJ/mol，由此给出式(5-27)和图 5-17。从图中可以看到，温度低于 840K(567℃)时碳在铝中的扩散速率常数几乎为零；温度到达 860K(587℃)后扩散速率常数迅速增加，这是因为 582℃为 6061Al 的液相线，已经开始有液相产生的缘故，温度到了 652℃(925K)，碳纤维与液相的 6061Al 相接触，此时反应扩散常数几乎线性增大。

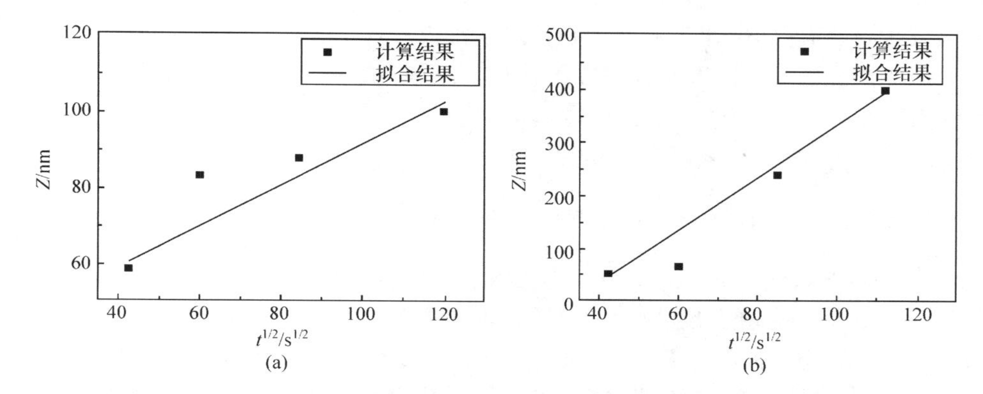

图 5-16　C_f/6061Al 复合材料界面反应扩散层厚度与时间平方根的关系

(a) 600℃；(b) 640℃

$$k=1.41\times10^{15}\mathrm{e}^{-\frac{367564}{RT}} \tag{5-27}$$

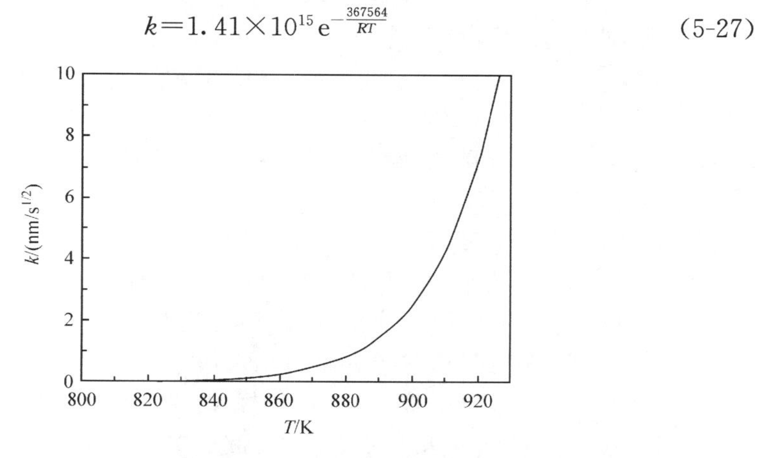

图 5-17　C_f/6061Al 复合材料扩散速率常数与温度的关系

上述反应动力学的分析结果显示，在 400℃以下 C-Al 不会发生 Al_4C_3 反应，而上一节 C-Al 反应热力学的计算结果却表明，在室温下即会发生反应，这似乎有矛盾。实际上，这反映了事物转化内因与外因的关系，反应热力学是内因，内因决定了事物变化的本质，内因通过外因温度和时间起作用，只有在外因满足变化条件时，内因才能发生变化。了解到事物发生转变的内外因转化规律，便抓住了控制转变的钥匙。

5.3.2 界面反应控制的工艺原理

改善基体与增强体的浸润性、控制界面反应以形成最佳的界面结构是制备金属基复合材料研究的关键问题。界面优化的目标是形成可有效传递载荷、能调节应力分布、阻止裂纹扩展、化学稳定的界面结构。复合材料的基体和增强体一旦选定，界面结构和界面性能就取决于制备过程。由式(5-21)和式(5-22)可知，通过制备工艺控制界面反应的基本原理在于通过控制制备温度和高温暴露时间来影响反应动力学过程。本节将讨论纤维预制体预热温度、保温时间及铝液温度等影响反应动力学行为的工艺参数和界面的相关规律。

1. 预制体预热温度对界面反应程度的影响

为考察预制体预热温度对 C_f/Al 复合材料的界面结构的影响，选择 510℃、540℃和 590℃的保温温度、2h 保温时间，研究了界面产物的变化规律，铝液温度定为 750℃。在这样的实验条件下界面反应很少，以至于用 X 射线衍射仪定量分析会出现很大误差，但是在透射电镜下可以较为清晰地观察到界面反应产物的尺寸形态。不同预热温度下反应物形态特征示于图 5-18。510℃预热条件下的显微镜照片示于图 5-18(a)和(b)，大部分界面没有反应物，有一些 Al_4C_3 大多呈长 80nm、宽 10nm 的细小的针状；540℃条件下界面干净，在少量界面上发现细小界面反应物，尺寸稍大(见图 5-18(c)和(d))；而在 590℃条件下界面反应物明显增加，尺寸也明显增大，长度一般在 500～700nm，宽度为 50nm 左右(见图 5-18(e)和(f))。说明随着预制体预热温度的升高，复合材料的界面物尺寸和数量逐渐增加，界面反应程度逐渐加重。

在 5～10 张典型的 TEM 照片上对反应物的尺寸进行了统计分析，得到了预制体预热温度与反应物平均长度的关系，整理作图示于图 5-19。这种评价方法较为粗糙，不能作为定量分析的依据，但定性分析是准确的。可以看出，在 510～540℃预热温度范围内，反应物尺寸略有增加，在 540～590℃预热温度范围内，反应物尺寸增加迅速，符合式(5-27)的指数规律。因此，为获得合适的界面结合强度，尽量降低纤维预制体的预热温度是重要的工艺控制条件。

2. 预制体保温时间对界面反应程度的影响

预制体预热温度定为 540℃，选择预热时间分别为 2h、3h、4h 的制备条件下复合材料界面产物 Al_4C_3 的变化，铸造合金温度仍为 750℃。图 5-20 为 C_f/6061Al 复合材料界面形貌。可以看出，保温 2h 时界面干净，仅在少量界面区域发现长 100nm、宽 15nm 的细小界面反应物；保温 3h 界面反应物增大到长 300～400nm、宽 50～100nm；保温 4h 界面反应物进一步长大，长为 450～500nm、宽为 50～

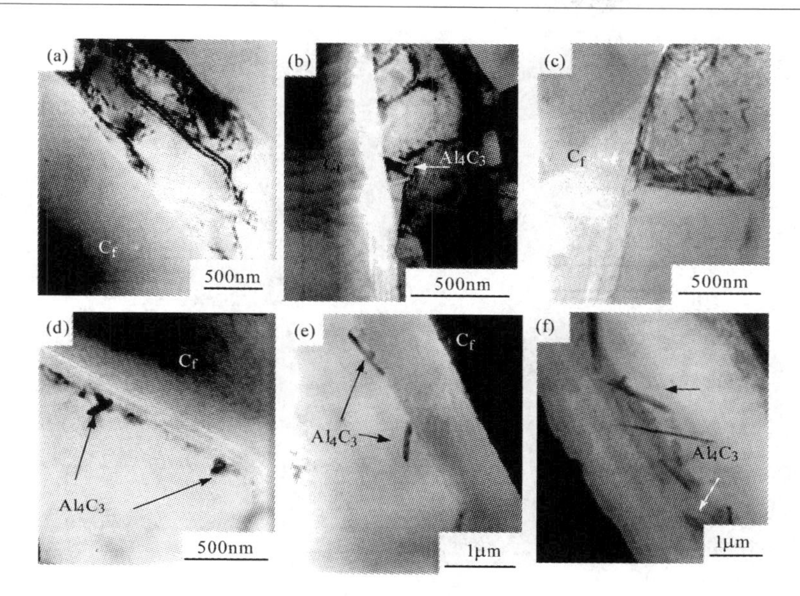

图 5-18　C_f/6061Al 复合材料的界面形貌

预热温度 510℃：(a) 干净界面；(b) 含细小 Al_4C_3 反应物的界面

预热温度 540℃：(c) 干净界面；(d) 含 Al_4C_3 反应物的界面

预热温度 590℃：(e) 、(f)界面反应物 Al_4C_3 的形貌和尺寸

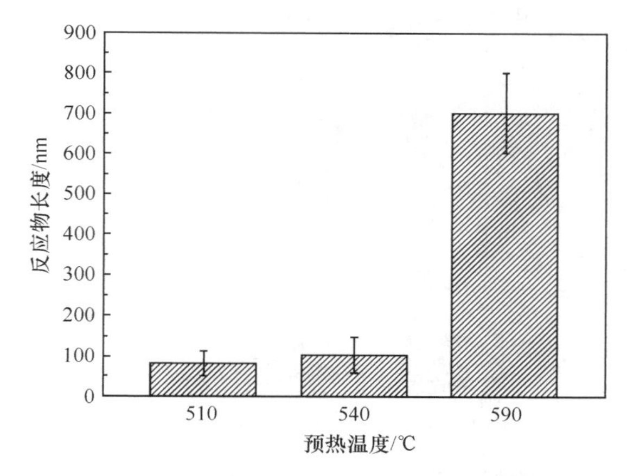

图 5-19　界面反应物平均长度与预制体预热温度的关系

100nm。通过 5～10 张有代表性的透射电镜照片对界面反应物的尺寸进行统计分析，得到复合材料的界面反应程度随着保温时间的关系，示于图 5-21。可见反应产物 Al_4C_3 的长度随保温时间延长而增长符合式(5-27)的指数规律。

根据这一规律，为了避免 Al_4C_3 界面反应，应在保证模具温度均匀的前提下，尽量减少预制体保温时间。

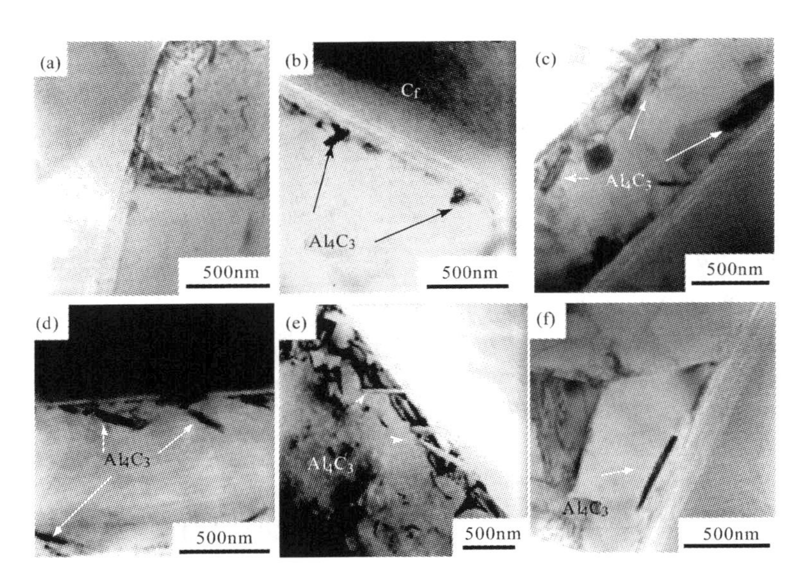

图 5-20　C_f/6061Al 复合材料的界面组织

保温时间 2h：(a) 干净界面；(b) 含 Al_4C_3 反应物的界面

保温时间 3h：(c)、(d) 界面处 Al_4C_3 的形貌

保温时间 4h：(e)、(f) 界面处 Al_4C_3 的形貌

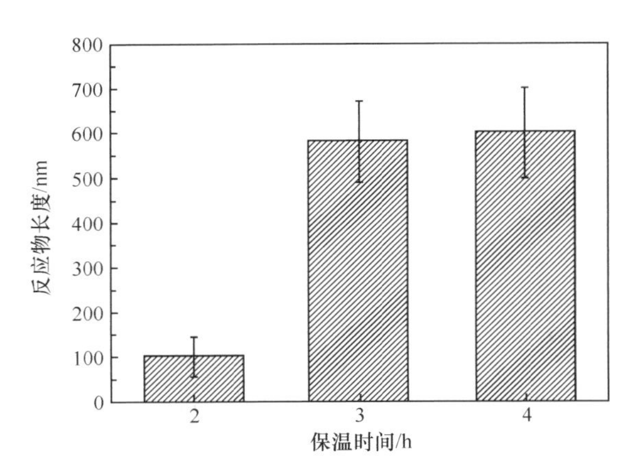

图 5-21　界面反应物平均长度与预制体保温时间的关系

3. 铝液温度对界面反应程度的影响

在预制体保温温度 540℃、保温时间 2h，调整铝液温度分别为 690℃、720℃和 750℃条件下制备了 C_f/Al 复合材料，考察基体熔液温度对界面反应程度的影响。图 5-22 分别给出了不同铝液温度下复合材料的界面形貌。较低的 690℃温度下复

合材料的界面干净，未发现界面反应物；在熔液温度 720℃下制备，发现少量反应物，最大的尺寸约为长 80nm、宽 10nm；温度升高到 750℃，界面上反应物尺寸有所增加。图 5-23 给出了通过 5～10 张透射电子显微镜照片对 Al_4C_3 长度统计的平均值。可见，随着铝液温度的升高，界面反应物的尺寸逐渐增加，界面反应程度逐渐提高。不过相对于预制体保温温度和保温时间的影响，界面反应程度对铝液温度敏感性不高，随着熔液温度升高，反应程度略有增加。

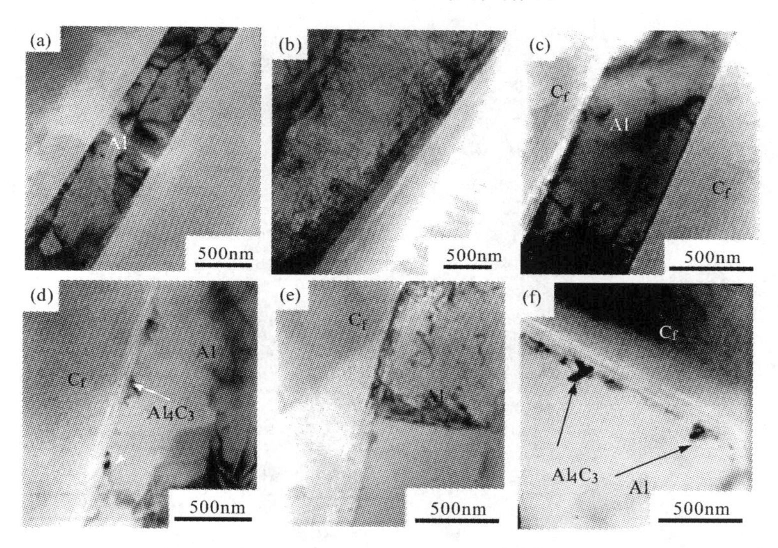

图 5-22　不同铸造温度下 C_f/6061Al 复合材料的界面产物形貌

铝液温度 690℃：(a)、(b) 界面没发现反应物

铝液温度 720℃：(c) 干净界面；(d) 含 Al_4C_3 反应物的界面

铝液温度 750℃：(e) 干净界面；(f) 含 Al_4C_3 反应物的界面

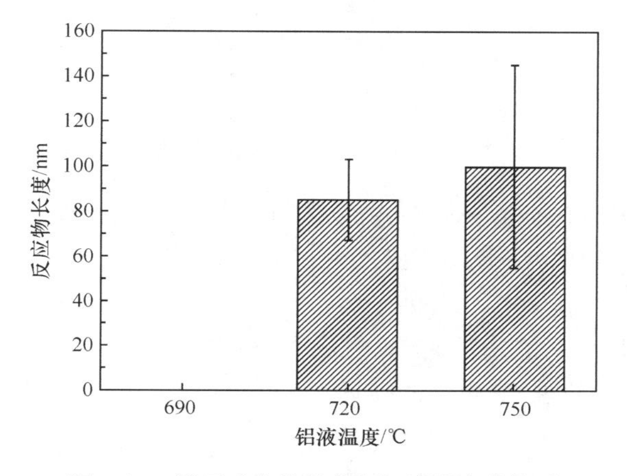

图 5-23　界面反应物长度与铝液温度的关系

但是要说明的是，低温制备虽然可以抑制界面反应，但铝液流动性不足影响浸渗质量，因此实际工程中还需要作若干折中的调整。

4. 预热温度与铝液温度的耦合作用

实际材料制备过程中，保温温度和铝液温度是耦合作用、不可分割的。综合图 5-19、图 5-21、图 5-23 可以作图 5-24，显示铝液温度、预热温度与界面反应物尺寸之间的关系。可以看出，预热温度对界面反应影响作用较大，而铝液温度的影响作用相对较小，界面反应都随着二者温度的升高而增加。对于预热温度 510℃、铝液温度 750℃和预热温度 540℃、铝液温度 720℃复合材料，二者界面反应程度相近。这说明预热温度与铝液温度在一定范围内可以相互补偿，如铝液温度升高，可使预热温度降低，反之亦然。也就是说，客观上存在一个常量，当二者的热量总和满足这个要求时，能得到较好的复合材料。当然，这是在特定的实验装置上得到的结果，不同的装置的换热条件不同，具体数值会大不相同，但是规律会是相似的。

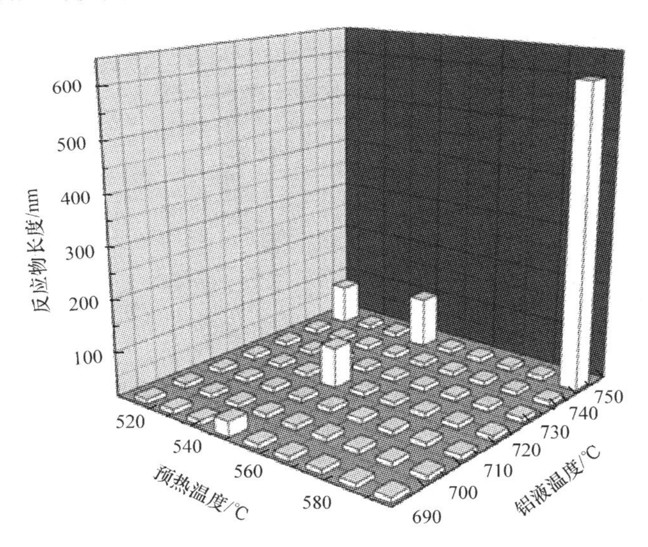

图 5-24　界面反应物长度与预热温度、铝液温度的关系

当把复合体系当做孤立体系考虑时，即不考虑铝熔液、模具、预制体之间的换热，以及界面反应的热效应等理想条件下，体系的总热量(Q)为

$$Q=V_f\rho_f C_{pf} T_f+(1-V_f)\rho_a(C_{pa}T_a+L_a) \tag{5-28}$$

式中，C_{pf}为碳纤维的比定压热容(J/(kg · K))；C_{pa}为铝的比定压热容(J/(kg · K))；T_f 为预制件预热温度(K)；T_a 为铝液温度(K)；ρ_f 为碳纤维的密度(g/cm^3)；ρ_a 为铝的密度(g/cm^3)；L_a 为铝的凝固潜热(J/kg)。

复合材料的凝固过程一般有两种。熔融铝全部渗透到纤维中后，铝的温度降低，降到凝固点以下时，临近纤维的一层放出潜热形成凝固层，如图 5-25 所示，这部分发生凝固释放出熔化潜热，另一部分铝液温度下降至平衡温度，而碳纤维由预热温度上升至平衡温度。把复合体系当做孤立体系考虑时，根据热平衡可知，紧靠纤维的铝液凝固所释放出的热量与未凝固部分的铝液所释放出的热量之和等于纤维所吸收的热量[21]，因此可以得到

$$\frac{\pi}{4}(d_{fs}^2-d_f^2)L_a\rho_a+\frac{\sqrt{3}}{2}b^2C_a\rho_{pa}(T_a-T_m)=\frac{\pi}{4}d_f^2C_{pf}\rho_f(T_m-T_f) \tag{5-29}$$

$$e_{s1}=b-d_{fs}=b-d_f\sqrt{\frac{c_f\rho_f(T_m-T_f)+(1-1/V_f)C_{pa}\rho_a(T_a-T_m)}{l_a\rho_a}+1} \tag{5-30}$$

式中，L_a 为铝的熔化潜热；T_a、T_f 和 T_m 分别为铝液温度、纤维预制块温度和系统平衡时的温度；C_{pa}和 C_{pf}分别为铝和纤维的比定压热容；ρ_a 和 ρ_f 分别为铝和纤维的密度。

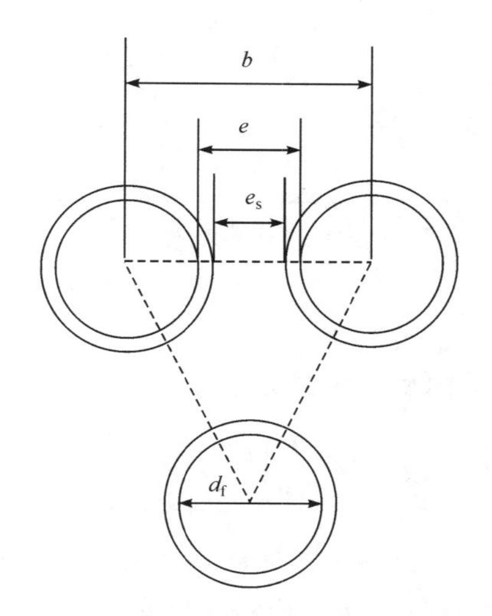

图 5-25　纤维表面凝固层及其间隙示意图

另一种凝固过程：如果熔铝与纤维接触后，仅有纤维附近的一层凝固，而其余部分将保持初期温度，由热平衡得到

$$\frac{\pi}{4}(d_{fs}^2-d_f^2)[G_{pa}(T_a-T_m)+L_a]\rho_a=\frac{\pi}{4}d_f^2C_{pf}\rho_f(T_m-T_f) \tag{5-31}$$

$$e_{s2}=b-d_{fs}=b-d_f\sqrt{\frac{C_f\rho_f(T_m-T_f)}{[C_{pa}(T_a-T_m)+l_a]\rho_a}+1} \tag{5-32}$$

为了使铝液顺利地渗透纤维预制体，e_s必须大于一定临界值。Fukunaka 的结果显示，$e_{s1}>3\mu m$，$e_{s2}>2.5\mu m$，才能得到较好的复合材料[22]。而在本书试验条件下的计算结果表明，$e_{s1}>2.4\mu m$，$e_{s2}>2.2\mu m$ 时，就能得到较好的复合材料，因此

可以得到 $e_s>2.2\mu m$,从而可作图 5-26 中的直线 l。

在本研究的特定条件下的试验表明,Q 值满足 $3.0kJ/cm^3<Q<4.0kJ/cm^3$,可以获得较好的复合效果,高于本直线界面反应将加剧。高品质的复合材料制备工艺存在一个合理的工艺窗口,依据预热温度、熔液温度的限制范围,同时考虑到铝合金液相线和碳纤维氧化温度等因素,此工艺窗口有图 5-26 所示的规律。图中的斜线 m 是依据式(5-28)做出的。工艺窗口在斜线 m 与铝熔液温度下限 l,以及碳纤维氧化烧损起始温度线三条直线合围的阴影区域。可见,工艺窗口是很窄的。

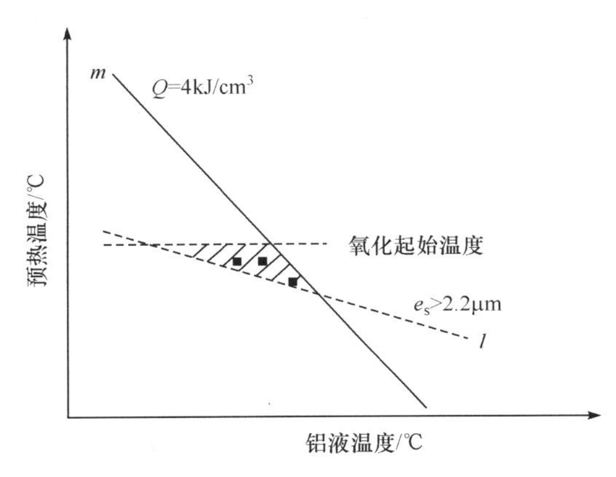

图 5-26 制备工艺窗口示意图

5.3.3 用工艺方法控制界面反应的优势分析

从 5.2 节的分析可知,C-Al 系复合材料在热力学上是非平衡系统,界面反应的发生是必然的。界面反应是受扩散控制,制备或者使用温度的升高会加速界面反应动力学过程。为此,降低复合材料制备温度是有效的方法,但铝液在 800℃时与碳纤维的接触角为 140°,在 1000℃时才小于 90°,即制备温度过低,纤维与铝液之间润湿变差[1,10]。因此,抑制界面反应和提高润湿性是碳铝系复合材料制备的一对矛盾。

为了改善基体与增强体的浸润性,同时控制界面反应以形成最佳的界面结构,从以下三个方面着手是有效的。

1) 增强体的表面涂层

纤维表面改性是人们为了解决界面问题研究最多的一种方法,但至今仍未有一种既改善润湿、阻止反应,又工艺简单、容易实现的纤维表面改性方法[7,23]。此外,通常的纤维表面改性都需要经历复杂的工艺过程,如化学镀镍就有去胶→除油→清洗→粗化→清洗→敏化→清洗→活化→清洗→化学镀镍→清洗→烘干等复杂的步骤,这种复杂工艺过程不仅增加了材料制备成本,而且容易造成碳纤维的机械损伤。同时,随着涂层的增厚,纤维弯曲半径增加,不能满足于复杂结构成型的要求。因此,表面改性方案从工程上还不是解决界面问题的最经济可靠的方案。

2) 金属基体合金化

张国定等[24,25]考察了Ti、Cu、Zn、Ce等元素对力学性能的影响以及影响机理,发现合金元素是通过影响复合材料的界面结合来影响其性能的。Ti元素与C发生反应生成自由能更低的TiC薄膜,在铝和碳纤维之间起隔离作用;Cu和Zn等元素能改善C-Al之间的浸润,但容易在界面处形成$CuAl_2$等脆性相,导致复合材料力学性能下降;Ce元素在浸渗过程中与碳纤维表面的氧结合形成氧化CeO,这层氧化物保护纤维不受损伤。作者考察了Mg元素对界面反应的影响及机理,如5.2.2小节所述,发现了Al_4C_3和Al_3Mg_2存在竞争生长机制,Mg含量高于一定值时,生成Al_4C_3的Gibbs自由能升高,而生成Al_3Mg_2的Gibbs自由能降低,界面处优先生成Al_3Mg_2,取代了Al_4C_3反应,复合材料的弯曲强度达到1400MPa。总之,基体合金化是改善界面质量的重要手段,它能够控制界面反应,改善结合强度、润湿性以及界面和基体的结构。

3) 优化制备工艺方法和工艺参数

在基体和增强体一定的情况下,制备过程决定着界面结构和复合材料综合性能。优化制备工艺和严格控制工艺参数是优化界面结构和控制界面反应的重要途径。由于高温下基体和增强体的化学活性均迅速增加,温度越高反应越激烈,在高温下停留时间越长反应越严重,因此在制备方法和工艺参数的选择上首先考虑制备温度、高温停留时间和冷却速度。复合过程中要控制冷却速度,使复合材料在高温下保持时间尽量短,从界面反应温度区间的冷却尽可能快,而低于反应温度后应减小冷却速度,以免造成大的残余应力。王玉庆等[10]的研究表明,挤压铸造过程中的温度严重影响复合材料的界面质量和复合材料强度,通过预热温度和浇铸温度的优化,可以使界面质量和强度达到最佳状态。王浩伟等[7]研究了液相浸渗工艺参数对复合材料浸渗过程和组织性能的影响,通过实验取得了C/Al复合材料液相浸渗工艺条件。作者研究了工艺参数对C_f/6061Al复合材料的界面反应程度的影响,找到了在大气环境下抑制C-Al界面反应的工艺方法并制备出变直径回转体构件、变截面多法兰复杂构件。

因此,通过工艺参数可以有效地控制界面反应,几乎是在不增加额外成本的前提下解决界面反应问题,是用简单方法解决复杂问题的科学的方法。

5.4 C_f/Al复合材料薄壁构件的评价实例

前述的C-Al界面反应热力学及动力学控制原理在大型薄壁构件上进行了有效性和准确性的实验验证,通过了全尺寸C_f/Al复合材料结构的静力试验和动力试验。

全尺寸复合材料结构的静力试验是最终的综合性验证试验，对于长纤维增强复合材料结构件来说，具有特殊的意义。长纤维增强复合材料构件的力学性能不能向匀质材料构件那样，通过在构件的局部取样测试就可以推论整体构件力学性能。因为长纤维的强化机理是连续的纤维承担载荷，纤维的微观构型决定了复合材料力学性能一旦纤维切断之后，纤维增强复合材料的微观构型遭到破坏，应力分布发生变化，另一方面，纤维增强临界长度的特性也显露出来，使得试样边缘部分不能起到强化作用。这种“自由边效应”造成试样的测试强度大大下降，不能正确表征连续纤维整体结构的力学性能。另一方面，复合材料组合结构对面外次级载荷极端敏感，且次级载荷不可避免，加之次级载荷的来源、量级和影响是不确定的，所以很难预估全尺寸结构的破坏模式，只有通过全尺寸结构的静力试验，才能发现结构的薄弱部位[26,27]。在满足一定试验可靠度的条件下，结构静力试验的结果可以作为验证数值仿真准确性(计算模型可靠性)的标准。这种验证的过程(一致性评估技术)在设计模型和试验模拟之间架起一座桥梁。通过试验与分析一致性评估，可以给出设计结果与试验测量结果之间的一致性程度，并可用于指导改进结构设计，提高理论计算与设计的可靠性[28]。

本节分析 C_f/Al 复合材料薄壁圆筒开口构件的结构静力试验结果，重点分析结构刚度、结构强度、开口部位的应力集中效应等特点，对比相同结构的铸镁构件的结构刚度特性和强度特性，为 C_f/Al 复合材料结构设计的验证、改进和优化提供实验依据。

5.4.1　C_f/Al 复合材料薄壁筒形开口构件的结构刚度特性

图 5-27 为 C_f/Al 复合材料制备的一种薄壁构件检测侧弯刚度的加载示意图。构件为 2mm 厚的回转体，带有内外法兰，特别是在筒形部位机械加工出若干开口，这在通常的树脂基复合材料构件上是不被允许的。作为对比件的铸镁结构件，壁厚为 4mm，其他外形尺寸相同。刚度试验过程如下：将构件的一端固定在承重墙上，在结构件 F1、F2 和 F3 处加载，加载方式采用逐级加载，到达设计载荷后逐级卸载；在 W1、W2 和 W3 位置安装有位移传感器，用来测量构件在不同载荷下的变形情况，并在构件变径处和开口附近上粘贴应变片，用以测量在不同载荷下的应变情况。

图 5-28 给出了 C_f/Al 复合材料构件的各加载阶段变形曲线。可以看到，在加载阶段，位移测量点 W1、W2 和 W3 三处的位移随着加载载荷的增加而线性增加；在卸载阶段，随着载荷的降低而线性减少。这说明结构的变形处于弹性变形阶段。加载曲线和卸载曲线并未完全重合是因为结构装配间隙导致的。

为了对比分析 C_f/Al 复合材料与铸镁构件的结构刚度差异，图 5-29 给出了 C_f/Al 复合材料和铸镁构件最远端(W3 点位移)的载荷-位移变化的曲线。可见，

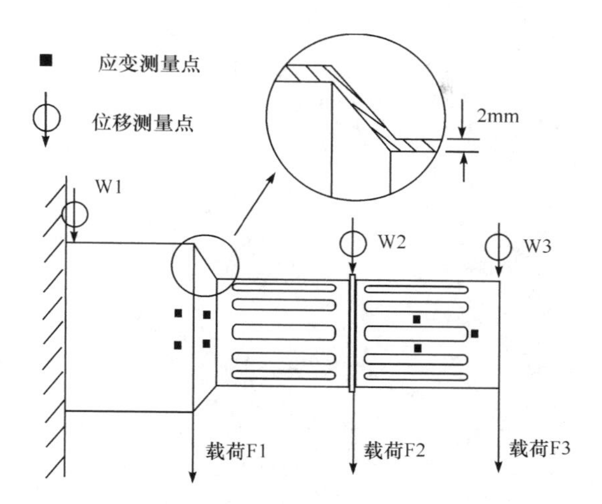

图 5-27　C_f/Al 复合材料薄壁圆筒开口构件结构刚度试验示意图

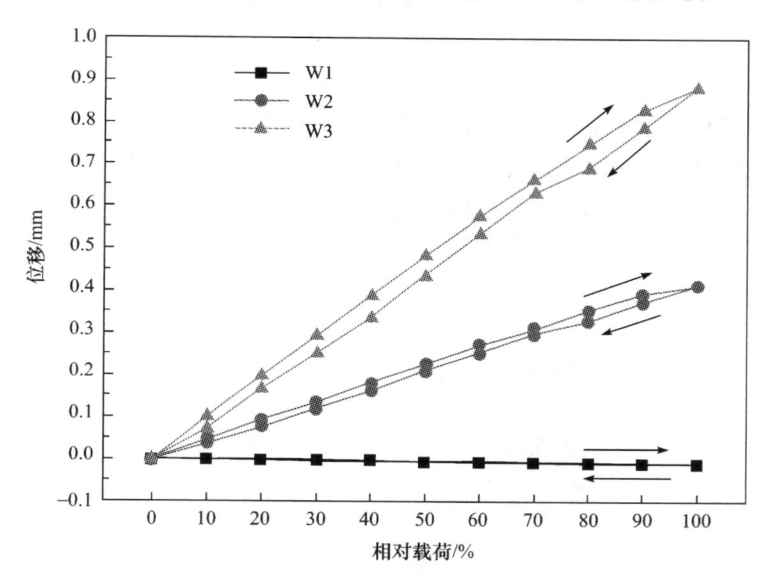

图 5-28　C_f/Al 复合材料结构的载荷-位移曲线(刚度试验)
相对载荷等于实际载荷与设计载荷的比值

C_f/Al 复合材料结构的最远端径向变形为 0.895mm,而铸镁结构的最远端径向变形为 3.2mm。这说明在相同载荷下,C_f/Al 复合材料结构的变形小,而壁厚大一倍的铸镁结构的变形较大,是前者的 3.6 倍。定义结构的相对变形等于结构的最大径向变形与结构长度的比值。通过计算可知,复合材料结构的相对变形为 0.3%,而铸镁结构的相对变形为 1.1%,因此 C_f/Al 复合材料的结构刚度是同结构的铸镁构件的 3.6 倍。

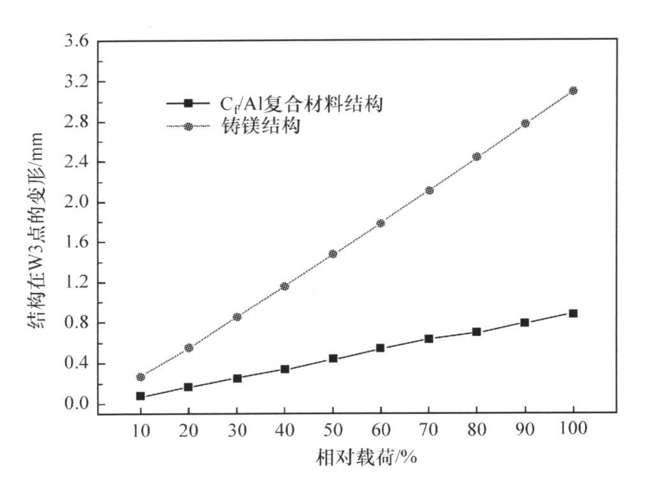

图 5-29 C_f/Al 复合材料和铸镁结构的最远端变形随载荷变化情况(刚度试验)

长纤维增强复合材料筒形构件沿着轴向方向开口是否会影响机械刚度？这是设计者十分担心的问题。图 5-30 给出了结构刚度试验中 C_f/Al 复合材料结构开口附近区域的应变随载荷变化的曲线。可以看出，在加载阶段和卸载阶段，应变值随载荷的变化而呈线性变化，这说明开口区域的变形属于弹性变形，并未发生层间开裂和局部变形。对于碳纤维增强铝基复合材料而言，开口并没有造成复合材料结构的刚度下降，也没有引起应力集中区域变形，这是一项很有应用价值的实验结果。

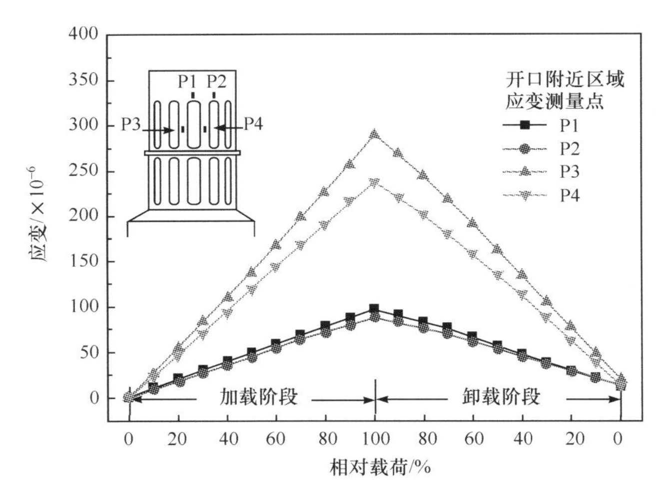

图 5-30 C_f/Al 复合材料结构开口附近区域的应变随载荷变化曲线(刚度试验)

5.4.2　C_f/Al 复合材料薄壁筒形开口构件的结构强度特性

图 5-31 给出了 C_f/Al 复合材料构件的结构强度破坏试验示意图。在结构顶部施加一个竖直方向的压缩载荷 P，载荷逐级加载，直至结构发生破坏；在每级载荷下测试复合材料结构开口附近的应变和变径处的应变。

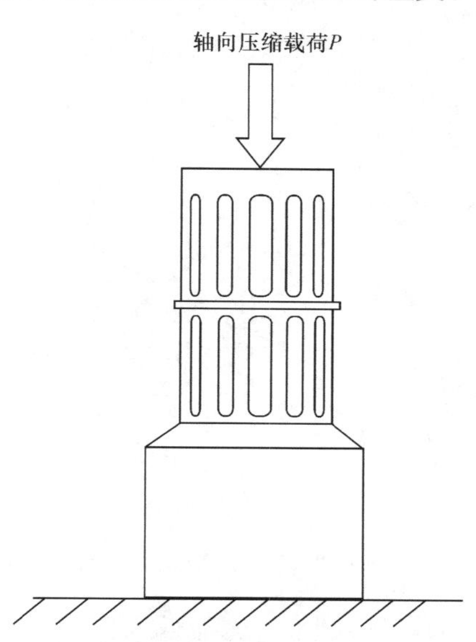

图 5-31　薄壁圆筒开口结构的压缩强度破坏试验示意图

图 5-32 为构件轴向压缩破坏试验结果，C_f/Al 复合材料的结构承载力为 32.6kN，比它壁厚大一倍的 4mm 厚的铸镁构件的结构承载力为 16.3kN，前者比后者高出 1 倍。因此，C_f/Al 复合材料结构具有更高的可靠性和安全系数。

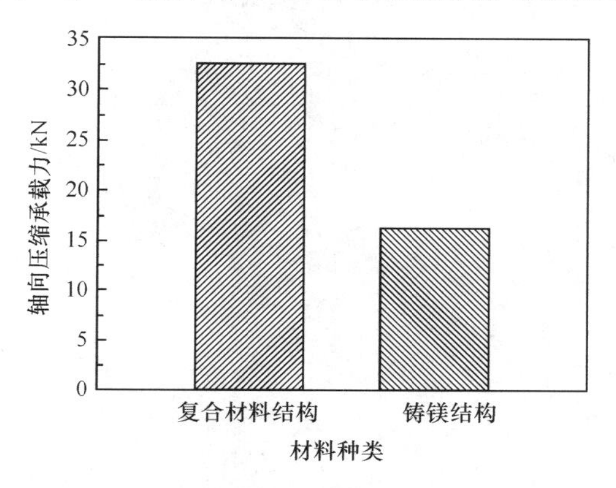

图 5-32　C_f/Al 复合材料结构与铸镁结构的轴向压缩强度比较

对于本结构件，在回转体变径处是薄弱环节，试验中重点考察了该区域的应变情况。图 5-33 为强度破坏试验 C_f/Al 复合材料结构变径处的应变随载荷变化曲线。可以看出，测点的应变都随着加载载荷的增加而线性增加，并未发生突变，复合材料结构发生破坏之前各应变测点都未发生塑性变形。说明复合材料结构在破坏前一直保持刚性变形。

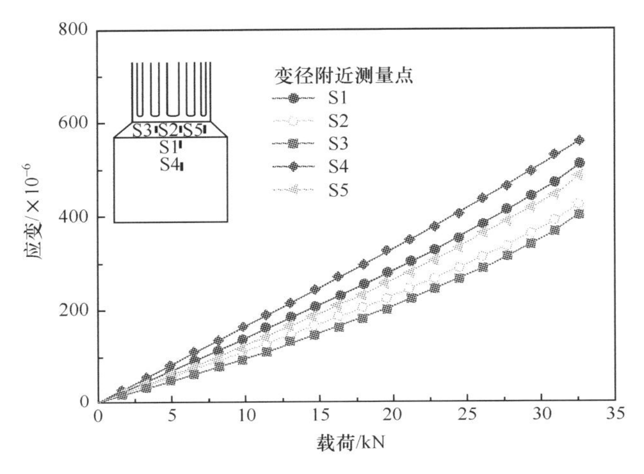

图 5-33　C_f/Al 复合材料结构的应变随载荷变化曲线(强度破坏试验)

图 5-34 给出了铸镁结构变径处的应变测量点应变数据随载荷变化的情况。从图中可以明显地看出，铸镁结构在加载到 16.3kN 时，应变测量点 S1 的数据开始突变，表明此时该处的结构开始发生塑性变形；然后，加载 21.2kN 时，应变测量点 S2 的数据开始突变，S2 处开始发生塑性变形；再接下来是加载到 24kN 时，应

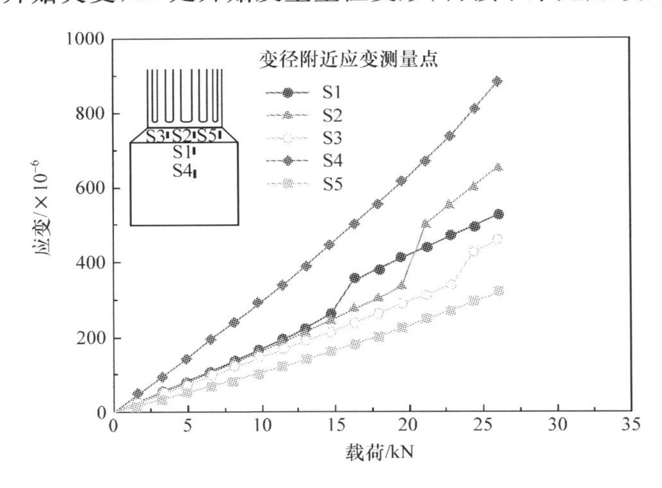

图 5-34　铸镁结构的应变随载荷变化曲线(强度破坏试验)

变测量点 S3 开始发生塑性变形；当加载到 26.5kN 时，铸镁结构发生失稳破坏，不再具有承载能力。

由于安装设备和管线的需要，工程构件不可避免地要开一些孔或开槽。开口将引起构件局部应力集中，降低结构的疲劳强度，使结构的承载能力下降，直接影响结构的使用寿命和使用安全。以往的经验是基于长纤维增强树脂基复合材料得出的。树脂基复合材料的纤维之间依靠黏结剂相互连接，纤维黏结的可靠程度决定着纤维是否能够有效地承担荷载，然而开口使得纤维在开口处被切断，削弱了纤维的锚固，大大增加了纤维在开口处被拔出的可能性，降低了结构的承载能力，从而产生缺口尺寸效应[29]和自由边效应[30]。

长纤维增强树脂基复合材料结构上的开口与金属材料开口相比，有以下特点[31]：①复合材料从初始加载直到破坏，无明显的塑性阶段，所以开口区的强度削弱比较严重；②在复合材料结构的开口边缘存在边界效应；③复合材料开口的应力影响区比金属结构相应的影响区大；④复合材料层合板的层间剪切强度和刚度比较低，因此开口不易补强，且补强的范围应比金属结构的大。对于长纤维增强金属基复合材料薄壁构件开口边缘效应的研究尚未见系统报道，从本次试验结果可以看出，与树脂基复合材料相比，其开口边缘效应和边界效应不明显。

图 5-35 给出了强度破坏试验 C_f/Al 复合材料结构开口附近区域的应变随载荷变化的曲线，可以看出，开口附近的应变随着载荷的增加呈线性增加，而未发生突变，这说明开口附近没有发生破坏。对 C_f/Al 复合材料结构轴向压缩破坏过程进行分析可知，C_f/Al 复合材料结构破坏时开口附近未发生塑性变形和分层，结构整体仍保持刚性变形特征；当载荷达到一定数值引起破坏时，破坏部位不是发生在开口附近而是发生在变径处(见图 5-36)，说明 C_f/Al 复合材料与树脂基复合材料显著不同，缺口效应不明显。

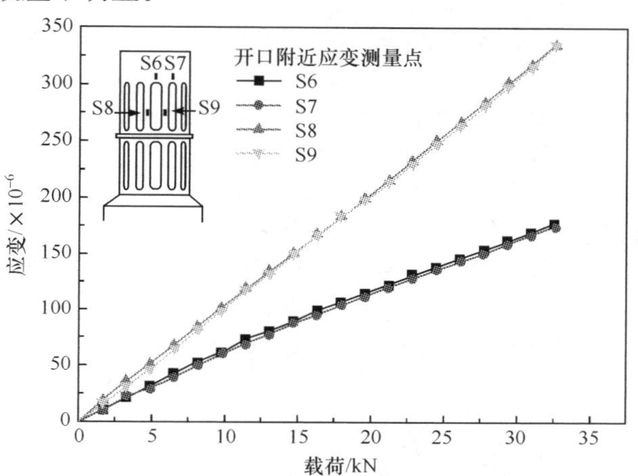

图 5-35　C_f/Al 复合材料结构开口附近区域应变随载荷变化曲线(强度破坏试验)

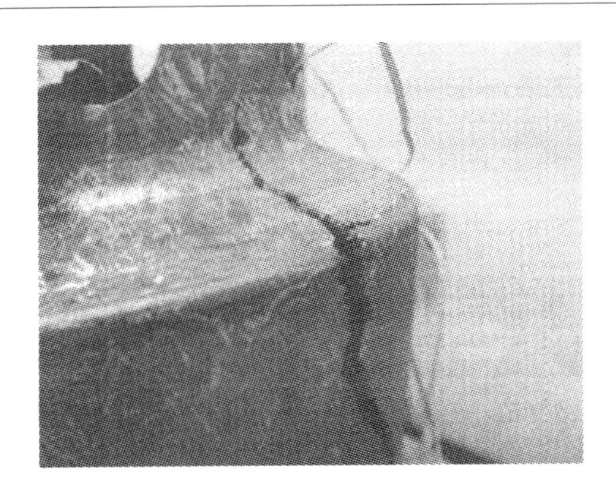

图 5-36　C_f/Al 复合材料结构压缩破坏后照片

在树脂基复合材料领域广泛采用 Whitney 和 Nuismer[32] 研究的模型预测带孔复合材料层板强度。根据该模型计算了 C_f/Al 复合材料正交各向异性板的缺口复合材料层板强度，当缺口半径为 20mm，带缺口层板强度与无缺口层板强度比为 0.89，而石墨/环氧各向异性层板的带缺口层板强度与无缺口层板强度比为 0.51。也就是说，C_f/Al 复合材料开口后，强度略有下降，而树脂基复合材料开口后强度下降幅度较大。这从理论上证明了 C_f/Al 复合材料缺口尺寸效应较弱。

参 考 文 献

[1] 贺福. 碳纤维及石墨纤维. 北京：化学工业出版社，2010：419.

[2] Pfeifer W H. Graphite aluminum technology development. Hybrid and Select Metal-Matrix Composites，1977：159～255.

[3] Tenny D R，Sykes G F，Bowles D E. Composite materials for space structures. Proceedings of the Third European Symposium Spacecraft Materials in Space Environment，ESA SP-232，Noordwijk，Netherlands：European Space Agency，October，1985：9～21.

[4] Rawal S. Metal-matrix composites for space applications. Journal of Metals，2001，53(4)：14～17.

[5] 张国定. 碳(石墨)纤维增强金属复合材料. 机械工程材料，1983，(1)：53～57.

[6] 王玉庆，郑久红，王作明，等. 碳纤维表面涂覆 SiC 层及其用于制备 C_f/Al 复合材料. 金属学报，1994，30(4)：194～198.

[7] 王浩伟，商宝禄，周尧和. 液相法制造 C/Al 复合材料. 航空学报，1993，(8)：435～439.

[8] 王浩伟，储双杰，吴人洁，等. 用于 C/Al 复合材料的 C 纤维表面多功能梯度涂层. 机械工程学报，1996，(1)：97.

[9] 郝元恺. 金属基复合材料工艺. 航天制造技术，1992，(3)：32～36.

[10] 王玉庆，唐风军，郑久红，等. C_f/Al 复合材料界面质量控制研究. 金属学报，1995，(14)：87～92.

[11] 张国定，冯绍仁，Cornie J A. 压力浸渍过程中 P-55 纤维和铝合金界面反应的控制. 航空学报，1991，12(12)：570～575.

[12] 沈曾民，新型碳材料. 北京：化学工业出版社. 2003：35～36.
[13] MeringJ，Maire J. Journal of Chemical Physics，1960，(57)：803.
[14] Revzin B，Fuks D，Pelleg J. Influence of alloying on the solubility of carbon fibers in aluminium-based composites：Non-empirical Approach. Composites Science and Technology，1996，(56)：3～10.
[15] Belton G R，Rao Y K. A galvanic cell study of activities in Mg-Al liquid alloys. Transactions of the metallurgical society of AIME，1969，245：2189～2193.
[16] Lu L，Dahle A K，StJohn D H. Heterogeneous nucleation of Mg-Al alloys. Scripta Materialia，2006，(54)：2197～2201.
[17] Fan T X，Yang G，Zhang D. Thermodynamic effect of alloying addition on in-situ reinforced TiB_2/2024Al composites. Metallurgical and Materials Transactions A，2004，(36A)：225～233.
[18] Wang C C，Chen G Q，Wang X，et al. Effect of Mg content on the thermodynamics of interface reaction in C_f/Al composite. Metallurgical and Materials Transations A，2012，(43)：2514～2519.
[19] Laha T，Seal S，Li W，et al. Interfacial phenomena in thermally sprayed multiwalled carbon nanotube reinforced aluminum nanocomposite. Acta Materialia，2007，(55)：1059～1066.
[20] Wu Y F，Nie Z R，Cao L F，et al. Thermodynamic calculation of intermetallic compounds in AZ91 alloy containing calcium. Transactions of Nonferrous Metals Society of China，2006，(16)：392～396.
[21] 王玉庆. 金属基复合材料的仿生梯度界面及其效果. 沈阳：中国科学院金属研究所所博士学位论文，1993：10～13.
[22] Fukunaga H，Komatsu S，Kanoh Y. The production-scale squeeze casting of devitroceramic fiber reinforced aluminum and its mechanical-properties. Japan Society of Mechanical Engineers，1983，26(220)：1814～1819.
[23] 王玉庆，周本濂，王作明，等. 涂层对复合材料残余应力的影响. 复合材料学报，1994，(4)：76～80.
[24] 李明，顾明元，张国定. 基体合金化元素 Cu 对 C/Al 复合材料界面微结构的影响. 材料工程，1994，(1)：1～3.
[25] 张国定，邹龙飞. 单向纤维增强铝复合材料的基体合金化. 中国有色金属学报，1994，4(3)：55～59.
[26] 李野，郑锡涛. 飞机复合材料结构验证技术进展. 航空制造工程，1994，(1)：11～14.
[27] 刘涛，徐芭南，裴俊厚. 复合材料圆柱壳的稳定性及其优化设计. 中国造船，1995，(129)：12～21.
[28] 段世慧，郝凤琴，黄嘉璜. 结构试验与分析一致性评估技术. 航空学报，1998，19：430～433.
[29] 王毅. 复合材料开口补强实验研究和设计分析. 西安：西北工业大学硕士学位论文，2006：2～3.
[30] 邹祖讳. 复合材料的结构与性能. 北京：科学出版社，1999：422～424.
[31] 赵伟栋，李卫芳. 碳/KH-304 复合材料构件开口补强技术研究. 宇航材料工艺，2003，(1)：49～52.
[32] Whitney J M，Nuismer R J. Stress fracture criteria for laminated composites containing stress concentrations. Journal of Composite Materials，1974，(8)：253～265.

第6章　自润滑复合材料设计与应用

6.1　概　　述

6.1.1　自润滑材料概述

说到润滑，最为熟知的是液态润滑，这是一种依靠润滑油、润滑脂获得低摩擦效果的传统的润滑方式。这种润滑方式减磨效果优异，应用最广，但是在某些特殊的工作环境下并不完全适用。例如，高温环境，随温度升高，润滑剂黏性呈指数下降，承载能力下降；高温下添加剂与材料表面难以形成连续的边界膜等，尤其在空局条件下，液态润滑剂的挥发会污染附近设备，其使用是不被允许的。因此，在某些场合，传统的液体润滑方式已难以满足要求。自润滑材料是润滑领域的一类新材料，成为目前摩擦学领域的研究热点之一[1]。

什么是自润滑材料？目前主要有以下几种表述。

(1) 国家标准 GB/T 17754—1999《摩擦学术语》给出了自润滑材料的定义，指不使用润滑剂而具有低摩擦特性的任何固体材料[2]。

(2)《现代摩擦学》(*Modern Tribology handbook*)给出的定义。英文原文是"self-lubricating material, n. any solid material that shows low friction without application of a lubricant. Note: Examples are graphite, molybdenum disulfide, and polytetrafluoroethylene"[3]，译为"自润滑材料，就是不需要应用润滑剂而具有低摩擦的任何固体材料"，意思与 GB/T 17754—1999 中所述的基本一致。

(3)《国防科技名词大典・综合》给出如下的解释：自润滑材料又称自润滑轴承材料，不需外加润滑剂，自身具有润滑能力的结构材料[4]。

可以看出，几种定义之间差别不大，其中《国防科技名词大典・综合》给出的定义强调了"不需外加润滑剂"，与其他表述略有差异，这点很重要，排除了一类叫做"含油自润滑轴承"的材料[5~8]。该类轴承材料是指用粉末冶金法制造的金属复合材料制成的滑动轴承，或者用钢背-烧结合金制备的双金属轴承。这些轴承材料的特点是含有大量连通的微小孔隙，浸油之后成为"含油轴承"。含油轴承本身已含有一定量的润滑油，使用时不需要经常补加润滑油或只需少量地补充润滑油[9]。如果按照前面两个定义，含油自润滑轴承属于"自润滑材料"了，但是按照《国防科技名词大典・综合》一书给出的定义，这类"自身含有润滑剂且具有低摩擦的固体材料"就不属于自润滑材料。

自润滑材料的特性是低摩擦，大多被用来制备各类自润滑轴承，因此本章根据

JB/T 10311—2011《金属基镶嵌型固体自润滑轴承(衬)技术条件》的规定,以摩擦系数≤0.2 作为判断材料是否具有自润滑特性的标准[10]。

自润滑材料有很多种,根据基体类型差异可分为三大类:金属基自润滑材料、非金属基自润滑材料、陶瓷基自润滑材料[1]。金属基自润滑材料是以具有较高强度的合金作为基体,以固体润滑剂作为分散相,通过一定工艺制备而成的具有一定强度的复合材料;非金属基自润滑材料是指高分子材料或高分子聚合物,主要代表有聚四氟乙烯(PTFE)、尼龙等;陶瓷基自润滑材料是指各种高性能的陶瓷作为基体的自润滑材料。

金属基自润滑材料目前常见的有粉末冶金制备的铁基[11]、铜基[12]、镍基[13]自润滑耐磨复合材料,以及金属基镶嵌自润滑材料[14]、多孔含油自润滑材料[15]、自蔓延燃烧合成金属陶瓷复合材料[16]等,这些材料均具有优异的自润滑耐磨特性。

自润滑材料突破了传统润滑油脂材料的使用范围,受到人们的广泛重视,大量应用于生物、航天航空等高科技领域[17]。

6.1.2　自润滑材料润滑原理

材料的自润滑现象属于摩擦学范畴,因此研究自润滑机理之前必须了解自润滑现象属于哪一种摩擦类型。自润滑材料由于使用过程中不外加润滑剂,因此实际使用过程中一般处于边界润滑状态[18]。边界润滑是指摩擦副界面上只存在一层极薄的润滑膜,这层极薄的润滑膜称为边界膜,它可以是液体或气体组成的流体膜,也可以是固体膜。边界润滑时的摩擦系数如公式(6-1)所示。

$$\mu=\tau/\sigma \tag{6-1}$$

式中,μ 为摩擦系数;τ 为润滑膜的剪切强度;σ 为法向平均压应力。

可见,边界润滑状态下的摩擦系数同样与润滑膜的剪切强度有关,当法向压应力一定时,润滑膜的剪切强度越低,摩擦系数越小。因此,只有对产生自润滑现象的自润滑膜进行充分了解才能够从根本上理解自润滑机理。本书参考了工业上对固体润滑剂的基本性能要求[19],并结合作者对摩擦学设计的理解,从自润滑膜的成分、来源、形成过程、稳定性、附着性、供给/消耗、破坏/再生等方面对自润滑膜的润滑机理进行系统的分析。

1) 自润滑膜的成分

研究自润滑膜,第一步就要了解自润滑膜的成分,也就是自润滑膜“是什么”的问题。如上所述,自润滑膜按照状态可以分为液体、气体和固体润滑膜。液体和半固态物质的剪切强度很低,可以大大减小摩擦系数。液体润滑膜的成分一般指的是润滑油、水等,以润滑油作为润滑膜的一般常见于含油自润滑轴承[5~9]。半固态润滑膜一般指的是油脂类物质。固体润滑膜主要指的是各种固体润滑剂,包括层状固体润滑剂,如石墨、MoS_2、HBN、硼酸等;软金属,如 Ag、Pb、Au、In 等;混合金属氧化物，如 CuO-Re_2O_7、CuO-MoO_3、PbO-B_2O_3 等；氧化物，如 B_2O_3、Re_2O_7、TiO_2（缺位化合物）等；氟化物，多数用于高温摩擦磨损，如 CaF_2、BaF_2、SrF_2 等；有机物，如 PTFE、肥皂等。固体润滑剂种类众多，远远不止这里列出的一些，感兴趣的可以查阅相关书籍[19,20]。固体润滑剂除了具有低的剪切强度，还有个重要的指标就是承载能力，尽管与低剪切性能相比，很多场合不十分重要，在研究中往往是不可忽视的。

2）自润滑膜的来源

了解了自润滑膜"是什么"的问题以后，接下来需要了解自润滑膜"从哪来"的问题。自润滑膜的来源一般有三个，摩擦副自身携带、摩擦过程中原位生成以及直接将润滑剂涂覆或镀覆于零件表面。

摩擦副自身携带指的是材料制备过程中直接引入润滑剂，润滑剂是材料的组成部分，制备工艺多数采用粉末冶金。摩擦过程中，固体润滑剂由于受到摩擦、来自摩擦副材料的挤压以及摩擦产生的高温而析出，并涂覆于摩擦副表面，形成了具有低摩擦特性的固体润滑膜；为了获得较好的润滑效果，一般需要加入大量的固体润滑剂，受到应用背景的限制，润滑剂的加入一般有个范围[1]。

摩擦过程中原位生成类型，指的是自润滑膜利用摩擦化学反应在摩擦副接触面间原位生成，自润滑膜不属于摩擦副材料的组成成分。为了取得良好的润滑性，低熔点玻璃化氧化物和混合氧化物作为氧化膜能满足上述原则。通常原位反应生成自润滑膜大多依靠摩擦热产生，因此自润滑膜的成分一般为高温固体润滑剂，高温下常见的固体润滑材料工作的温度范围列于表 6-1[18]。直接将润滑剂涂覆在摩擦副表面，就是将固体润滑剂通过涂层的办法直接涂覆于摩擦副的表面，从而实现自润滑功能。镀覆的方法有多种，常用如 PVD、CVD 等方法。

表 6-1　高温下常见的固体润滑材料工作的温度范围与摩擦系数[18]

氧化物	工作的温度范围/℃	摩擦系数
B_2O_3	550～730	0.3～0.15
MoO_3	600～800	0.27～0.2
WO_3	600～800	0.3～0.25
V_2O_5	600～1000	0.32～0.3
Al_2O_3	800～1000	0.5～0.3
ZrO_2	800	0.5
SnO_2	1000	0.5
MgO	500～700	0.5～0.35
NiO	500～800	0.6～0.4

3）自润滑膜的形成过程

自润滑膜的形成过程指的是构成自润滑膜的物质在摩擦副表面形成连续润滑膜的过程。对于不同来源、不同成分的自润滑膜，形成过程差异较大，这里对含油型和固体润滑型自润滑材料分别进行讨论。含油型自润滑材料多为多孔型粉末冶金工艺制备，关于润滑膜的形成过程，一般认为与毛细管力相关[21]，但是也有学者认为是由金属与润滑油的膨胀系数不同或者轴承材料负荷下弹性压缩导致的。对于固体润滑型自润滑膜，可按照自润滑膜的来源进行分类分析。

对于自身携带型，在摩擦磨损过程中，固体润滑剂在摩擦高温下受到摩擦和挤压等共同作用，形成具有低剪切强度的自润滑膜。对于微孔/微池型自润滑材料来说，在摩擦的高温作用下使微孔中的固体润滑剂软化进而涂覆于材料表面，达到减小摩擦、降低磨损和提高材料寿命的效果。可以看出，材料自身携带自润滑剂的两个类型，直接引入型和微孔/微池型的自润滑材料在自润滑膜形成上的主要区别在于微池型在自润滑膜形成的过程中需要润滑剂软化，而直接添加型则并未对润滑剂有相关要求。

对于原位自生型，在摩擦磨损过程中，摩擦副接触面表面温度，尤其是“闪温”的温度很高，固体表面处于一种激发态，远较一般状态下的固体活泼，再加上很多实验在开放的大气中进行，氧气、水蒸气中较为活泼的气体成分可能参与反应。因此，通过对摩擦副材料进行合理的组分匹配设计和摩擦学设计，有望利用摩擦过程中的摩擦化学反应，在材料表面原位生成具有润滑作用的反应膜，从而实现材料的自润滑。原位反应自润滑材料由于受到摩擦化学反应条件限制，一般只有在高速摩擦和高温摩擦条件下才能实现。

软涂层自润滑材料。将固体润滑剂通过涂层的办法直接涂覆于材料表面，从而实现自润滑功能。

4）自润滑膜的稳定性

自润滑膜的稳定性决定了自润滑膜的有效寿命，包括物理热稳定、化学热稳定、时效稳定和不产生腐蚀或其他的有害作用。物理热稳定指的是在没有活性物质参与下温度不会引起自润滑膜材料发生相变等晶体结构的变化。化学热稳定指的是在活性介质以及温度变化过程中不会引起剧烈的化学反应。时效稳定指的是长期服役过程中自润滑膜能够不变质、不变性，否则很难长期使用。不产生腐蚀，这是对润滑剂的基本要求，只要其对摩擦表面和相关部件有腐蚀性，就不能作为润滑剂使用。

5）自润滑膜的附着性

自润滑材料作为轴承应用时分为含油型和无油型，含油自润滑轴承的自润滑膜为油膜，润滑形式为边界润滑，润滑膜与摩擦副的结合形式为物理吸附和化学吸附为主[21]。对固体自润滑膜的要求是其能够与摩擦表面牢固地附着，以化学吸附和物理吸附都可以。只有与摩擦表面牢固地附着，才能长时间保留在摩擦系统中，才有可能防止相对运动表面之间产生严重的黏着磨损。根据自润滑膜与基体及对磨材料的附着性的不同，自润滑膜有几种不同的转移方式：①在自润滑材料上形成润滑膜；②在自润滑材料和对偶材料上均形成润滑膜；③在对偶材料上形成润滑膜；④在自润滑材料和对偶材料上均形成润滑膜。

6）自润滑膜的供给/消耗

自润滑膜在形成后不断地受到摩擦副两个表面的摩擦，润滑膜不断地消耗，自润滑膜的供给和消耗就成为彼此互相竞争的过程。尽管摩擦副的表面只要存在自润滑膜就能够减小摩擦，然而实际应用场合一般对自润滑材料的减磨特性有一定要求，因此自润滑膜的消耗和供给需要保持一种动态的平衡。

自润滑膜的供给来源于自润滑材料内的润滑相，包括直接（添加润滑剂型）或者间接（原位反应型）供给，研究自润滑膜的供给/消耗问题，可以等价为研究自润滑材料内部润滑物质的临界含量问题。润滑相的含量不同会对自润滑材料的摩擦特性带来三种不同的情况：①润滑相含量低，不能在摩擦表面形成足够的连续润滑膜，摩擦系数增大；②润滑相的含量中等，能够形成有效的润滑膜，此时摩擦系数较小；③润滑相含量较高，摩擦时能够充分地形成润滑膜，摩擦系数较小，然而大量润滑剂的加入影响了摩擦副的结构刚度[1]。一般说来，润滑相含量中等较好，可以兼顾摩擦性能和力学性能。但是“中等”含量的范围及确定方法，则是一个需要仔细研究的问题。由于自润滑材料种类众多，自润滑的类型各异，目前尚无这方面的理论推导方法。邓建新[18]对自润滑陶瓷基复合材料中固体润滑剂临界含量进行了计算，以球体的空间利用率为理论基础，设陶瓷颗粒的等效半径为 R，固体润滑剂的等效半径为 r，那么在既要形成连续的陶瓷骨架也要兼有最大的孔隙的条件下，$0.225 \leqslant r/R \leqslant 0.414$ 为理想的范围。

7）自润滑膜的破坏及再生

自润滑膜的破坏一般是由于各种应力引起的，包括热膨胀系数不同导致的应力、摩擦温度变化引起的应力、自润滑膜与基体温度差引起的应力、自润滑膜的接触应力等。自润滑膜的再生过程与破坏过程同样是一个互相竞争的过程，当自润滑膜产生破坏并脱落后，材料表面便形成了一个未覆盖润滑膜的新鲜表面，自润滑膜就形成了生成、破损、脱落、再生的循环过程。

6.1.3　自润滑材料存在的问题

传统的采用石墨、二硫化钼、聚四氟乙烯（PTFE）等物质作为固体润滑剂的自润滑材料存在失效、溅落的问题，在空间环境或高精密仪器仪表环境下使用有一定的障碍；另一方面，自润滑摩擦副通常是以金属材料作为承载体，期间加入固体润滑剂，这往往使得力学性能与自润滑性不能同时兼顾，如果能够设计一种既具有自润滑性又能够保持一定力学性能的材料则具有重要的工程价值和理论意义。

6.2　自润滑复合材料设计要点

6.2.1　外部条件

1）摩擦副的组成和运动形式

摩擦副的接触形式有点、线、面几种。摩擦副间的运动形式有相互之间的滑动、滚动、滚滑、旋转、往复运动和摆动、冲击以及连续运动或间隙运动等多种形式。每种形式的运动中，构件的受力情况各有不同。这些均影响材料的受载性质和应力大小。有必要指出的是，摩擦副材料的选择十分重要，同种润滑剂在不同基材上的黏着力不同，在不同对偶表面形成的转移膜及其黏着力也是不同的。这导致无论在干摩擦或有润滑条件下，不同对偶材料所组成的摩擦副在同一工况条件下的摩擦系数和磨损量会有很大的不同[19]。

2）摩擦副材料的物理、机械和化学性能

材料的物理机械性能主要是指材料的密度、硬度、抗拉(压)强度、弯曲强度、延展性和冲击韧性、剪切强度以及弹性模量、刚度等。这些性能直接影响材料的承载能力、摩擦系数的大小和耐磨寿命。而材料的孔隙率又将与含油率和吸水性直接相关，影响含油自润滑材料的摩擦学特性。材料的热性能，如耐热性、热稳定性(热分解或失重)、热膨胀系数和热传导系数等，将影响材料在高温时的配合尺寸精度以及摩擦学性能的正常发挥。而材料的低温脆性将有损于它在极低温条件下的正常工作。

材料的电性能，如电阻率和电噪声等将作为电接触材料的重要设计参数。该特性将直接影响带电摩擦副的摩擦系数和耐磨寿命材料的化学稳定性，将影响材料的储存和使用寿命。尤其是材料的抗氧化性能和耐腐蚀能力将影响材料的气氛特性，即材料在各种环境气氛条件下的摩擦学性能的变化和耐磨寿命的长短。

3）摩擦副工况条件和使用寿命

工况条件主要指负荷、速度和温度等可人为控制的因素。作用于摩擦副的负荷性质和大小是影响摩擦学性能的主要因素，负荷的大小直接影响摩擦系数和耐磨寿命。对偶间的相对运动可归结为直线运动和圆周运动，因而速度常用线速度或转速来表示。通常，摩擦系数随着速度的增加而减小，耐磨寿命随着速度的增加而减小。工作温度参数是材料设计的重要指标。各种材料(包括基材和润滑组元)都有各自特定的工作温度范围。若超越这个范围，材料的物理机械性能和摩擦学特性都会出现不适应状态。

材料的使用寿命包括储存期和耐磨寿命两个评价方法。材料储存期的长短是由其本身的化学稳定性决定的，同时也受环境气氛条件的影响。对于一批材料来说，达到预期耐磨寿命是评价或预测材料抗磨可靠性的重要指标，它是指在规定的条件下和规定的时间内能够达到预期寿命的程度。若实际构件的寿命达到或超过预期的寿命,则称该构件抗磨可靠;若达不到预期目标,则称抗磨不可靠。数值计量有两种方法,对于单一材料来说,实际寿命与预期寿命之比即为可靠度。

4) 润滑和环境条件

润滑条件是影响材料摩擦系数和磨损量的重要因素之一。通常,在液体润滑条件下的摩擦系数小,耐磨寿命长。

环境条件是指摩擦副所处的介质条件、温度条件和辐射条件等。除了液体润滑外,摩擦副还可能处于水、海水、酸碱盐或其他腐蚀性液体(或气体)介质中工作,而且工作介质还伴随着相应的温度。这时的润滑材料除了具有所要求的机械物理和摩擦学性能外,应该同时具备防腐蚀能力等。高温下,如黑色金属压力加工的高温条件,对润滑材料的要求往往比较苛刻。低温下,如为了使液氧、液氢等燃料输送泵的轴承运转,需要供给低温固体润滑剂。又如太阳同步轨道空间飞行器的阳光区与阴影区的温差最大将近 300℃,要求润滑材料能适应反复高低温以及与真空、宇宙射线辐照环境相耦合的苛刻条件。原子能工业中的机械会受到原子辐射,它们将使润滑材料(尤其是高分子材料)受到一定程度的损伤,从而使耐磨寿命缩短。

无液体润滑的摩擦副通常认为处于干摩擦状态。气氛条件对处于干摩擦状态下的摩擦副有一定的影响,如大气气氛中存在氧气或其他挥发物,材料表面会因此氧化形成氧化膜或相应的污染。含有水蒸气的潮湿空气亦会改变许多摩擦副的摩擦系数和耐磨寿命。为了避免氧化,摩擦副也可能处于惰性气氛中,这种气氛不与材料表面形成反应膜,但存在吸附膜。只有处于完全真空条件下的新鲜表面才是纯净表面,纯净表面的摩擦系数很大,而且很容易发生黏着或冷焊。

6.2.2　自润滑复合材料设计要点

以力学性能为目标的金属基复合材料设计中,增强体的选择因素相对简单,而以自润滑复合材料设计为目标的时候,要相对复杂。

1) 低密度

作为航天航空类的轴承材料,低密度是永恒的选择,尽管也可以选用陶瓷及树脂材料,但是考虑到加工性及抗老化等诸多问题,金属材料一般作为优选。工程上首选铝合金、镁合金等低密度合金。

2) 耐磨性

基体金属一般不具备耐磨性,耐磨性由增强体提供,常用的耐磨陶瓷颗粒有 Al_2O_3、SiC、AlN、Si_3N_4、TiB_2 等。

3) 机械强度

复合材料具有自润滑特性的同时具有高的机械强度无疑是一大优势。为此,需选用具有热处理强化的铝合金、镁合金。增强体 TiB_2 凭借其高熔点、高硬度、高弹性模量和耐热、耐蚀[22]等受到人们的广泛关注，是一种十分有前景的金属基复合材料增强相，受到许多研究者的重视[23~28]。

4）良好的界面结合

在众多的陶瓷增强体中，金属间化合物是容易获得良好界面结合的材料，其中 TiB_2-Al 被认为是很有前景的一对。因为 TiB_2 在 720℃以上时与液态铝的润湿角小于 90°，显示出具有良好的润湿性[29,30]，而且不与铝合金发生反应[31]。这些不仅有利于材料制备，而且也有利于提高材料力学性能。

5）原位生成自润滑物质

添加大量的固体润滑剂的摩擦副必然会牺牲一部分结构刚度。如果固体润滑剂在摩擦过程中原位生成，那么就会在保证结构刚度不损失的条件下，获得自润滑特性。理论上讲，TiB_2 可以在高温下与空气中的氧气反应生成具有反应生成 B_2O_3 和 TiO_2，由表 6-1 可以看出 B_2O_3 本身也是一种优良的高温固体润滑剂，摩擦磨损时接触点的温度可能会达到其具有润滑性的温度区间（550～730℃）。Erdemir 等[32]在 1998 年公开了一项专利，通过高温退火处理使各种含硼化合物在高温下具有自润滑特性，其原理就是利用硼化物高温下生成 B_2O_3 来降低摩擦的。

6.3　自润滑 TiB_2/Al 复合材料制备工艺原理

6.3.1　TiB_2 预氧化原理与工艺技术

自本小节开始，将详细介绍 TiB_2/2024Al 复合材料的自润滑设计、制备、自润滑现象与润滑机理以及工程应用的问题。这种自润滑材料及其制备技术是作者的一项专利技术[33]，目前还没有见到其他相似的报道，本书试图为读者提供这种材料设计的体会和经验。

自润滑复合材料设计目标是利用 TiB_2 可以通过自身的氧化在表面产生 $TiO_2+B_2O_3$ 薄层，然后制成复合材料，进而在摩擦磨损过程中自动提供大量的自润滑剂，从而实现降低摩擦系数的目的。同时还必须保留相当部分的 TiB_2，以保证复合材料必要的强度和良好的承载能力。

在材料制备前需要对 TiB_2 进行氧化处理（简称为“预氧化”），首先需要明确的关键参数就是预氧化的温度。对 TiB_2 预氧化需要控制这样的条件：保证一定量的氧化物的生成量，又要保证足够的 TiB_2 的剩余。因此，预热温度应该控制在 TiB_2 开始出现缓慢氧化的温度范围。这一温度和时间条件的确定可以根据 TiB_2 空气下的热重分析（TG）曲线以及氧化物的相对含量的 XRD 测定结果来确定。图 6-1 给出的是一列热重分析曲线。数据显示，自 500℃开始 TiB_2 颗粒表面可以发生明显的氧化反应，随温度升高 TiB_2 反应速率增大，可能会造成反应过度，800℃以后热失重曲线出现平直段，这是氧化增重量超过了仪表量程导致的。所以要寻找合适的温度、时间条件，使氧化物和 TiB_2 有合理的比例。

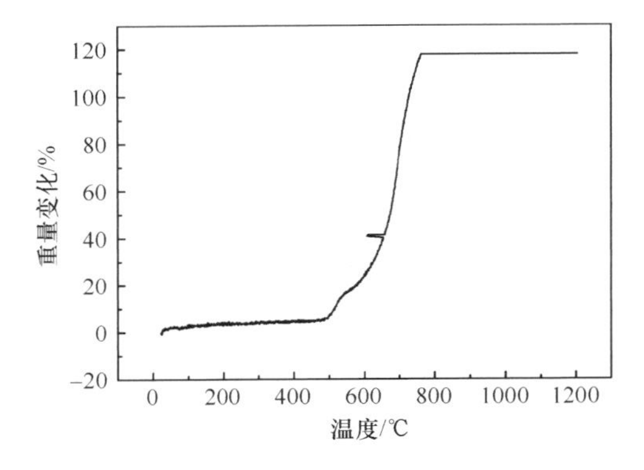

图 6-1 空气下 TiB_2 热重分析曲线(室温～1200℃)

根据图 6-1，选取热重分析曲线的拐点附近温度范围 400～700℃作为试验条件进行一系列的预氧化实验，用 XRD 表征相对含量，如图 6-2 所示。

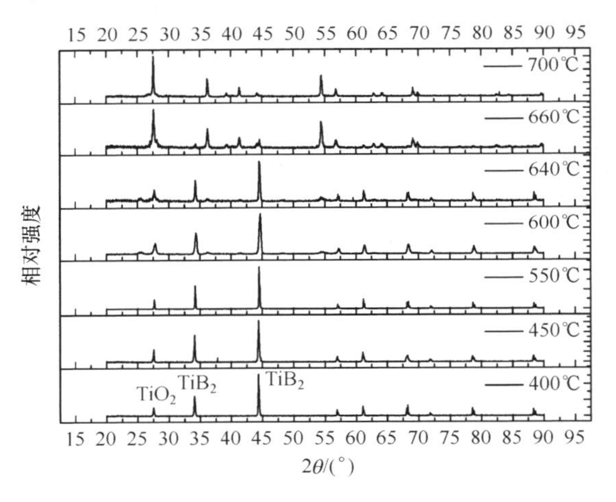

图 6-2 400～700℃预氧化过后 TiB_2 颗粒 XRD 分析

从图 6-2 可以看出，随着温度的升高，TiB_2 的衍射峰峰逐渐减弱，TiO_2 的衍射峰逐渐增强，在 640℃达到一临界值，在此温度下 TiB_2 的谱峰没有明显减弱，而温度升高到 660℃之后 TiB_2 峰急剧下降，TiO_2 峰急剧增大，说明物相组成已经由 TiB_2 为主转变为以 TiO_2 为主。因此，640℃为一最佳的预氧化温度，后续的材料制备就以此温度为准。

对 640℃下预氧化后的 TiB_2 颗粒进行微观形貌分析，如图 6-3 所示。

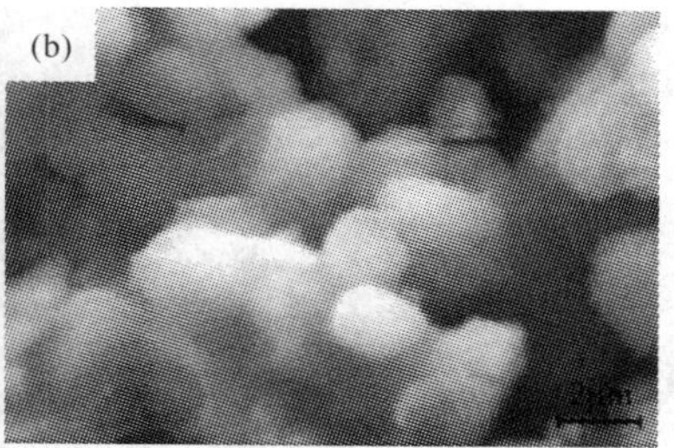

图 6-3　TiB_2 颗粒形貌

(a) 原始表面形态；(b) 640℃，2h 预氧化后的表面形态

图 6-3 是预氧化前后的 TiB_2 颗粒表面形貌的照片。原始颗粒棱角分明，呈多边形。而进行 640℃，2h 预氧化后，TiB_2 的表面粗化，已经被一层物质所覆盖。预氧化生成物经 XRD 测试结果表明，为 TiO_2 和 B_2O_3（如图 6-4 所示）。当然可以根据需要通过定量分析，精确控制氧化产物与原始颗粒的适当比例。

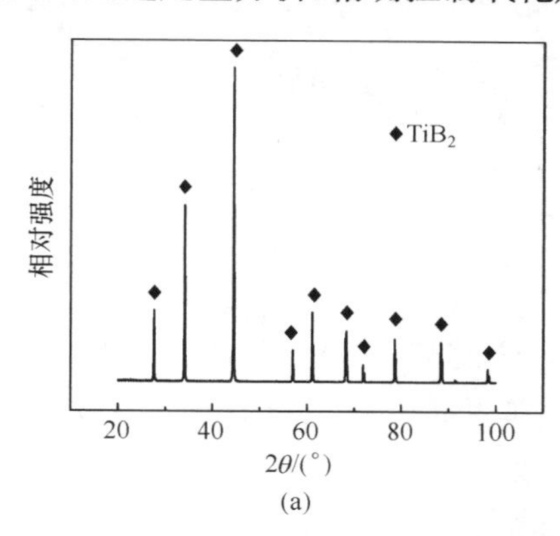

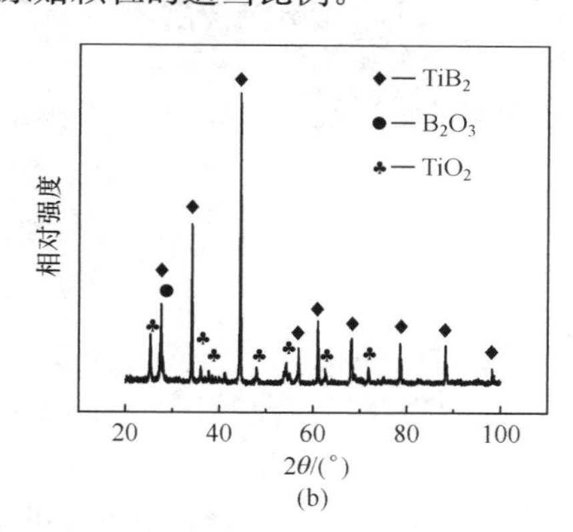

图 6-4　预氧化前后 TiB_2 颗粒 XRD 谱图

(a) 预氧化前；(b) 预氧化后

预氧化膜的微观形态的高分辨电子显微镜照片示于图 6-5。氧化层厚度为 20～30nm，生成的 TiO_2 和 B_2O_3 为微晶形态，尺寸约为 5nm。经过预氧化后生成的这层氧化物可能对改善界面结合有重要影响。

6.3.2　TiB_2/Al 复合材料的界面控制

采用预氧化的 TiB_2 颗粒制备复合材料过程中，必须防止 TiO_2 和 B_2O_3 氧化层的损伤消耗，同时保证尽量少地与基体 Al 合金反应，这是自润滑复合材料设计能否成功的关键。以 JANAF 热力学数据手册[34]为基础，进行热力学计算，在浸渗温度下（700～780℃），反应：

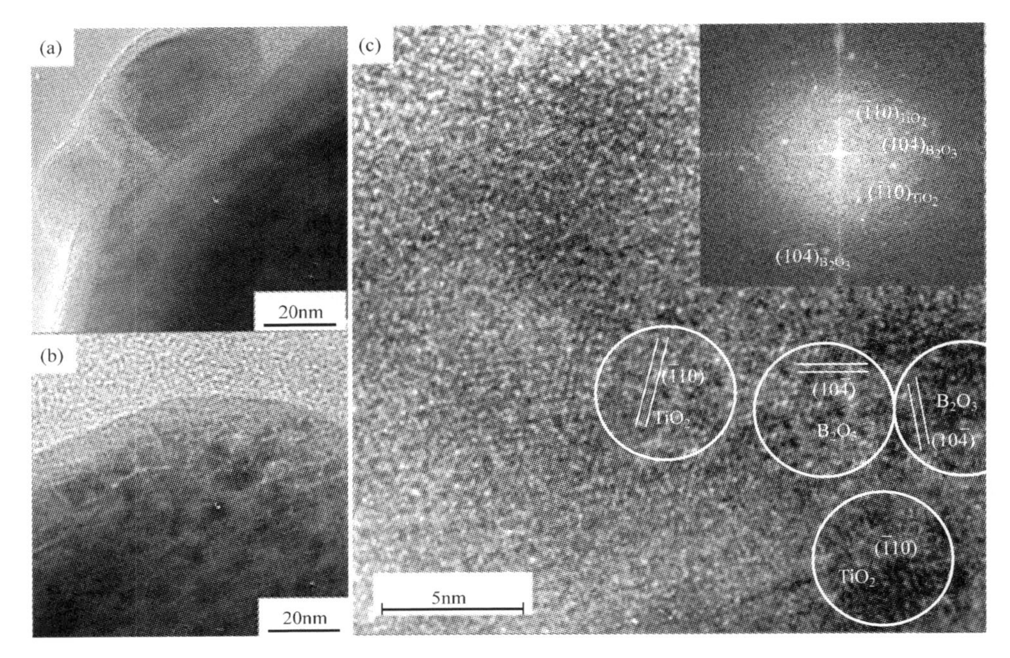

图 6-5　预氧化后 TiB_2 颗粒 TEM 照片

(a) 颗粒表面 TEM 像；(b) (a)图放大；(c) 高分辨照片

$$B_2O_3 + 3Al = Al_2O_3 + AlB_2 \quad (6\text{-}2)$$

的 Gibbs 自由能变化为 −486.96kJ/mol，表明该反应可以自发进行。Al_2O_3 和 AlB_2 对于自润滑复合材料设计来说属于杂质，对自润滑效果是不利的，必须尽量避免。

采用压力浸渗工艺是比较合适的，因为预制体的制备过程中没有球磨过程，可以减少氧化物包覆层的破坏，同时通过调整压力浸渗的熔液温度、冷却速度、浸渗压力等工艺参数可以抑制 Al_2O_3 和 AlB_2 这些不利的界面反应。

图 6-6 是采用自排气压力浸渗工艺制备的 TiB_2/2024Al 复合材料的组织形貌照片。照片显示出，颗粒没有明显的棱角，有相邻颗粒被连接起来的现象，这和图 6-3(b)的形态有着良好的对应。

透射组织照片示于图 6-7。图 6-7(a)的低倍像显示，某些界面处有反应产物(图中白色箭头所示)，这与原位自生 TiB_2/2024Al 复合材料的界面形成了明显区别，原位自生复合材料界面处无反应物，这已经被 Mitra 等[31]的研究所证实。界面反应物的典型 HREM 图像示于图 6-7(b)～(d)。分析可知，界面区厚度约为 20nm，以 TiO_2、B_2O_3 为主，还发现了少量的 Al_2O_3 和 AlB_2，Al_2O_3 和 AlB_2 都依附于 B_2O_3 生长。照片表明，预氧化产生的氧化产物 TiO_2 和 B_2O_3 均保留在复合材料中，存在于 TiB_2/2024Al 的界面，氧化物与 TiB_2 和 Al 都有完好的界面结合，这

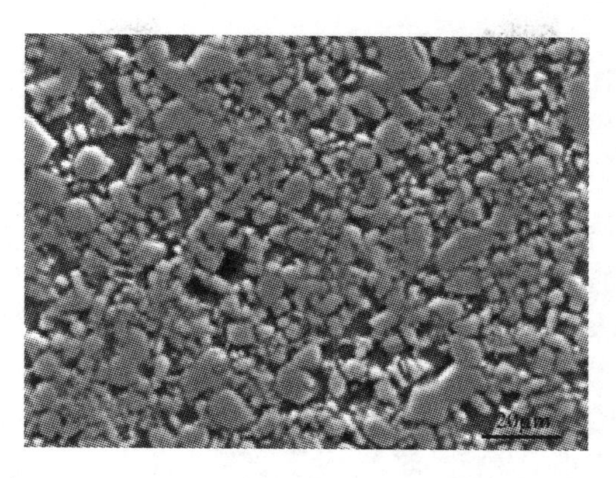

图6-6　TiB_2/2024Al 复合材料表面形貌的 SEM 照片

将给自润滑带来有益的贡献。透射照片中 Al_2O_3 和 AlB_2 出现的概率不高，说明工艺控制是有效的，这两种微量的反应物对润滑性能的影响在后面的叙述中将给以忽略。

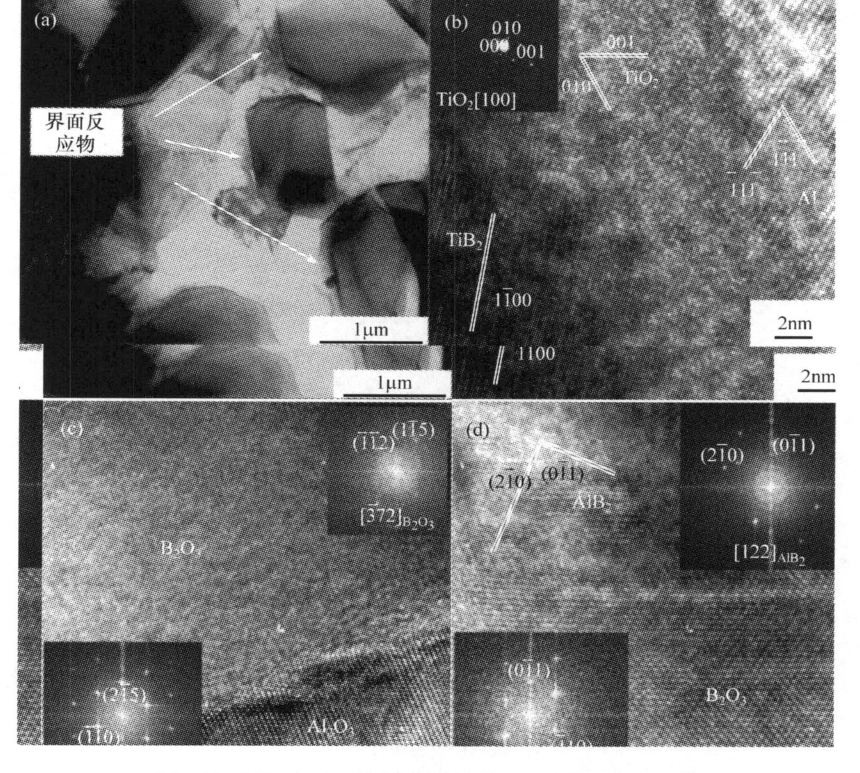

图 6-7　TiB_2/2024Al 复合材料的 TEM 及 HREM 像

6.4 TiB_2/2024Al 复合材料自润滑现象及规律

6.4.1 自润滑特性与润滑膜的成分

摩擦磨损试验是在销盘式磨损试验机上进行的，销试样由 TiB_2/2024Al 制成，端部为半径 3mm 的半球形，盘试样为 GCr15 轴承钢。

图 6-8 所示为 50g 载荷、摩擦速度分别为 1.0m/s、2.0m/s 的摩擦曲线，平均摩擦系数达到 0.15，低于自润滑判定标准(摩擦系数≤0.2)，显示出自润滑的性能。此时的磨损表面形貌示于图 6-9。由图 6-9 可以看出，三种速度下的磨损表面均光滑、平整，无明显黏着痕迹。进一步将其放大，示于图 6-10，可以明显地观察到表面被膜状物覆盖，经能谱分析，膜层成分含有 Ti、Al、O、Fe、B 等元素，疑为氧化物的混合物，注意到成分中存在 Fe 元素，说明 Fe 元素在磨损过程中发生转移，但量很少。EDS 的检测深度一般为几个微米，而 TiB_2 颗粒粒径约为 1.6μm，结合图 6-5 可以估计润滑膜的厚度应在纳米量级，显然检测深度穿透了润滑膜，检测结果包含了磨损层以下的物质。XPS 分析方法是分析表层几个纳米深度的元素价态，因此结果接近磨损表层的信息，对磨损表面氧化物进行的 XPS 的分析结果如图 6-11 所示。

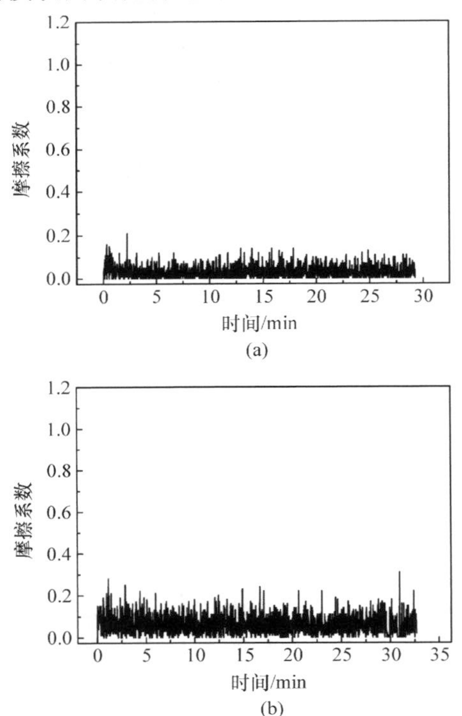

图 6-8 TiB_2/2024Al 销试样与 GCr15 盘对磨在载荷 50g 条件下的摩擦系数曲线

(a) 1.0m/s；(b) 2.0m/s

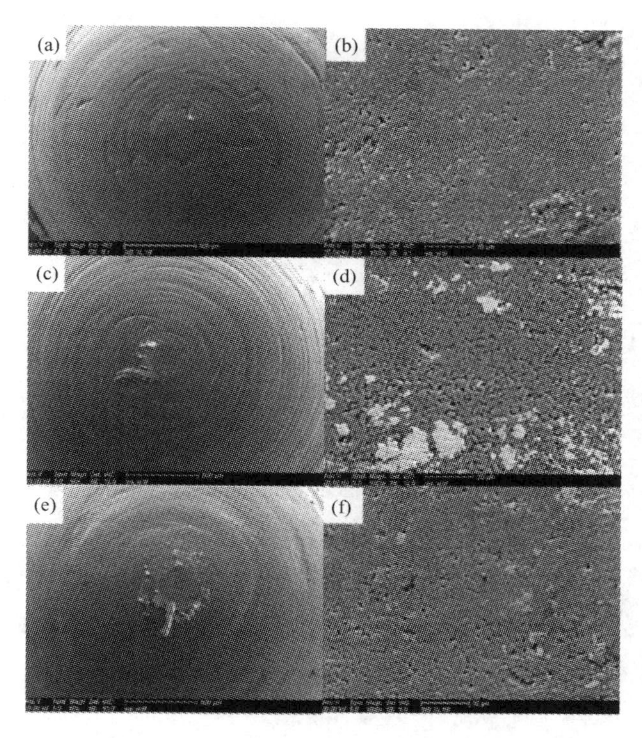

图 6-9　TiB_2/2024Al 复合材料销试样的磨损表面
(a) 1m/s;(b) (a)图放大;(c) 1.5m/s;(d) (c)图放大;(e) 2m/s;(f) (e)图放大

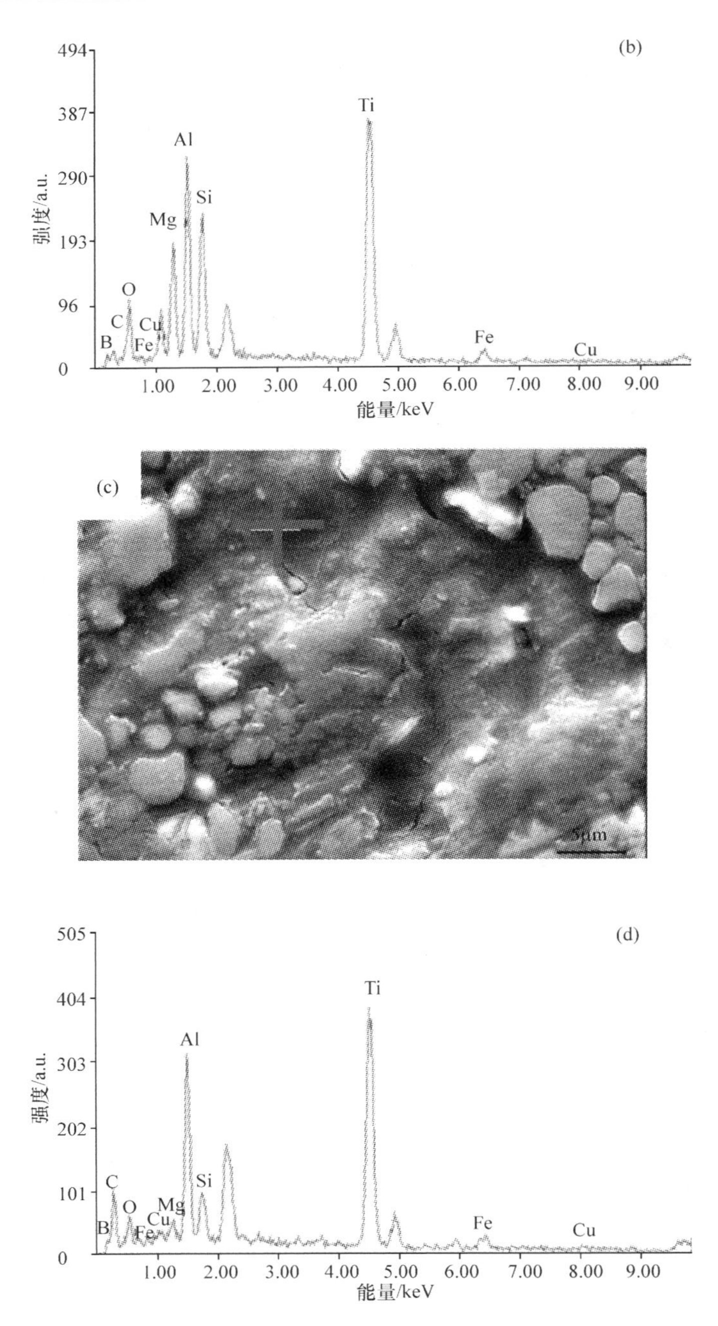

图 6-10 TiB_2/2024Al 销试样在 1.0m/s 滑移速度下磨损表面局部放大

(a)润滑膜；(b) (a)图十字处 EDS 分析；(c) 润滑膜；(d) (c)图十字处 EDS 分析

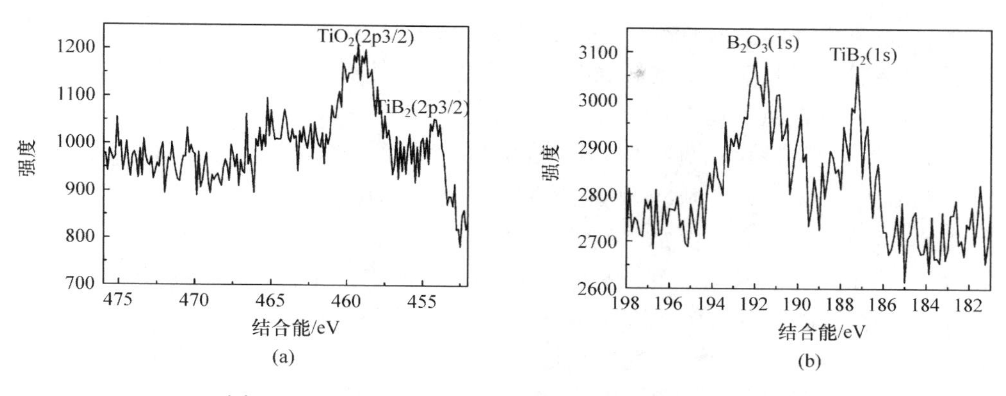

图 6-11　TiB_2/2024Al 复合材料的磨损表面 XPS 谱图

(a) Ti；(b) B

图 6-11 表明，磨损表面含有 TiO_2 和 B_2O_3 以及 H_3BO_3。分析认为，B_2O_3 与环境气氛中的 H_2O 生成 H_3BO_3，而 H_3BO_3 是一种典型润滑剂，在这里起到了典型的降低摩擦的作用。对于 TiB_2/2024Al-GCr15 组成的摩擦副，相关化合物能够提供润滑剂的除了 H_3BO_3 以外，还有一类 TiO_2 的非整数比化合物 Magnéli 相[35～37]，能够对自润滑现象产生贡献。也有报道显示，单斜态 TiO_2，即 TiO_2(b)是一种层状结构，可能也会对自润滑行为产生贡献[38]。然而，无论是 Magnéli 相还是 TiO_2(b)，含量很低，甚至难以检测出来，所以关于 TiO_2 对自润滑的贡献还有待进一步研究。

6.4.2　硼酸的晶体结构与摩擦学特性

硼酸是一种具有类似于石墨和六方 BN 的层状结构固体润滑剂，为三斜晶系，单胞由 B、O、H 原子组成阵列互相平行排列而成。其中，c 轴与基面成 101°。片层之间依靠很弱的范德华力结合。晶体结构如图 6-12 所示。

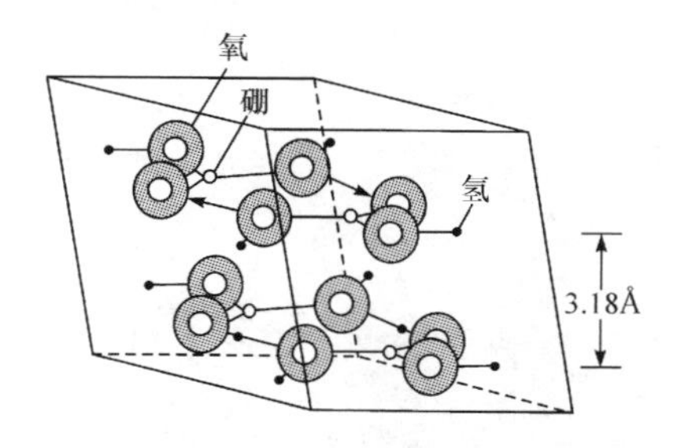

图 6-12　硼酸的晶体结构示意图[3]

硼酸存在有两种主要的晶体形式：偏硼酸（$H_2O \cdot B_2O_3$ 或者 HBO_2）和原硼酸（$3H_2O \cdot B_2O_3$ 或者 H_3BO_3）。进一步，有报道称，偏硼酸以三种不同形式结晶：正

交或 α-偏硼酸，单斜或 β-偏硼酸，立方或 Γ-偏硼酸。其中，正交的偏硼酸和原硼酸具有层状结构，因此能够提供低摩擦。原硼酸在自然界中是以天然硼酸的矿物形式存在，可以一直稳定到 170℃[3]。

由于具有层状结构(图 6-13)，H_3BO_3 是一种固体润滑剂。为了证实这一点，Erdemie[32] 于 1991 年采用固体压缩形式的硼酸在销盘式试验机上进行了大量的摩擦试验。在约 35MPa 压强下对 99.8%(质量分数)的 H_3BO_3 进行冷压得到直径为 1.27cm 的圆柱棒，为了达到点接触的效果，棒的一端加工成 5cm 直径的半球帽状。对直径为 50cm 的 AISI52100 钢磨盘(美国牌号，对应国内牌号为 GCr15)，摩擦系数随着滑动距离变化，初始摩擦系数约为 0.2，然后随着距离的增加逐渐降低，最终在滑动了 20m 后达到稳定值 0.1。

H_3BO_3 能够自发地在 B_2O_3 薄膜的表面上形成。Erdemir[39] 研究了真空气相沉积的 B_2O_3 层表面硼酸的形成和摩擦学特性。他们发现在 B_2O_3 涂层表面形成的 H_3BO_3 具有明显的润滑性。在大气环境下(50%湿度)，对于一组蓝宝石球/B_2O_3 涂层与 Al_2O_3 盘组成的摩擦副，摩擦系数随着载荷不同在 0.02～0.05 之间变动。

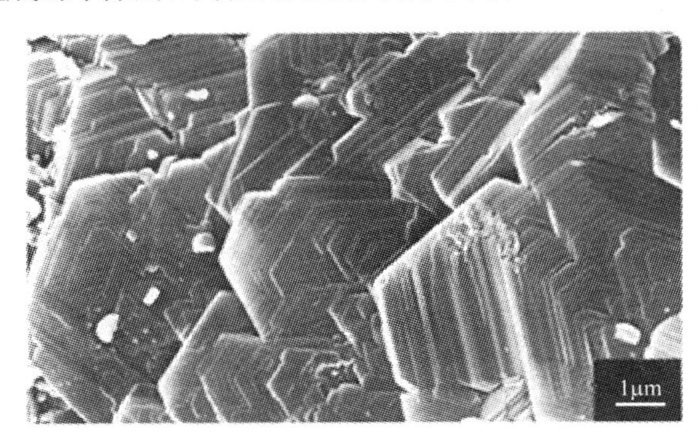

图 6-13 H_3BO_3 的层状结构 SEM 图像[39]

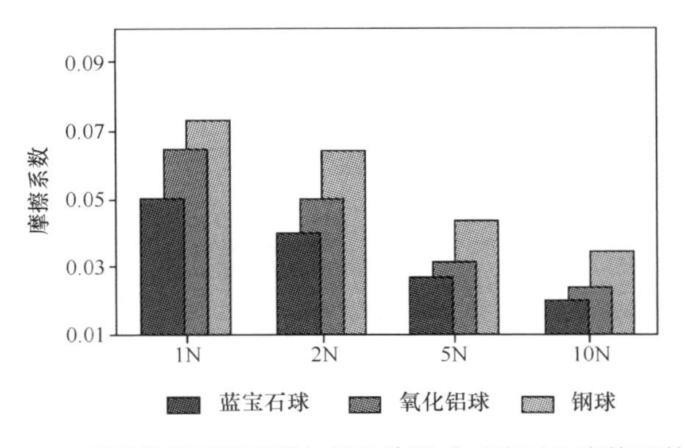

图 6-14 不同载荷下硼酸膜与钢和陶瓷球对磨时的摩擦系数[39]

6.4.3 自润滑物质的来源

事实上,在没有进行摩擦磨损之前,但凡经过大气环境下的机械加工,必然存在摩擦过程,因此,表面的 H_3BO_3 润滑膜或多或少是客观存在的。

随着摩擦的进行,摩擦表面粗糙度的微小凸起部位的瞬间升温(闪温)现象会使润滑物质的来源变得复杂。首先材料表面的 H_3BO_3 消耗,TiB_2 颗粒不断露出表面,根据 TiB_2 的反应热力学条件,裸露出来的 TiB_2 颗粒会不断与空气中的氧发生反应生成新的 B_2O_3 和 TiO_2,然后 B_2O_3 进一步生成 H_3BO_3。在较高温度下硼酸是不稳定的,在170℃以上将分解为 B_2O_3 和水。这样,较高温度下或者有闪温存在的条件下润滑介质是否能够持续存在是要证明的问题。

硼酸有两种不同的晶体结构:正硼酸(H_3BO_3)和偏硼酸(HBO_2)。其中偏硼酸还可以细分为三种不同的结构:正交(α)偏硼酸、单斜(β)偏硼酸、立方(Γ)偏硼酸。这几种结构中,只有正硼酸和正交(α)偏硼酸具有层状结构,可以提供低摩擦。较高温度下正硼酸(H_3BO_3)和偏硼酸(HBO_2)的反应及其 Gibbs 自由能的计算结果如下。

$$B_2O_3+3H_2O(g)=\!=\!=2H_3BO_3 \tag{6-3}$$

$\Delta G=-56.93\text{kJ/mol}(25℃)$

$\Delta G=104.52\text{kJ/mol}(500℃)$

$\Delta G=118.75\text{kJ/mol}(550℃)$

$\Delta G=167.33\text{kJ/mol}(730℃)$

$$B_2O_3+H_2O(g)=\!=\!=2HBO_2 \tag{6-4}$$

$\Delta G=-50.67\text{kJ/mol}(25℃)$

$\Delta G=-1.47\text{kJ/mol}(500℃)$

$\Delta G=2.89\text{kJ/mol}(550℃)$

$\Delta G=17.672\text{kJ/mol}(730℃)$

其中,式(6-3)和式(6-4)中的 H_2O 均为气态,因为在干摩擦条件下,接触到的水为气态水分子。室温(25℃)下,B_2O_3 可以与水汽自发反应生成正硼酸和偏硼酸,而当温度大于500℃时,正硼酸反应(6-3)无法进行,偏硼酸反应(6-4)可以进行,尽管驱动力不大。550℃以上的高温下,正硼酸和偏硼酸的反应都不会发生。

据此分析,在较高温度(包括局部闪温)下,摩擦磨损持续起润滑作用的是氧化硼(B_2O_3)。由表6-1数据可知,氧化硼(B_2O_3)是一种优良的高温固体润滑剂,在550~730℃下摩擦系数仅为0.15~0.3。因此在高温下氧化硼会是一种润滑剂的补充。

6.4.4 B_2O_3、TiO_2 的稳定性问题讨论

由表6-2可知,B_2O_3 作为高温润滑剂的工作温度范围为550~730℃,这里只需要讨论在550~730℃工作温度下,界面产物 B_2O_3 和 TiO_2 是否稳定的问题。首

先考察与摩擦副中的 Al 和 GCr15 轴承钢是否存在化学反应以及稳定性。表 6-2 列出了可能发生的反应,计算了反应自由能。可以看出,B_2O_3 和 TiO_2 与摩擦副材料中的 Fe 元素不会发生反应,而与 Al 元素有发生反应的可能。B_2O_3 与 Al 的产物是 B 和 AlB_2,TiO_2 与 Al 的产物是 Ti、TiAl、$TiAl_3$。这些产物不具备自润滑特性,因此,自润滑膜的稳定性取决于界面产物 B_2O_3、TiO_2 在摩擦中与 Al 反应可能的产物 B、AlB_2、Ti、TiAl、$TiAl_3$ 在摩擦磨损过程中是否持续生成和长大。

表 6-2　B_2O_3 和 TiO_2 与摩擦副材料可能发生的化学反应(550～730℃)

序号	反应方程式	ΔG/kJ	反应是否发生
1	$B_2O_3+2Al = Al_2O_3+2B$	−353.66	√
2	$B_2O_3+3Al = Al_2O_3+AlB_2$	−486.96	√
3	$B_2O_3+3Fe = 3FeO+2B$	423.78	×
4	$1.3B_2O_3+3Fe = Fe_3O_4+2.667B$	567.37	×
5	$B_2O_3+2Fe = Fe_2O_3+2B$	460.35	×
6	$1.3B_2O_3+5.667Fe = Fe_3O_4+2.667FeB$	376.40	×
7	$1.5TiO_2+2Al = Al_2O_3+1.5Ti$	−218.82	√
8	$1.5TiO_2+3.5Al = Al_2O_3+1.5TiAl$	−318.09	√
9	$1.5TiO_2+6.5Al = Al_2O_3+1.5TiAl_3$	−398.94	√
10	$TiO_2+2Fe = 2FeO+Ti$	365.74	×
11	$2TiO_2+3Fe = Fe_3O_4+2Ti$	734.29	×
12	$1.5TiO_2+2Fe = Fe_2O_3+1.5Ti$	585.18	×

分别对这五种物质与 O_2 发生反应的可能性进行了评估,列于表 6-3。可见,这五种可能的产物反应自由能均为负值,可以自发地与氧发生反应又生成了 B_2O_3 和 TiO_2。

表 6-3　所示的反应产物与 O_2 的反应(550～730℃)

序号	反应方程式	ΔG/kJ	反应是否发生
1	$2B+1.5O_2(g) = B_2O_3$	−1026.29	√
2	$2AlB_2+4.5O_2(g) = Al_2O_3+2B_2O_3$	−3135.94	√
3	$Ti+O_2(g) = TiO_2$	−767.42	√
4	$2TiAl+3.5O_2(g) = 2TiO_2+Al_2O_3$	−2772.43	√
5	$TiAl_3+3.25O_2(g) = TiO_2+1.5Al_2O_3$	−2702.27	√

计算分析结果显示,表 6-3 所示的反应如果存在,会与 O_2 再次反应,将会生成 B_2O_3 和 TiO_2。这种尝试性的化学反应计算结果可以推论,摩擦磨损过程中 B_2O_3 和 TiO_2 是动态稳定的,不会与 Al 反应。

由此可见，润滑膜在磨损过程中不断破坏，新鲜表面暴露出 TiB_2 之后会持续发生氧化反应，不断生成自润滑产物 B_2O_3 和 TiO_2，保证了自润滑性能的可持续性。

6.4.5　TiB_2/2024Al 复合材料润滑机理的微观分析

前面几节从化学、金属学层面对 TiB_2/2024Al 复合材料的润滑现象作了分析，明确了一点，即 B_2O_3 和 TiO_2 在磨损过程中是可以稳定存在的。至此问题还没有完全解决，B_2O_3 与 H_2O 生成的 H_2BO_3 能否稳定？也就是说，H_2BO_3 能否稳定吸附于磨损表面，而不是游离于摩擦副之间。这个问题很重要，关系到润滑膜的稳定性问题。另外，微观润滑机理尚不明确，包括 TiB_2/2024Al 与硼酸之间的界面结构和硼酸薄膜层在材料表面的润滑机理。这种微观机制研究可能有助于新型自润滑复合材料的优化设计。

作者研究团队[40]将轻敲模式和接触模式的原子力显微镜与摩擦力显微镜相结合，对材料表面结构特征及摩擦特性进行了探讨。利用原子力显微镜的测量也证实了在复合材料摩擦表面有一个柔软的纳米级厚度硼酸薄膜的存在。利用摩擦力显微镜获得的 TiB_2 和 Al 基体的侧向摩擦力、TiB_2 颗粒表面的摩擦力的结果表明，相对于铝基表面降低了约 24.5 倍。摩擦力的降低归因于 TiB_2 颗粒表面的硼酸薄膜的润滑特性。

原子力显微镜还证明了一点，微观上 TiB_2/2024Al 复合材料表面的 Al 是凹陷的，与摩擦副相接触的是凸起且平滑的 TiB_2 颗粒。这样，硼酸形成后会构成两种不同的界面，一种是 H_3BO_3/TiB_2 界面，另一种是 H_3BO_3/TiO_2 界面。硼酸是否可以吸附在材料表面对其自润滑性至关重要。作者研究团队[41]采用第一性原理对 H_3BO_3/TiB_2 和 H_3BO_3/TiO_2 的附着性分别进行了研究，如图 6-15、图 6-16 和图 6-17 所示。

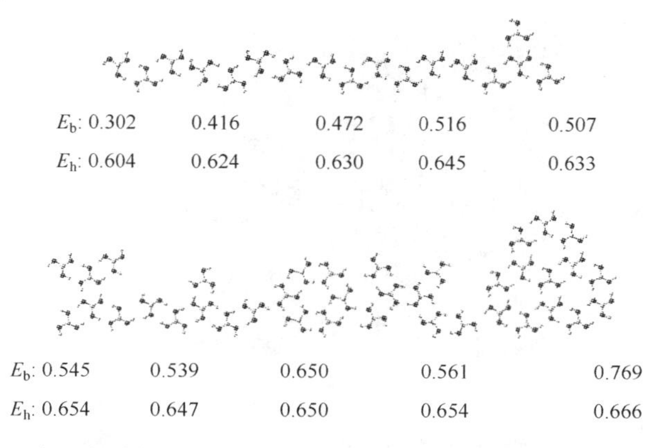

图 6-15　从两个到十三个硼酸分子组成的硼酸簇团中分子间的相互作用

E_b 是 H_3BO_3 分子之间的结合能，E_h 是氢键之间的结合能

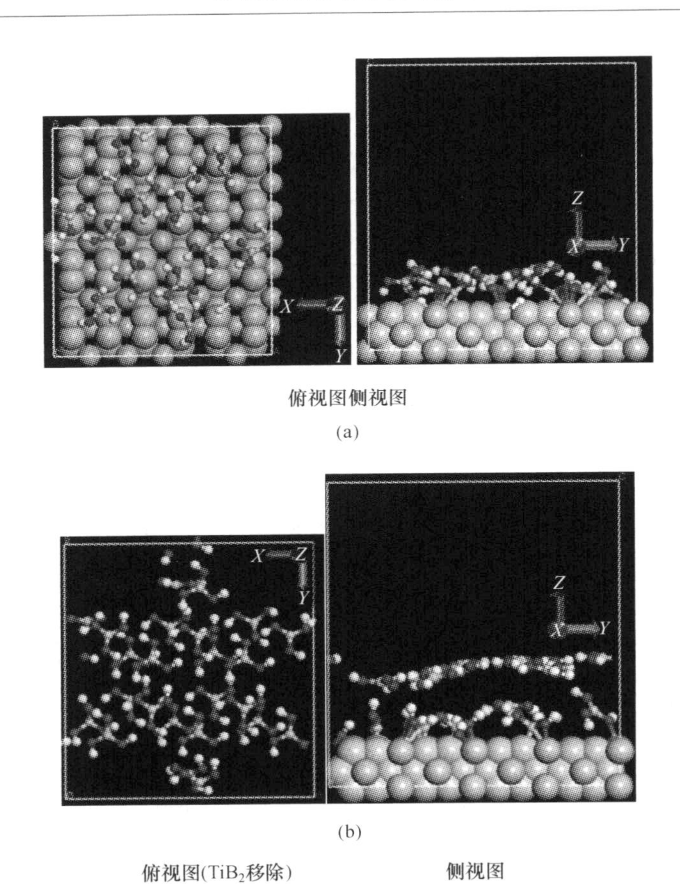

俯视图侧视图

(a)

(b)

俯视图(TiB_2移除)　　　　侧视图

图 6-16　TiB_2(110)面上单层(a)和双层(b)H_3BO_3 的吸附

侧视图

(a)

俯视图侧视图

(b)

图 6-17 TiO_2(110)面上单层(a)和双层(b)H_3BO_3 的吸附

在讨论 H_3BO_3 的自润滑作用之前,选用 12 个硼酸分子进行了有限尺寸的模拟计算,讨论硼酸分子分别在 TiO_2(110)和 TiB_2(110)面上的吸附作用。

单层硼酸分子在 TiB_2(110)晶面上的吸附作用计算结果示于图 6-16(a)。在 TiB_2 与表层的 H_3BO_3 之间,B(TiB_2)-B(H_3BO_3)间距从 1.85Å 变化到 3.10Å,Ti(TiB_2)-B(H_3BO_3)间距从 2.20Å 变化到 2.80Å。硼酸片层与 TiB_2 表面之间的结合能为−53.100eV。

考虑到 H_3BO_3 是多层的,在 TiB_2(110)面上硼酸的双层吸附作用与单层的不同,双层硼酸的吸附作用计算结果示于图 6-16(b)。在 TiB_2 面上的上层硼酸不影响下层硼酸的吸附。这两层 H_3BO_3 之间的平均距离为 3.66Å,下层 H_3BO_3 和 TiB_2 之间的平均距离是 2.55Å。两个硼酸层中氢键的平均距离为 1.68Å。上层硼酸与系统其他部分之间的相互作用能为−0.69eV。如此弱的吸引力和范德华距离(3.66Å)确保了上层 H_3BO_3 与表面 H_3BO_3 之间顺滑。

图 6-17(a)显示出单硼酸层在 TiO_2(110)面上的吸附作用,平面的 H_3BO_3 片层发生了明显的变形。从 B(H_3BO_3)到 O(TiO_2)的距离从 1.49Å 变化到 3.32Å,Ti(TiO_2)与 B(H_3BO_3)之间的距离从 2.59Å 变化到 3.50Å。从 H_3BO_3 片层到 TiO_2 表面的平均距离为 2.05Å。如此强烈的变形来自于 H_3BO_3 对 TiO_2 表面的强化学吸附作用,TiO_2 表面的单层硼酸的吸附能为−70.4eV,这能够明显地体现强化学吸附的性质。尽管如此,硼酸层之间的强氢键(平均氢键距离 1.91Å)作用仍约束着硼酸分子,保持着牢固的网状结构。

在硼酸与 TiO_2 界面上的第二层 H_3BO_3 的吸附作用使得单吸附硼酸层与 TiO_2 之间的平均距离从 2.05Å 拉长到 2.76Å。然而,第一个硼酸层(下层)对 TiO_2 的强黏结性依然存在,如图 6-17(b)所示,下硼酸层网格因上硼酸层的吸附作用而增强,其平均氢键距离为 1.76Å。上层硼酸的平均氢键距离为 1.75Å。两硼酸层之间的距离是 3.41Å,稍短于其吸附在 TiB_2 表面时的距离(3.66Å)。上硼酸层的吸附能是−0.49eV，如此弱的吸引力促进了硼酸片层之间的滑动。

两硼酸片层间相对滑动势能的研究结果如图 6-18 所示。两硼酸片层间的平衡距离位于 3.70Å 处。滑动时施加在硼酸片层上的应力将推动两个硼酸层接近于平衡距离。对硼酸片层相对滑动模拟而言，硼酸片层之间的距离是 3.05Å。在 *OA* 方向上，滑动能量势垒从小到大变化，最大是 0.17eV。另一个方向 *OB*，则需要更高的 0.37eV 的能量来克服势垒。

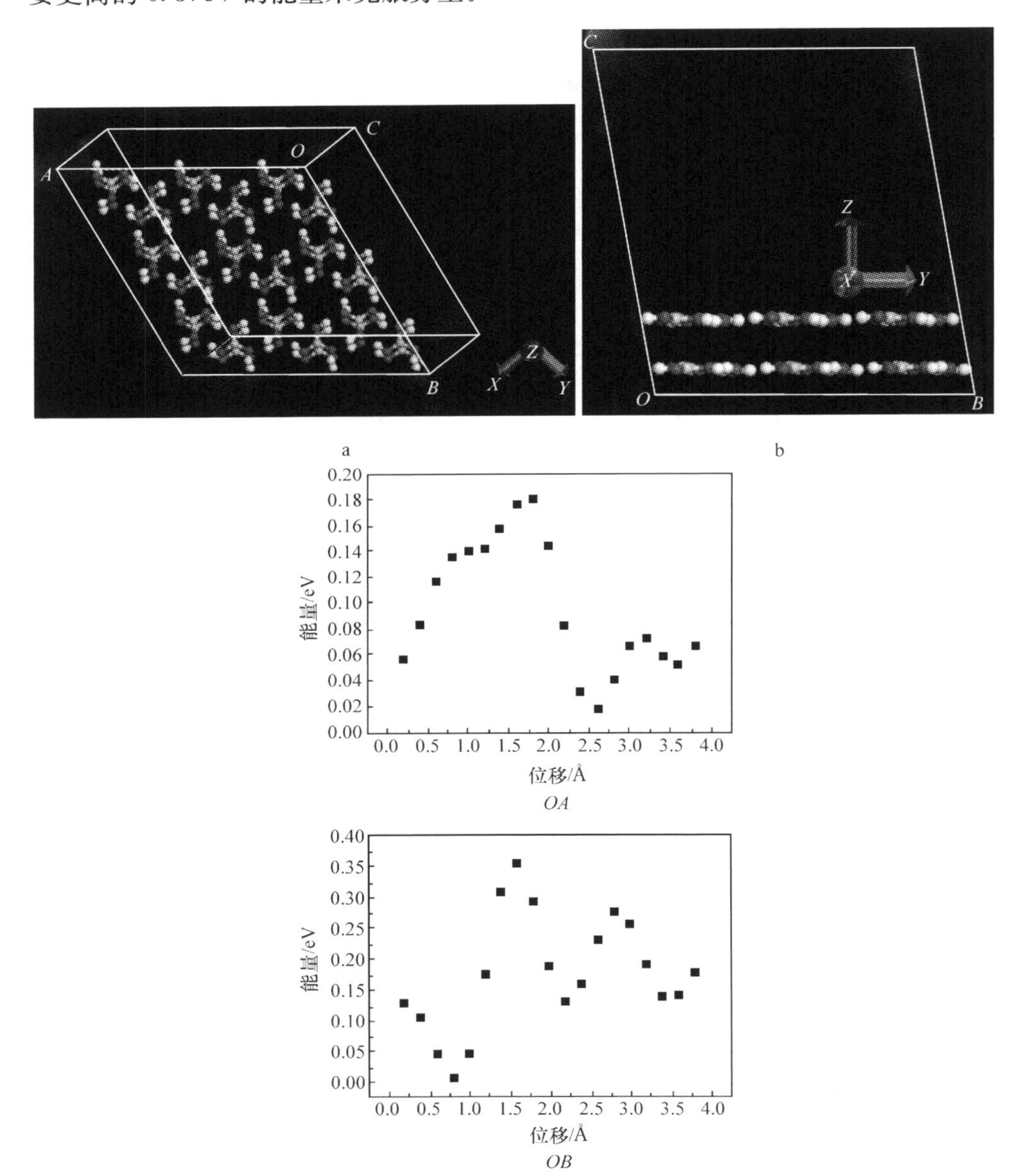

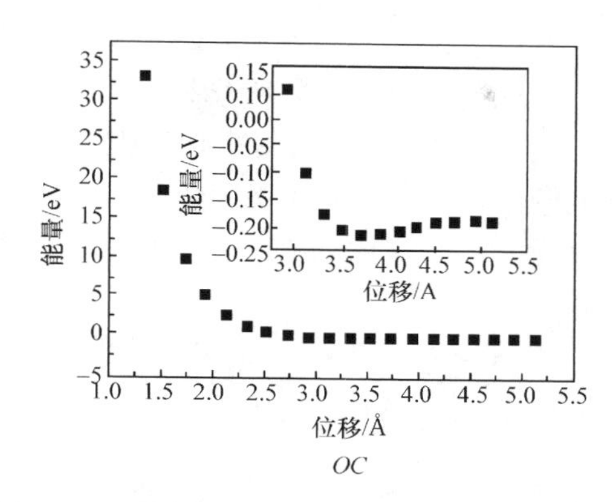

图 6-18　不同滑动方向硼酸片层的相对滑动势能

本书对石墨与硼酸片层的势能进行了对比。两个石墨片层之间沿 *OA* 方向相对滑动的势能为 0.34eV，沿另一方向 *OB* 的滑动势能约为 0.82eV，两方向的势能均大于硼酸片层的相应值。可以认为，H_3BO_3 片层间具有优异的自润滑特性，其摩擦力可以略低于石墨。

总之，在 TiB_2/2024Al 基复合材料表面发生 TiB_2 氧化从而形成硼酸，原子力显微镜表征也证实了在 TiB_2 颗粒表面软纳米薄膜的存在，摩擦力显微镜揭示了 TiB_2 表面侧向摩擦力显著降低，与铝基体相比降低了 24.5 倍。硼酸可以稳定地吸附在 TiB_2 和 TiO_2 表面，保证了膜的稳定性。硼酸片层中的强氢键作用使这个网络有足够的强度而表现出很好的耐磨性。并且，硼酸片层沿着相对运动方向势能很小，这保证了 TiB_2/2024Al 表面硼酸薄膜具有良好润滑性。硼酸通过摩擦化学反应进行自供给，这确保了自润滑循环的实现。

6.5　TiB_2/2024Al 复合材料自润滑临界条件

6.5.1　自润滑条件分析

TiB_2/2024Al 复合材料的自润滑条件受材料因素和环境因素制约。影响摩擦磨损的内部因素包括增强体体积分数、颗粒大小、颗粒形状、氧化层厚度、基体合金的种类等；外部因素包括载荷、速度、表面粗糙度、环境气氛等。

内部因素中颗粒体积分数和尺寸是研究摩擦学首先要考虑的因素。一方面，硬质陶瓷颗粒在摩擦过程中作为有效承载体，减少了表层基体金属的流变，提高了复合材料的耐磨性，随着体积分数增加，材料的磨损率下降是必然的趋势。归纳了 Elsevier、Springer 数据库中 1990～2013 年 23 年间发表的关于 TiB_2/2024Al 复合材料摩擦磨损的相关报道，有如下一些规律。

(1) 体积分数大多较低，为 5%～15%[41~47]；

(2) 随着 TiB_2 体积分数的增加，TiB_2/2024Al 复合材料的耐磨性一般得到提高[45]，但是，原位自生法制备的复合材料，体积分数提高，耐磨性未必提高[42]；

(3) 磨损机制大多为黏着磨损，自润滑现象出现时，磨损机制为氧化磨损[48]；

(4) TiB_2/2024Al 的摩擦系数低于基体铝合金[48]；

(5) TiB_2-Al 之间界面结合牢固，未发现 TiB_2 在摩擦的过程中剥落的现象[41]。

作者的研究[48]发现，体积分数在 30%以上复合材料的摩擦系数均小于 0.2，体积分数为 55%时达到 0.07，满足自润滑条件，如图 6-19(a)所示。

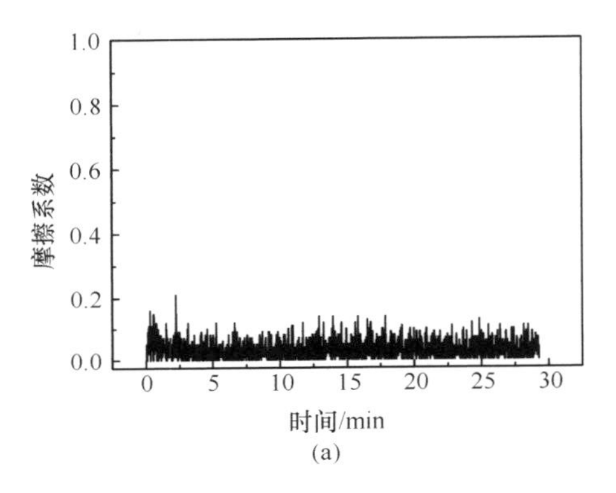

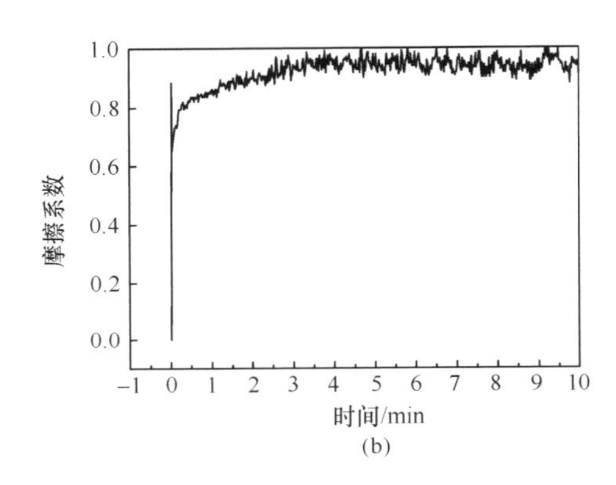

图 6-19　TiB_2/2024Al 复合材料摩擦系数曲线

体积分数：(a) 55%；(b) 15%

但是体积分数为 15%时，TiB_2/2024Al 复合材料的摩擦系数升高为 0.9，发生了黏着磨损。图 6-19(b)是 50g，摩擦速度 1.0m/s 条件下所测试的一个实例。

一般说来，陶瓷材料与金属之间不易黏着，黏着是在金属-金属之间发生的，这里需要考察基体铝合金与对磨盘 GCr15 之间的黏着磨损发生的难易情况。

Al 与 Fe 在液态下完全互溶[49]，按照摩擦的黏着理论，完全互溶的金属之间组成摩擦副，较容易产生黏着，摩擦系数增大，磨损率增高，需要有足够的 H_3BO_3 形成连续的润滑膜将基体铝合金与 GCr15 分隔开。铝合金基体在表面裸露的概率越高，产生 Al 与 Fe 的直接接触的概率就越高，越容易发生黏着磨损，所以增加复合材料颗粒的体积分数或者减小颗粒之间的间距(如减小颗粒尺寸)可以避免黏着磨损的发生。

综合以上分析，进行 TiB_2/2024Al 颗粒增强复合材料自润滑特性设计时，需要使 TiB_2 颗粒间距不大于某一数值，即要保证一个最小的体积分数——临界体积分数。本书试图从 TiO_2 和 B_2O_3 覆盖住基体铝合金时对应的面积分数来推出对应的临界体积分数。

6.5.2　临界体积分数计算过程

任何理论推导计算都必须进行一定的假设，因为实际情况往往很复杂，未知条件过多而使计算无法进行，但假设条件也不能过多，否则无法准确反映真实情况，因此假设条件要合理。对于临界体积分数的计算，进行如下假设。

（1）颗粒均匀分布，氧化层厚度均匀。对于 TiB_2/2024Al 颗粒增强复合材料，颗粒平均尺寸为高斯分布，取其平均值，为 2μm。氧化层厚度依据透射电子显微镜照片，假设均匀包裹在颗粒表面，层厚度为 20～30nm，假设颗粒分布均匀，间距相等。

（2）表面光滑、平直。实际情况是，表面存在粗糙度，相对于微米级的颗粒尺寸，微观上是凸凹不平的，这里假设表面光滑、平整，忽略表面粗糙度是为了计算方便。

（3）稳定摩擦时，在切向力作用下，TiB_2 的氧化物均匀地平铺在材料的表面。此条假设忽略了摩擦时可能发生的氧化物堆积的情况，即一旦发生氧化反应，氧化物立刻均匀平铺在材料的表面。

（4）忽略摩擦时氧化物的产生/消耗过程。此条假设认为摩擦学体系已经达到动态平衡，研究的是一种平衡条件下的摩擦磨损过程，尽管摩擦磨损是一个非常典型的耗散过程，不可能达到平衡。

经过前面的组织分析及假设条件，临界体积分数的计算等价于计算 TiB_2 的氧化物 TiO_2 和 B_2O_3 对基体铝合金的覆盖率问题。参考了金属氧化的理论，对于 TiB_2/2024Al 复合材料中 B_2O_3 对 TiB_2 的覆盖率计算如下：

$$a\mathrm{M}+b/2\mathrm{O}_2 = \mathrm{M}_a\mathrm{O}_b \tag{6-5}$$

$$S=\frac{M_{\mathrm{oxi}}\rho_{\mathrm{m}}}{aA_{\mathrm{m}}\rho_{\mathrm{oxi}}} \tag{6-6}$$

式中，S 为覆盖率；ρ 为密度；m 为金属；oxi 为氧化物；A_{m} 为金属原子的摩尔质量；M_{oxi}为氧化物分子的摩尔质量；a 为一个氧化物分子中所含金属原子的个数。

按照上述计算方法需要知道各种材料的密度、摩尔质量。对于 TiB_2/2024Al-GCr15 组成摩擦体系，相关的化学反应方程式如反应式(6-7)和式(6-8)所示，相关参数如表 6-4 所示。

$$\mathrm{TiB_2}+5/2\mathrm{O_2} = \mathrm{TiO_2}+\mathrm{B_2O_3} \tag{6-7}$$

$\Delta G=-1567.34\mathrm{kJ/mol}(600℃)$

$\Delta G=-1529.49\mathrm{kJ/mol}(700℃)$

$$\mathrm{B_2O_3}+3\mathrm{H_2O(g)} = 2\mathrm{H_3BO_3} \tag{6-8}$$

$\Delta G=-56.93\mathrm{kJ/mol}(25℃)$

$\Delta G=132.64\mathrm{kJ/mol}(600℃)$

$\Delta G = 159.50\text{kJ/mol}(700℃)$

表 6-4　覆盖率计算所需的参数

物质	密度/(g/cm³)	摩尔质量
TiB_2	4.50	69.52
B_2O_3	1.8～3.146	69.62
H_3BO_3	1.44	61.83
TiO_2(金红石)	4.23	79.90

表 6-4 中各种物质的摩尔质量根据元素周期表很容易得到，但是对于密度的数值选取做了如下考虑：对于 B_2O_3 的密度来说，液态为 $2.46g/cm^3$，三方晶系为 $2.55g/cm^3$，单斜晶系为 $3.11～3.146g/cm^3$，而无定型为 $1.80～1.84g/cm^3$。通常无定型态为主要存在形态。在摩擦磨损过程中，接触界面存在温度的急冷急热，易于产生无定型结构，对磨损表面采用 XPS 分析时几种晶体结构的 B_2O_3 在 XPS 上的谱峰重合，无法进一步地甄别，这里计算时就将几种可能的情况均考虑进去计算出覆盖率的范围。对于 TiO_2，常见的有金红石、锐钛矿、钣钛矿三种结构。XPS 标定的结果为金红石型，因此 TiO_2 的晶体结构得以确认，取其理论密度 $4.23g/cm^3$。

综合以上分析，对于反应方程式(6-7)和(6-8)，覆盖率计算结果如下：

$$S_{B_2O_3/TiB_2}\% = \frac{M_{oxi}\rho_m}{aA_m\rho_{oxi}} = 1.432～2.476 \tag{6-9}$$

$$S_{H_3BO_3/B_2O_3}\% = \frac{M_{oxi}\rho_m}{aA_m\rho_{oxi}} = 2.220～3.880 \tag{6-10}$$

$$S_{TiO_2/TiB_2}\% = \frac{M_{oxi}\rho_m}{aA_m\rho_{oxi}} = \frac{79.90\times4.5}{69.52\times4.23} = 1.222 \tag{6-11}$$

式中，覆盖率 S 的下脚标，B_2O_3/TiB_2 为 B_2O_3 对 TiB_2 为 H_3BO_3/B_2O_3，H_3BO_3 对 B_2O_3；TiO_2/TiB_2 为 TiO_2 对 TiB_2。

在原始表面没生成 H_3BO_3 之前覆盖 TiB_2 的主要是 B_2O_3 和 TiO_2(事实上，复合材料只要在大气环境下，机械加工表面生成若干 H_3BO_3 是必然的)。

TiO_2 和 B_2O_3 能够覆盖基体铝合金有两种理想情况：

(1) 在摩擦力作用下，每个 TiB_2 颗粒产生的 B_2O_3 和 TiO_2 膜刚好覆盖住其表面的 Al 合金，此时计算出的数值就是理论上的使 TiB_2/2024Al 复合材料避免黏着磨损的最低体积分数。设该数值为 V_1，截面示意图如图 6-20 所示。

$$V_1 = \frac{1}{S_{B_2O_3/TiB_2} + S_{TiO_2/TiB_2}} = \frac{1}{1+1.432～2.476+1.222} = 21.2\%～27.4\% \tag{6-12}$$

不难得出，V_1 的值为 21.2%～27.4%，对 B_2O_3 的密度取平均值(假设 B_2O_3

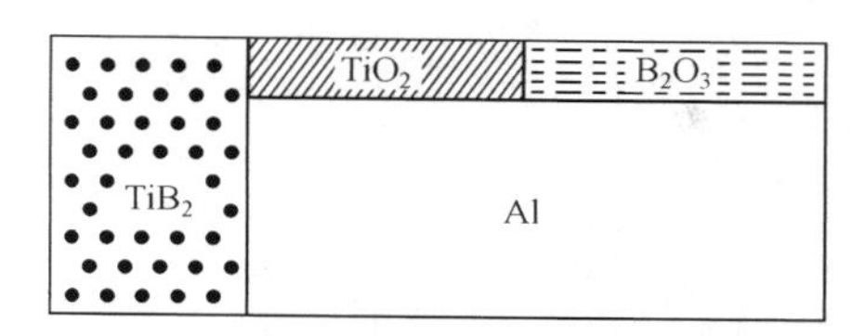

图 6-20　非黏着磨损临界体积分数对应氧化物覆盖示意图

的各种同素异构体含量相同)，得到 V_1 的平均值，结果 $V_1=24.3\%$。该数值为 TiB_2/2024Al 复合材料-GCr15 非黏着磨损的最低体积分数，低于该数值不会产生自润滑现象。

(2) 在摩擦力作用下，TiB_2 氧化产生的 TiO_2 和 B_2O_3 同时覆盖住 TiB_2 和基体铝合金，截面示意图如图 6-21 所示。这种条件下可以持续产生自润滑现象，设此时的 TiB_2 体积分数为 V_2。

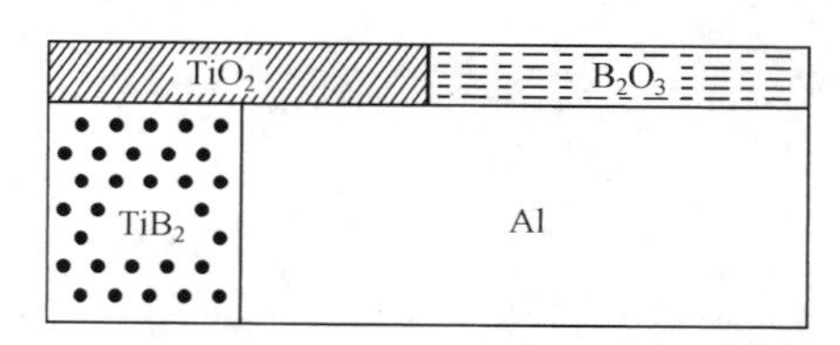

图 6-21　自润滑磨损临界体积分数对应氧化物覆盖示意图

$$V_2=\frac{1}{S_{B_2O_3/TiB_2}+S_{TiO_2/TiB_2}}=\frac{1}{1.432\sim2.476+1.293}=26.5\%\sim36.7\% \quad (6\text{-}13)$$

计算得出，V_2 为 26.5%～36.7%，对 V_2 取平均值，结果为 $V_2=31.6\%$。从图 6-21 可以看出，在 V_2 的情况下，复合材料整体受到“保护”，避免了黏着磨损的产生。实验表明，当体积分数继续增大，带来的是氧化物层的加厚，对摩擦状态无影响。因此，V_2 为材料具备自润滑特性的最低体积分数的临界值。

当体积分数处于 V_1 和 V_2 之间时，黏着磨损受到抑制，但是由于 TiO_2 和 B_2O_3 并未完全覆盖住增强体 TiB_2，摩擦表面易擦伤，增大摩擦系数，自润滑特性不够稳定。

综合各种体积分数的复合材料与摩擦系数、磨损率、磨损表面的关系，结果绘制于图 6-22，相对应的摩擦表面形貌示于图 6-23。

从图 6-22 所示的摩擦系数与临界体积分数关系示意图可以看出，计算结果与实验结果相吻合，存在着黏着磨损向自润滑转变的临界体积分数 V_1 和 V_2。当前大多数文献报道的 TiB_2/2024Al 复合材料均集中在小于 V_1 范围，因此均未发现自润滑现象。30%体积分数处于过渡区，摩擦系数正好为 0.2，而 45%和 55%体积分数复合材料的摩擦系数均小于 0.2，几乎相同，说明体积分数大于 V_2 时，体积分数已经对材料的摩擦系数影响甚微。这也验证了 V_2 为自润滑体积分数，当体

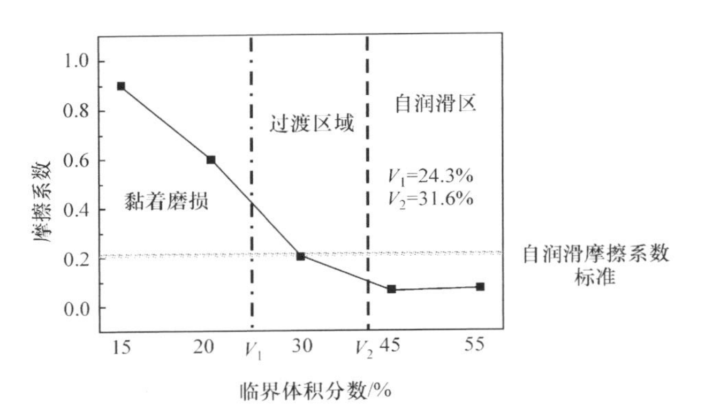

图 6-22　TiB_2/2024Al 复合材料摩擦系数与临界体积分数关系示意图

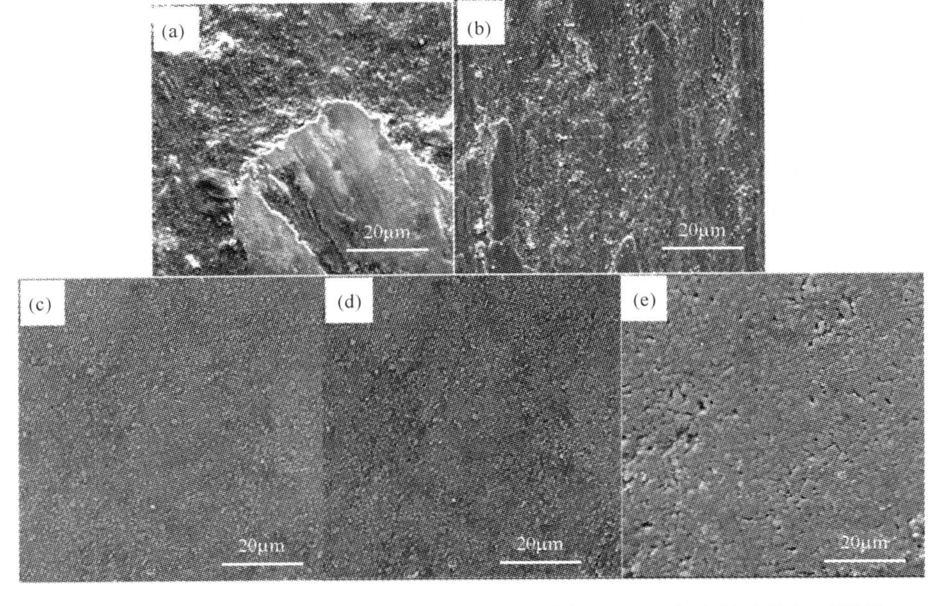

图 6-23　不同体积分数 TiB_2/2024Al 复合材料销与 GCr15 盘磨损后的表面形貌

体积分数：(a) 15%；(b) 20%；(c) 30% ；(d) 45%；(e) 55%

载荷 50g，摩擦速度 1m/s

积分数大于 V_2 时，继续增大体积分数对摩擦系数的降低已经无意义。图 6-23 为不同体积分数下 TiB_2/2024Al 复合材料销与 GCr15 盘磨损后的表面形貌。图 6-23(a)和图 6-23(b)为典型的黏着磨损，而图 6-23(c)～(e)则为氧化磨损，磨损机制的变化随着体积分数发生了突变，也带来了摩擦系数、磨损率的巨大差异。

这里有必要提醒的是，任何的物理、化学现象均是随着实验条件变化而变化的。大量实验表明，TiB_2/2024Al复合材料与GCr15磨盘的摩擦系数与载荷、滑动速度、摩擦副粗糙度等条件较为敏感，因为这些条件将直接破坏柔弱的表面产物层的产额和连续性。上述理论分析结果在载荷50g，滑动速度1.0～2.2m/s，表面粗糙度R_a=0.023等条件下均得到了实验结果的印证。而在其他条件下自润滑特性会出现波动。载荷过大导致摩擦系数增加，与润滑剂H_3BO_3的抗压强度有关；滑动速度过低时摩擦系数增加可能与B_2O_3生成H_3BO_3的氧化条件和接触点温度有关，其更细致的机理解释还有待于以后的深入研究。

参考文献

[1] 杨威锋. 固体自润滑材料及其研究趋势. 润滑与密封，2007，32(12)：118～120.

[2] GB/T 17754—1999. 摩擦学术语. 国家质量技术监督局，1999.

[3] Bhushan B. Modern Tribology Handbook. Two Volume Set. Abingdon：Taylor & Francis，2010：738，753，1451.

[4] 栾恩杰，汪亚卫. 国防科技名词大典. 北京：航空工业出版社，2002：487.

[5] 李世林. 粉末冶金法制备航空青铜含油自润滑轴承. 宇航材料工艺，2011，03：74～77.

[6] 王显方，黄勇. 含油自润滑罗拉轴承在细纱机上的应用. 棉纺织技术，2009，06：361～363.

[7] 王显方，潘红玮，黄勇. 含油自润滑轴承在纺纱机械上的应用探讨. 纺织器材，2007，06：84～85.

[8] 王显方. 铜基含油自润滑罗拉轴承使用效果分析. 纺织器材，2011，06：26～29.

[9] 宁莉萍. 铜和石墨对铁基含油自润滑复合材料机械及摩擦学性能的影响. 摩擦学学报，2001，05：335～339.

[10] JB/T 10311—2001. 金属基镶嵌型固体自润滑轴承(衬)技术条件. 行业标准-机械，2001.

[11] 孙志华. 高性能铁基粉末冶金含油自润滑轴承及其生产工艺：中国，CN102062149A. 2011-05-18.

[12] 姚萍屏，熊拥军. 一种铜基粉末冶金自润滑耐磨材料及其制备工艺：中国，CN103555989A. 2014-02-05.

[13] 杨军，刘维民，马吉强，等. 一种高强度镍基高温自润滑复合材料的制备方法：中国，103540780A. 2014-01-29.

[14] 陈汇龙，彭正东，林厚强. 一种金属基镶嵌式弹性自润滑滑动轴承：中国，CN101858385A. 2010-10-13.

[15] 叶素娟，吴文涛，谭锋，等. 密封用微孔含油自润滑PTFE材料及其制备方法与应用：中国，CN102585406A. 2012-07-18.

[16] 王浪平，李磊. 一种自蔓延方法制备NiAl系金属间化合物复合自润滑涂层的方法. CN105290406A. 2016-02-03.

[17] 王黎钦，应丽霞，古乐，等. 固体自润滑复合材料研究进展及其制备技术发展趋势. 机械工程师，2002，09：6～8.

[18] 邓建新. 自润滑刀具及其切削加工. 北京:科学出版社,2010:4,20～22,111.
[19] 石森森. 固体润滑材料. 北京:化学工业出版社,2000:32～47.
[20] 颜志光. 润滑材料与润滑技术. 北京:中国石化出版社,2000.
[21] 韩凤麟,贾成厂. 烧结金属含油轴承-原理、设计、制造与应用. 北京:化学工业出版社,2004:26～27,40～41.
[22] Munro R G. Material properties of titanium diboride. Journal of Research of the National Institute of Standards and Technology,2000,(15):709～720.
[23] 田首夫. TiB_2/2024Al 复合材料自润滑机理研究. 哈尔滨:哈尔滨工业大学博士论文,2013.
[24] 邓建新,艾兴,李兆前. Al_2O_3/TiB_2 陶瓷材料的高温摩擦磨损特性研究. 硅酸盐学报,1996,06:42～47.
[25] Zhang L, Gan G S, Yang B. Microstructure and property measurements on in situ TiB_2/70Si-Al composite for electronic packaging applications. Materials & Design, 2012, 36: 177～181.
[26] Zhao M, Wu G H, Jiang L T, et al. Friction and wear properties of TiB_{2P}/Al composite. Compos Part A-Applied Science and Manufacturing,2006,37:1916～1921.
[27] Liu Z W, Han Q Y, Li J G, et al. Effect of ultrasonic vibration on microstructural evolution of the reinforcements and degassing of in situ TiB_{2p}/Al-12Si-4Cu composites. Journal of Materials Processing Technology,2012,212(2):365～371.
[28] Huang W M, Zhou C, Liu B, et al. Improvement in the corrosion resistance of TiB_2/A356 composite by molten-salt electrodeposition and anodization. Surface and Coatings Technology,2012,206(23):4988～4991.
[29] Rhee S. Wetting of ceramics by liquid aluminum. Journal of the American Ceramic Society, 1970,53(7):386～389.
[30] Eustathopoulos N, Nicholas M G, Drevet B. Wettability at high temperatures. Oxford: Pergamon,1999,3:311 .
[31] Mitra R, Fine W A C M E, Weertman J R. Interfaces in as-extruded XD Al/TiC and Al/TiB_2 metal matrix composites. Journal of Materials Research,1993,8:2380～92.
[32] Erdemir A ,Bindal C, Fenske G R. Lubricated boride surfaces: US,5840132. 1998-05-05.
[33] 姜龙涛,武高辉,陈国钦,等. 一种自润滑铝基复合材料及其制备方法:中国,CN101328553. 2008-06-20.
[34] Chase M W. JANAF Thermochemical Tables. American Institute of Physics,1986-06-01.
[35] Woydt M. Tribological characteristics of polycrystalline Magneli-type titanium dioxides. Tribology Letters,2000,8:117～130.
[36] Gardos M N. Magnéli phases of anion-deficient rutile as lubricious oxides, Part I. Tribological behavior of single-crystal and polycrystalline rutile (Ti_nO_{2n-1}). Tribology Letters, 2000, 8:65～78.
[37] Gardos M N. Magnéli phases of anion-deficient rutile as lubricious oxides. Part II. Tribological behavior of Cu-doped polycrystalline rutile (Ti_nO_{2n-1}). Tribology Letters, 2000, 8:

79～96.

[38] 田晓宁,赵玉宝,秦军. 单斜相态 TiO_2(B)的制备和应用研究进展. 应用化工,2009,38:588～591.

[39] Erdemir A. Tribological properties of boric acid and boric-acid-forming surfaces. I. Crystal chemistry and mechanism of self-lubrication of boric acid. Lubrication Engineering,1991,47:168～172.

[40] Zhou X,Jiang L T,Lei S B,et al. Micromechanism in self-lubrication of TiB_2/2024Al composite. Applied Materials & Interfaces, 2015,7:12688～12694.

[41] Caracostas C A,Chiou W A,Fine M E,et al. Wear mechanisms during lubricated sliding of XD 2024-Al/TiB_2 metal matrix composites against steel. Scripta Metallurgica et Materialla,1992,27:167～172.

[42] Tee K L,Lu L,Lai M O. Wear performance of in-situ Al-TiB_2 composite. Wear,2000,240:59～64.

[43] Cui G M,Zeng J M,Tang H Q,et al. Preparation of TiB_{2p}/Al-10Sn composite and study of friction-wear properties. Foundry Technology,2006,27:337～340.

[44] Kumar S,Chakraborty M. Tensile and wear behaviour of in situ Al-7Si/TiB_2 particulate composites. Wear,2008,265:134～142.

[45] Sivaprasad K,Babu S P K. Study on abrasive and erosive wear behaviour of Al 6063/TiB_2 in situ composites. Materials Science & Engineering A,2008,498(s 1-2):495～500.

[46] Kumar S,Subramanya Sarma V,Murty B. Effect of temperature on the wear behavior of Al-7Si-TiB_2 in-situ composites. Metallurgical and Materials Transactions A,2009,40(1):223～231.

[47] Zhao R F,Liu Z X,Yang M S,et al. Effect of Mg on microstructures and mechanical properties of in-situ TiB_2/2024Al-7Si composite. Chinese Journal of Nonferrous Metals,2009,19(9):1548～1554.

[48] Zhao M,Wu G H,Jiang L T,et al. Friction and wear properties of TiB_2/2024Al composite. Composites Part A:Applied Science and Manufacturing,2006,37(11):1916～1921.

[49] ASM Handbook. volume 18 Friction,Lubrication,and Wear Technology. 19.

第7章　金属基复合材料固溶体界面设计与应用

7.1 引　　言

液态法制备金属基复合材料的过程必然会有在基体合金熔点以上停留的高温阶段，因此基体与增强体之间容易产生不同程度的界面反应、溶解、扩散、元素偏聚等观象，从而形成不同微观结构的界面。界面微观结构和性能对金属基复合材料的性能起着重要的影响，深入研究和掌握界面反应和界面对材料性能的影响规律，有效地控制界面的结构和性能，是获得高性能金属基复合材料的关键[1~5]。

金属基复合材料性能与功能设计内容中，界面有着特殊的地位，长久以来界面研究一直都是金属基复合材料研究的核心内容。四十余年来国内外学者在金属基复合材料的有效制备方法、金属基体与增强体之间的界面反应规律、控制界面反应途径、界面微结构、界面结构性能对复合材料性能的影响、界面结构与制备工艺过程的关系等方面进行了大量的研究工作，也取得了许多重要成果。如在碳纤维增强铝基复合材料中，常用 CVD、PVD、化学镀、电镀的方法来制备金属涂层和非金属涂层进行界面改性[6]；或在碳纤维表面涂覆 SiC 涂层来提高纤维的抗氧化性能，改善纤维与熔铝的润湿性[7]；或者采用合金化的方法来抑制有害的界面反应，改善基体铝合金与增强体碳纤维之间的润湿情况[8]。在碳纤维增强镁合金(含铝)复合材料中还常采用溶胶-凝胶法将碳纤维浸渍在氧化物溶胶熔液中，最终在纤维表面得到非晶的 SiO_2 和 Al_2O_3 涂层，来阻止碳纤维与基体镁铝合金中的 Al 元素发生 Al_4C_3 界面反应[9~11]。

金属基复合材料发展的初期阶段，1963 年美国出现了钨丝增强铜复合材料的研究报道[12]，我国的金属基复合材料研究最早的论文也是钨丝增强铜复合材料，限于制备手段，最初是用胶黏剂将钨丝在铜箔上定向排列然后再热压黏合的[13]。钨铜复合材料(钨渗铜)在 20 世纪 30 年代便有所报道[14]，是以高熔点、高硬度的钨粉和高塑性、高导电、高导热的铜为原材料制备的两相复合材料。它具有高的导电导热性、良好的耐电弧侵蚀性、抗熔焊性、低的膨胀系数、较高的强度和硬度等优点，广泛用于真空开关电器、电加工电极、电子封装、火箭导弹的喷嘴喉衬及燃气舵等[15,16]。

钨的重要特性是高密度、高熔点、高耐磨性，是用于高动能弹体增强体的最佳选择。动能弹对材料的基本要求是高侵彻性能(亦称贯穿力)，是指弹头钻入或穿透物体的能力，通常以侵彻一定物体的深度来表示。侵彻性能主要取决于弹头质量、弹头动能的大小。侵彻性能是考察穿甲弹、钻地弹和动能弹的主要指标。钻地弹在侵入过程中长度方向会产生严重的磨损、剪切消耗，因此除力学性能的要求外，还需要很大的长径比。钨合金是优异的高侵彻材料，但由于其采用的是粉末冶金工艺方法制备，从工艺上限制了其长度。常规的高强度合金钢可以轧制成长径比很高的棒材，但是其密度（7～8g/cm^3）较低，限制了弹体的动能，进而会降低侵彻深度和毁伤效果。

复合材料技术的出现为高侵彻性能的设计提供了新的思路。文献[17]报道了采用钨纤维与金属复合做成复合材料弹芯的研究结果，该复合材料使弹芯密度、强度以及延性有了很大的提高，同时在侵彻过程中具有自锐行为又不具放射性危害。有研究报道了钨纤维增强铜复合材料[18]，但钨和铜虽都是金属，可是在常温下互不固溶，润湿性也较差，两者复合后制成的材料界面结合强度很低，不能传递大的静载荷和动载荷，这使得钨纤维的高强度特性发挥不出来。因此如何提高 W-Cu 的界面结合强度，是获得高性能钨铜复合材料动能棒弹体的关键。

金属基复合材料的界面种类有几种，包括既不发生反应也不发生扩散的机械结合界面，如 W-Cu、低温制备的 Al-SiC 等；还有以基体和增强体产生溶解扩散现象而形成的界面，如 CuCr-W、Ni-C 等；以及发生化学反应而结合的界面，如 CuTi-W、C-Al 等。通常金属基复合材料的界面生成物基本是金属间化合物，而金属间化合物普遍是脆性的，会降低材料的强度和塑性作者设想，在增绝体与基体间能够形成固溶体界面是最优的界面设计方案。因为，有固溶体界面介于基体和增强体之间的话，可以对双方都润湿，解决了润湿性不好的问题；金属固溶体本身具有高的强度和塑性，因此不仅可以有效地传递应力而且还可以有效地传递应变，从而发挥出增强体的最大强度和基体的塑性。

本章将重点介绍作者在钨丝增强铜复合材料研究中，对 W-Cu 界面改性的工作体会[19～31]。本章提到的复合材料是采用真空压力浸渗专利技术[32]制备的，这种制备方法保证了复合材料在浸渗保温之后能够较快地冷却不至于反应过度。

7.2　材料设计目标分析

动能弹在超高速撞击过程中，弹体与靶材相撞击的局部区域处于高温、高压和高应变率状态，同时，弹体着靶瞬间实际上不能保证受力方向与细长棒状的弹体同轴，因此会带来很高的弯曲应力，因此，动能弹的材料最少应满足以下三点要求。

1）高密度

高速侵彻时的侵彻能力主要取决于其打击目标时的动能（1/2）mv^2 的大小，这时弹体的质量和初速度起到了决定的作用。在初速度和弹体尺寸相同的条件下，为了提高弹体的侵彻能力，就需要采用高密度的材料来提高弹体质量，以获得更高的侵彻动能。

2）高的动态力学性能和静态力学性能

穿甲弹、动能弹和钻地弹等武器，在打击目标的时候必然遭受高速载荷的冲击或碰撞，细长棒状的弹体轴向与撞击方向难以保证同轴，因此要求弹体具备高的弯曲强度。在高速载荷的冲击下，材料的动态响应行为和静态响应差别很大，材料只有高的静载荷强度还满足不了动能弹的性能要求，还应具备高的动态力学性能，这样才可以保证材料在遭受强载荷冲击时不发生低应力破坏，所以材料的动态力学性能成为材料性能设计的重要因素。

3）良好的自锐性

当钻地弹超高速侵彻目标时，为了使弹体具有高的侵彻性能，要求侵彻过程中，弹头应始终保持尖头状，以减小侵彻阻力。这就要求弹体材料具有良好的自锐性，即弹头呈现层状剥落并始终保持尖锐，这就要求棒状材料的损耗模式不是局部墩粗变形，而是逐次磨损、剥离，保持端部尖锐。

7.3 材料性能设计的主要考虑

利用复合材料所特有的复合效应进行优化设计，可以产生原组成材料所不具备的特殊性能。复合材料的力学性能主要源于增强体以及增强体与基体的连接方式（界面结合）。钨是传统的动能材料，原子序数是 74，为体心立方结构，密度为 19.3g/cm^3，熔点为 3410℃，沸点为 5927℃。钨纤维是由钨杆在高温下经过多次拉拔而成的，拉拔后钨纤维的内部组织细化，得到沿钨纤维轴向排布的纤维组织，拉拔的道次越多，纤维组织的长径比越大，钨纤维的力学性能就越高，表 7-1 给出了经不同拉拔道次（不同直径）的钨纤维的力学性能。由于钨纤维具有高密度、高熔点、优异的力学性能，因此非常适合用于制备大尺寸、高强度的弹体。美国加利福尼亚研究所已经成功研制出钨纤维增强锆基非晶合金复合材料[33]，利用钨纤维的高强度和高密度，同时也借助锆非晶材料的高强度和自锐性特点使复合材料获得了高密度和优秀的动态力学性能。所以，钨纤维是复合材料增强体的首选，而且在满足成型等工艺条件下尽量选用直径更细的钨纤维。

表 7-1　钨纤维直径与钨纤维强度之间的关系[34]

钨纤维直径/mm	1.00	0.50	0.25	0.10
拉伸强度/MPa	1850	2070	2550	3150

对于动能棒的特殊性能要求，基体材料应该具有高密度、与增强体界面强结合、同时具备良好的液态成型性能以制备大长径比的棒材。从元素周期表上不难发现，Cu 是最佳的基线合金选择。选择 Cu 做基体，界面问题是首先要考虑的问题。从 W-Cu 相图（图 7-1）中可以看出，W-Cu 在高温下也不发生固溶，没经过改性的 W-Cu 界面结合属于机械结合，是一种“假界面”，二者依靠机械摩擦力传递载

荷界面结合强度可能过低。当承受载荷时，如果基体通过界面传递的载荷超过了机械摩擦力，界面将会滑动，直接导致材料低应力下失效破坏。如何增强 W-Cu 的界面结合强度成为材料设计与制备的核心问题。

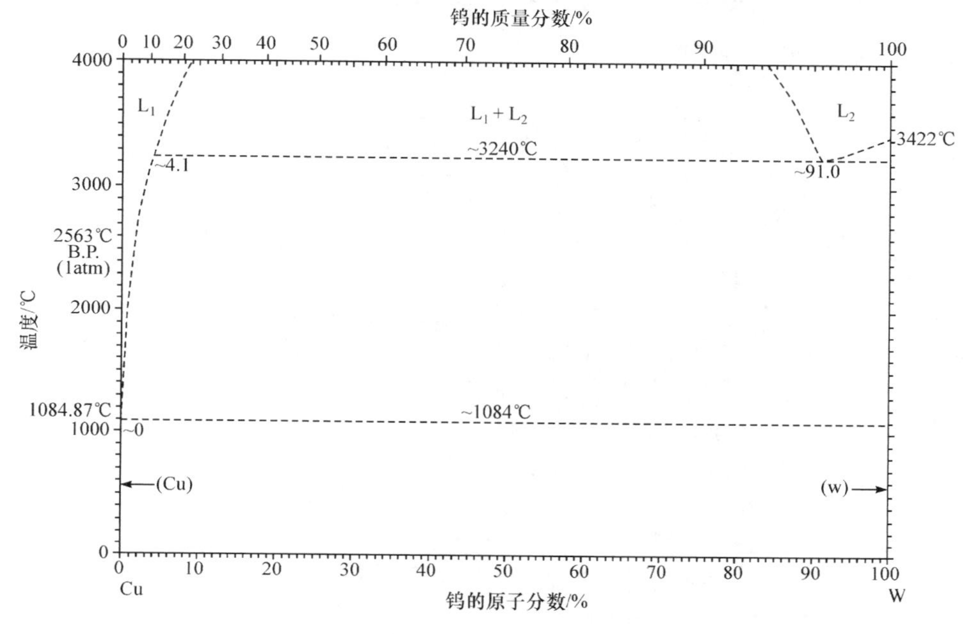

图 7-1　W-Cu 相图[40]

研究者一般从以下三个方面着手来提高复合材料的界面性能。

1）增强体的表面涂层

钨纤维或钨颗粒表面改性是人们为了解决钨与铜界面问题研究最多的一种思路[35～37]，但至今仍未有一种既改善润湿、阻止反应，又工艺简单、容易实现的钨纤维表面改性方法。

2）金属基体合金化

基体合金化是一种简单容易实现的方法。研究发现，Co、Ni、Pd、Fe 等金属元素能够改善钨与铜之间的润湿性，会在烧结的过程中形成扩散型界面，进而提高钨铜复合材料界面的润湿性。但同时也由于加入的元素会和基体或钨纤维反应，形成聚集的脆性相和界面反应产物脆性层，造成界面强度下降。因此如何控制加入合金元素种类以获得强界面反应，是保证基体合金化成功的关键。

3）优化制备工艺

在基体合金成分确定之后，界面反应程度主要取决于制备方法和工艺参数，因此优化和严格控制工艺参数是优化界面结构和控制界面反应的重要途径。由于基体和增强体的化学活性随温度升高而增加，反应更激烈，因此在制备方法和工艺参数的选择上应首先考虑制备温度、高温停留时间和冷却速度。在确保材料复合完好的情况下，制备温度应尽可能低，复合过程和复合后在高温下保持时间应尽可能短，同时在高于界面反应温度时冷却速度应尽可能快，而低于界面反应温度时应减小冷却速度，以免造成大的残余应力，影响材料性能。其他工艺参数如压力、气氛等也不可忽视，需综合考虑[38,39]。

7.4　钨纤维增强铜基复合材料界面的设计

在复合材料的设计和制备过程中，增强体与基体合金种类、材料制备方法及工艺参数的选择都是多种多样的，同时这些因素又相互作用、相互影响，并共同决定复合材料的界面结构。基体和增强体之间的界面结合情况受到包括界面及其产物的形状、尺寸、成分、结构、增强体的种类和制备工艺等因素的共同影响。界面问题就是通过界面成分与结构优化，控制不良界面反应，从而获得能够有效传递载荷、调节应力分布、阻止裂纹扩展的稳定界面结构。按界面反应种类和程度的不同，可将其分为以下几种类型：

(1) 改善增强基体与增强体浸润性的界面；

(2) 发生有益界面反应，增强体性能不下降并形成的强界面结合；

(3) 发生特殊的界面反应，使材料获得新的功能；

(4) 发生有害界面反应，生成脆性界面反应产物，造成纤维严重损伤，在制备金属基复合材料过程中，应严格避免有害界面反应的发生。

对于通常的金属基复合材料，加入的合金元素首要考虑的是润湿行为，因为基体合金和增强体之间的润湿性是保障复合材料制备工艺性的关键因素；同时又要避免界面处发生过度的界面反应，因为过度的界面反应往往会损失增强体强度，导致复合材料在低应力下失效。对于 W-Cu 这一类金属纤维增强金属基复合材料，应避免界面不发生金属间化合物反应，因为金属间化合物通常都是脆性的，不利于基体与纤维之间的载荷传递。金属与金属可以形成固溶体，而固溶体通过固溶强化的作用可以获得较高的强度同时保持较高的塑性，将固溶强化的思路用于界面产物的设计，若生成固溶体界面，有希望得到界面相的塑性匹配；更为重要的是固溶体的功能是，一面与钨固溶，另一面与铜固溶，这就将钨、铜这两个互不相容的相桥接起来了，也就自然解决了浸润性的问题。如何找到合适的固溶体呢？可以用第一性原理进行计算，但较复杂，简单的方法是借助相图分析，在没有三元、四元相图的情况下，利用二元相图可以作指导性的判断。

图 7-2 给出了 W-Fe、W-Ni 和 Cu-Fe、Cu-Ni 四组二元合金相图。可以看出，Ni 满足同时与 W 和 Cu 固溶的条件；Fe 也可以部分满足，只是室温下与 W 的溶解度小一些，但这不影响润湿性的改善；因此选择 Ni、Fe 作为合金成分是有可能获得固溶体界面的。同时针对动能棒的高强度要求，还必须考虑基体 Cu 合金的强度问题。表 7-2 给出了几种铜合金的力学性能及其主要合金含量，其中包括含

有 Ni、Fe 元素的合金。对比可见，QAl10-4-4 铜合金中含有一定量的 Fe、Ni，用它做基体合金可以在与钨纤维形成固溶体界面的同时提高界面的润湿性；其次 QAl10-4-4 铜合金是一种高强度的铜合金，选择 QAl10-4-4 铜合金作为基体可以期待复合材料获得更好的力学性能。

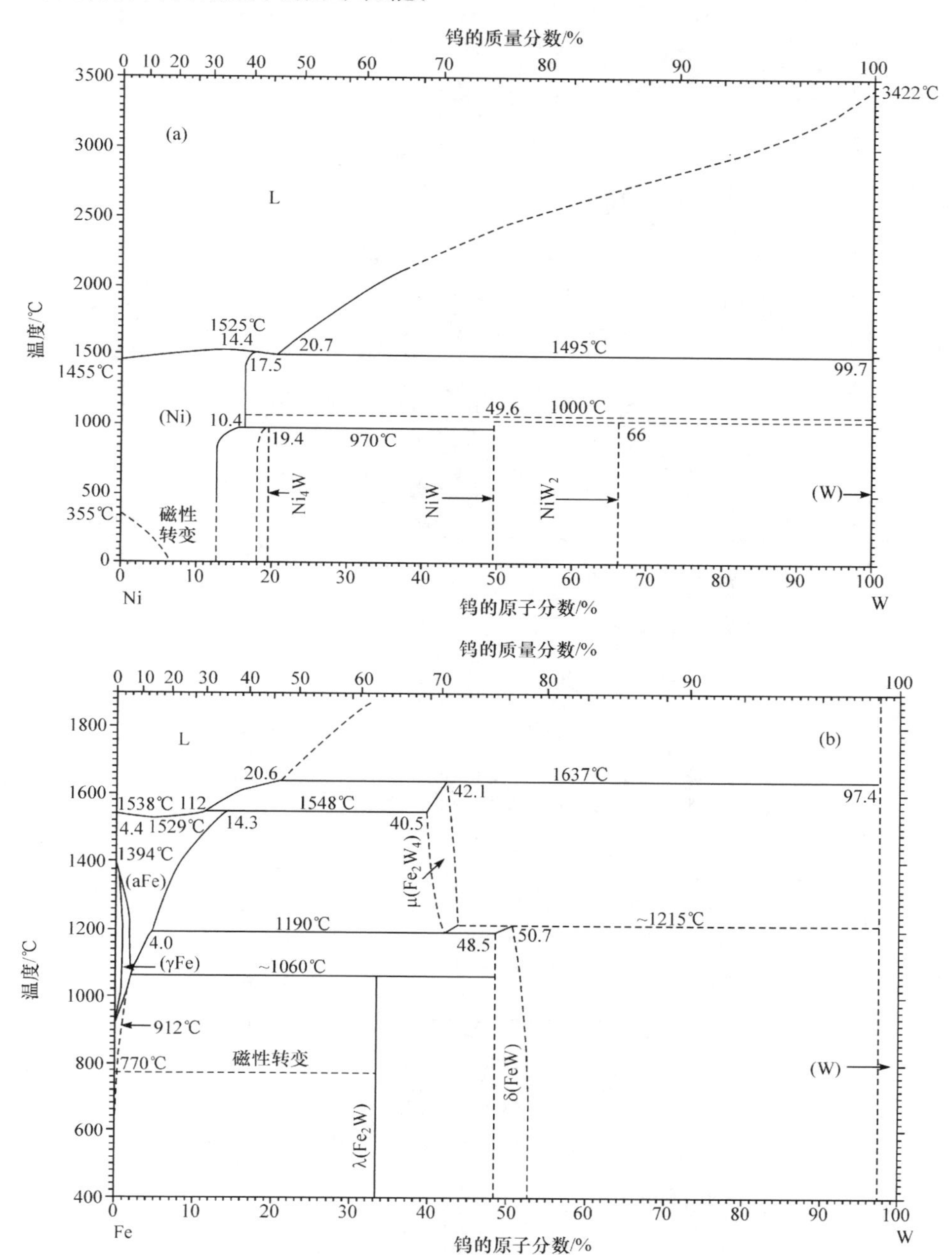

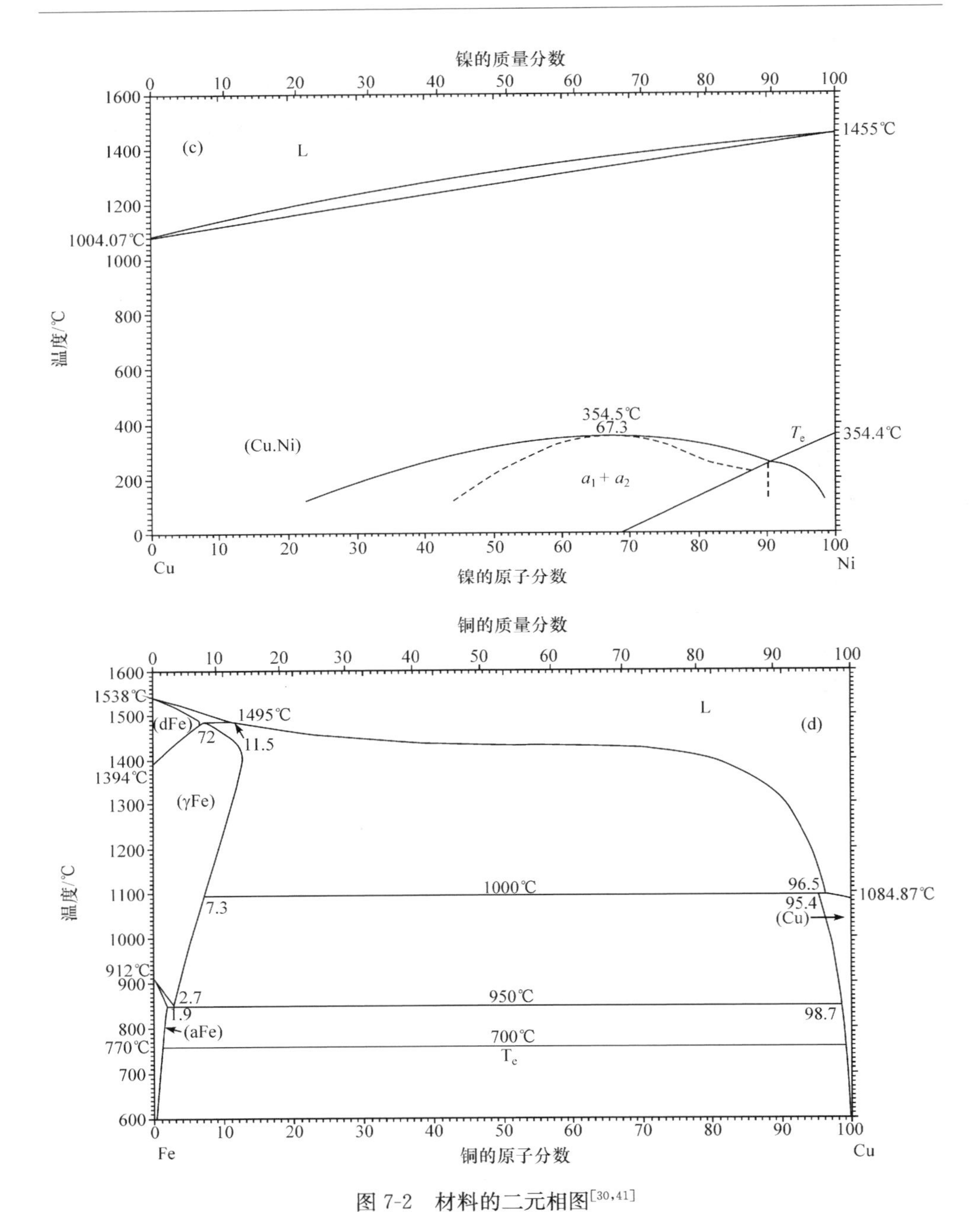

图 7-2　材料的二元相图[30,41]

(a) W-Ni 二元相图;(b) W-Fe 二元相图;(c) Cu -Ni 二元相图;(d) Cu-Fe 二元相图

表 7-2　几种铜合金的性能对比[42,43]

材料	Cu	Si	Sn	Pb	Al	Fe	Ni	抗拉强度/MPa
Cu	100	—	—	—	—	—	—	200～250
QAl10-4-4	82	—	—	—	10	4	4	650～700
H80	80	—	—	0.03	—	0.1	—	265
HPb59-1	60	—	—	0.8～1.9	0.2	0.5	—	400
HSn70-1	70	—	1	0.05	—	0.1	—	350
HSi1-3	85	1	0.1	0.15	0.02	0.1	3.0	500

7.5　W_f/CuAlNiFe 复合材料的固溶体界面形成规律

采用真空压力浸渗专利技术[29]制备了 W_f/CuAlNiFe 复合材料。图 7-3 为

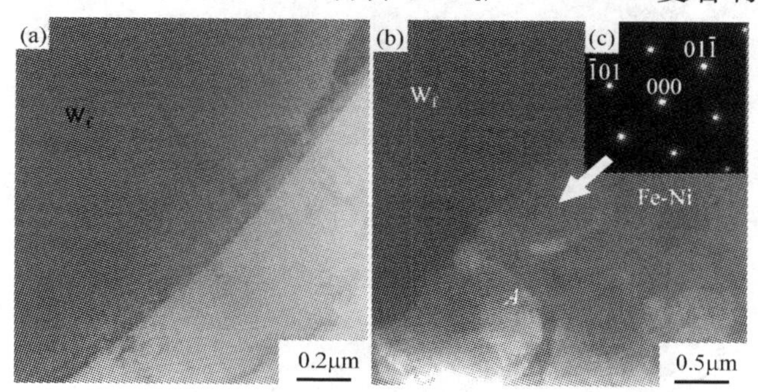

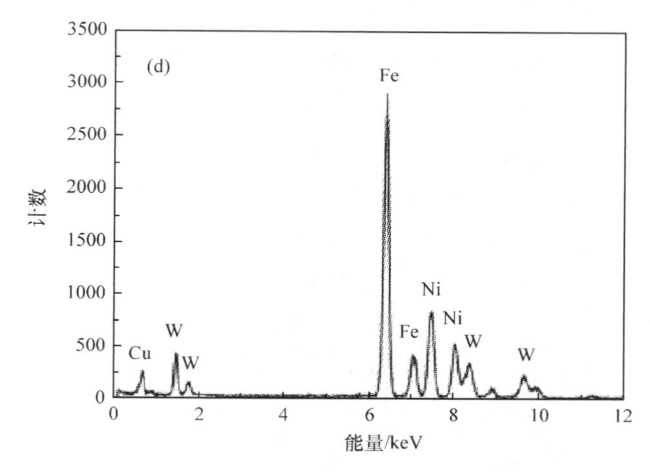

图 7-3　W_f/Cu 复合材料在不同保温时间下界面的 TEM 组织

(a) 保温 15min；(b) 保温 30min；(c) (Fe，Ni)的衍射斑点；(d) (b) 图中 *A* 点的能谱分析

1150℃保温 15min、30min 下的透射电镜照片，在 15min 时，观察不到界面反应，当保温时间达到 30min 时，界面出现不连续相。电子衍射和能谱分析表明，界面产物为(Fe，Ni)固溶体。能谱分析还可发现，(Fe，Ni)固溶体中含有大量的 W 和少量的 Cu。保温 45min 的透射照片示于图 7-4，钨丝与铜合金基体界面的 EDX 成分分析表明，在(Fe，Ni)固溶体中确有 W 和 Cu 成分的连续过渡。这就实现了界面设计的初衷：原本互不相溶的 W-Cu 在(Fe，Ni)固溶体中间相的作用下，使 W 和 Cu 分别向(Fe，Ni)中扩散，在(Fe，Ni)固溶体中融合了。这表明，(Fe，Ni)固溶体起到了一个成分桥接的作用，使得互不相容的元素在这里形成了合金，这种界面结合预期会有较高的界面结合强度。图 7-4 的结果还表明，固溶体界面中没有 Al 元素的痕迹。

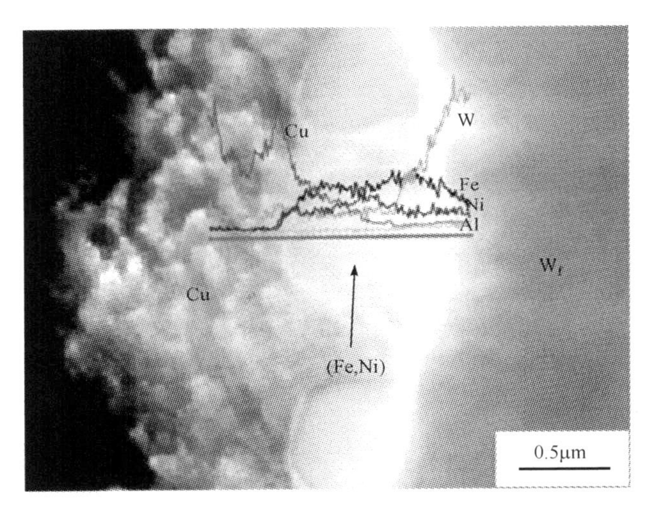

图 7-4　W_f/Cu 复合材料保温 45min 后界面的 EDX 分析

任何事物总会有两面性，W 向(Fe，Ni)中扩散势必要损失纤维表面的 W 元素，纤维受到损伤后强度必然下降，所以，界面形成过程需要加以控制。图 7-5 分别给出了 1150℃保温 15min、30min、45min、60min 后界面状态的扫描电镜照片。照片显示，在 30min 后钨丝界面开始形成明显的(Fe，Ni)固溶体相，图中以 A 点表示。还可以看到，与 A 点衬度相同的相也出现在 Cu 基体中，如 B 点所示。分析表明，这是富含 W 的(Fe，Ni)固溶体形成之后随即游离到基体 Cu 合金中的结果。随着时间延长，Cu 基体中含 W 的(Fe，Ni)固溶体游离物增多，W 丝损耗加重，45min 时出现了明显的损伤，保温 60min 时，钨纤维界面已有显著的侵蚀，如图 7-5(d)所示。这无疑会大大降低钨丝的增强效果。因此高温保温时间的控制对复合材料的性能保证显得尤为重要。

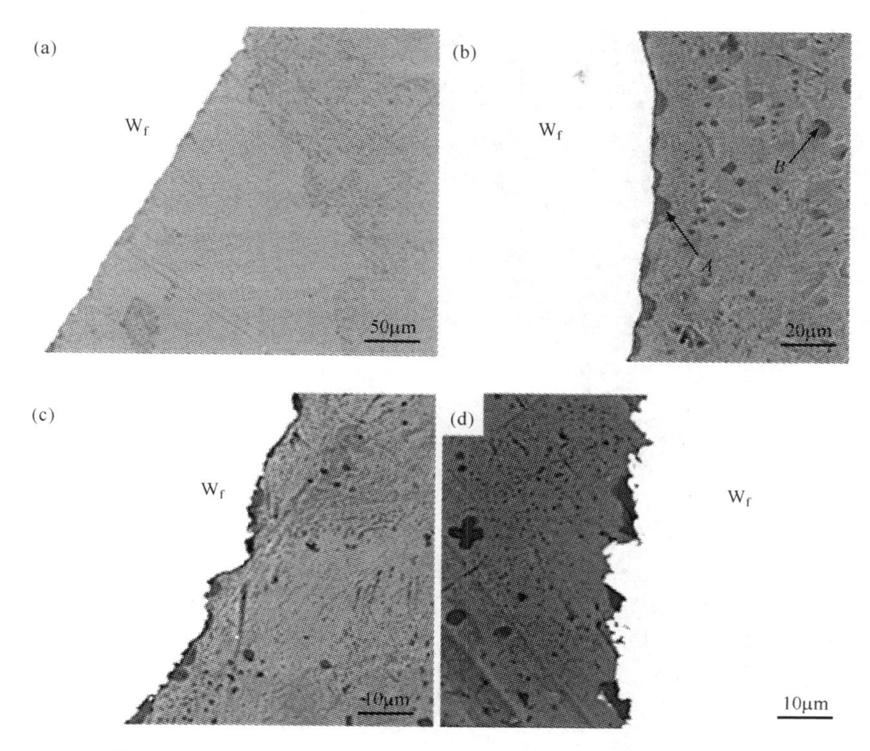

图 7-5 W_f/CuFeNiAi 复合材料在不同保温时间下的界面形貌

(a) 保温 15min；(b) 保温 30min；(c) 保温 45min；(d) 保温 60min

7.6 固溶体界面对材料力学性能的影响

7.6.1 固溶体界面的界面强度

图 7-6 为 W_f/Cu 复合材料的界面扫描电镜照片，可以看到界面没有任何反应，并存在明显的缝隙和微孔，这是润湿不良的迹象。将钨丝与纯铜制备的 W_f/Cu 复合材料与 1150℃不同保温时间下 W_f/CuAlNiFe 复合材料界面结合强度进行对比，结果示于图 7-7，钨纤维直径为 0.5mm，体积分数为 80%。采用纤维 90°横向排布的试样进行三点弯曲试验，以考察界面结合强度。

横向三点弯曲试验显示复合材料的应力-挠度曲线与界面结合强度直接相关，1150℃保温 15min、30min、45min 的试样的横向弯曲强度相近，获得固溶体界面的 W_f/CuAlNiFe 复合材料弯曲强度较无界面反应的 W_f/Cu 高出 7 倍左右。从图 7-8(a)的 W_f/Cu 复合材料的弯曲断口扫描照片可以看到，钨纤维与铜完全剥离，断裂发生在界面，这是由于铜与钨的润湿性较差，界面是单纯的机械结合，界面强度低造成的。而 W_f/CuAlNiFe 复合材料的弯曲断口，如图 7-8(b)所示，断口表

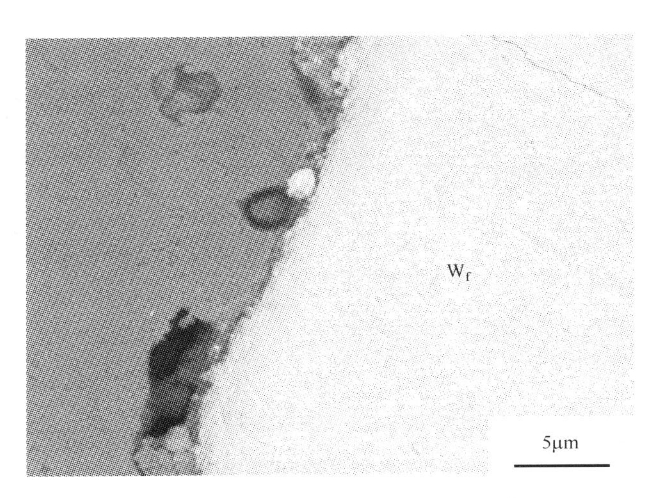

图 7-6 W_f/Cu 复合材料的界面形貌

面是撕裂的钨纤维组织，说明复合材料的断裂是发生在钨纤维内部，复合材料的界面强度高于钨纤维径向撕裂的强度。可以认为，具有固溶体界面的复合材料的界面强度很高，使得钨丝的强度得到了充分的发挥（当然，这里包含有基体强度的贡献，但是界面的贡献是主要的）。

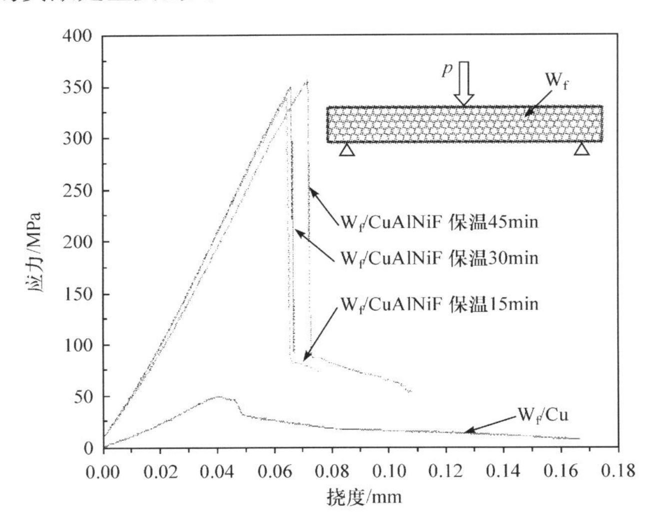

图 7-7 普通机械结合界面和固溶体界面的 W/Cu 复合材料的横向弯曲实验曲线

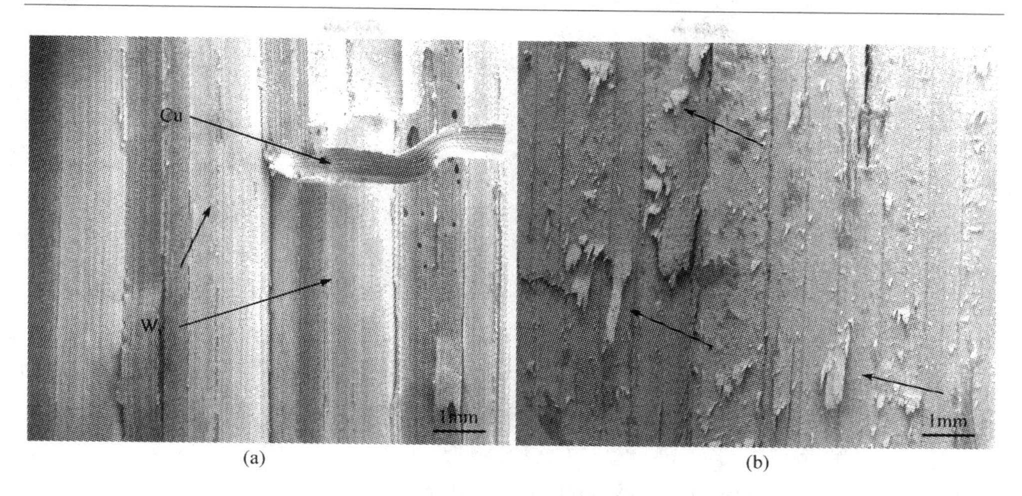

图 7-8　复合材料横向弯曲实验试样断口照片
(a) W_f/Cu 复合材料；(b) W_f/CuAlNiFe 复合材料

7.6.2　固溶体界面对动态压缩性能的贡献

动能材料高应变速率下界面结合状态对动态压缩性能的影响规律是指导材料制备工艺条件的首要因素。图 7-9 为应变率为 $1000s^{-1}$ 条件下，W_f/CuAlNiFe 复合材料的动态压缩应力-应变曲线。从曲线中可以看到，四种界面状态下复合材料的流动应力的峰值都达到了 2300MPa 左右，差别不大，但是塑性变形能力却有很大的差别。1150℃保温 15min，固溶体产物较少时，复合材料在达到应力峰值后迅

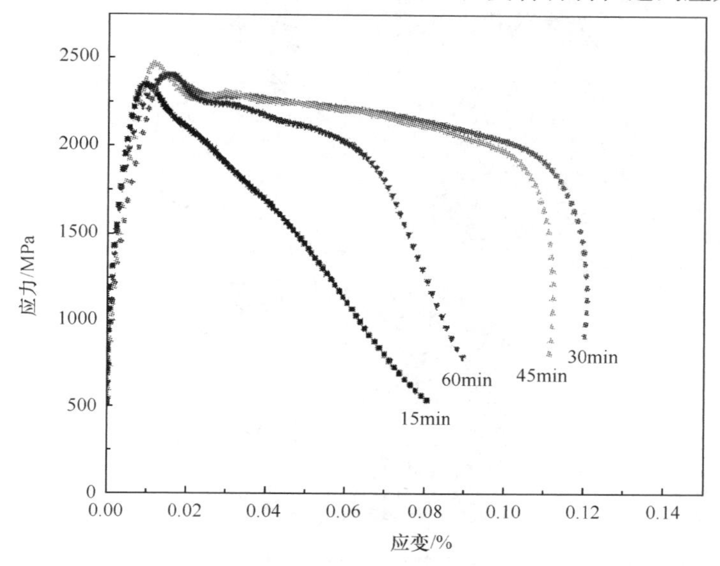

图 7-9　W_f/CuAlNiFe 复合材料 1150℃保温不同时间后动态压缩应力-应变曲线的变化

速下降，没有平缓的等应力变形台阶，这是界面还没有形成完善的固溶体界面，界面强度较低造成的结果；而保温 30min 和 45min 后，如图 7-5 所示的照片显示，界面的固溶体形态已经形成，同时，游离的固溶体已经分散到基体合金中，对基体合金也有一定的强化作用。这时复合材料的流动应力接近，并且都出现了明显的塑性变形，应变分别为 11.5%和 10.5%。可以认为，在界面形成接近连续的(Fe，Ni)固溶体，为复合材料提供了高强韧性界面，从而使复合材料具备更高的动态力学性能；保温 60min 的复合材料的应变减小，只有 6.5%，同时材料的流动应力明显降低，结合图 7-5 的照片不难分析，这是纤维过度损伤导致的结果。

将图 7-9 所示的动态压缩后的样品做了断裂形貌的观察，结果示于图 7-10，保温 15min 的试样照片示于图 7-10，动态压缩使得钨纤维与基体铜合金剥离并散开。图 7-10(b)是单根纤维的照片，可以观察到钨纤维表面形貌基本保持完好，只有少数钨纤维表面有残留的铜，说明钨纤维与基体的界面处发生剥离。对比图 7-5 可知，此时虽然钨纤维与铜合金有界面反应，但是反应不充分，导致界面强度没有达到最佳值，当材料承受外加载荷时会首先在界面处发生破坏。保温 30min 的 W_f/

图 7-10　1150℃不同保温时间，不同界面状态的 W_f/CuAlNiFe 复合材料动态压缩后的宏观形貌

1150℃保温(a)、(b) 15min；(c) 30min；(d) 45min；(e) 60min

CuAlNiFe 复合材料动态压缩后试样发生了明显的塑性变形，但没有发生整体失效。对试样表面进行观察只发现了少量裂纹，裂纹处有钨纤维内部纤维状组织撕裂的痕迹，这说明裂纹发生在钨纤维的内部，也说明复合材料的界面强度和韧性很高，受外力冲击时，钨纤维起到了主要的承载作用，而钨纤维发生劈裂进而发挥出最大的强度。保温 45min 制备的 W_f/Cu 复合材料动态压缩后发生了明显的塑性变形，但没有发生整体失效，破坏也发生在钨纤维内部。保温 60min 制备的 W_f/CuAlNiFe 复合材料动态压缩后试样发生了劈裂，劈裂也发生在钨纤维中，试样呈脆性断裂，结合图 7-5 的照片可以推断，过度的界面反应会使钨纤维发生过多的损伤，导致整个复合材料的强度和塑性降低，当复合材料在承受外载荷冲击时很容易发生失效。

W_f/CuAlNiFe 复合材料的界面组织和动态压缩的试验结果表明，这种材料的界面控制要把握两方面的因素，一方面要形成(Fe，Ni)固溶体界面，另一方面要控制钨纤维表面损伤在一定范围内，这种界面形态控制可以通过合金成分和合理的保温时间与较低的制备温度得以实现，从而使复合材料获得较高的动态力学性能。

7.6.3　固溶体界面对弹体的侵彻性能的贡献

采用直径为 0.1mm 钨纤维，制备了 W_f/Cu 和 W_f/CuAlFeNi 复合材料弹体，体积分数为 80%。弹体形状和纤维排布如图 7-11 所示。

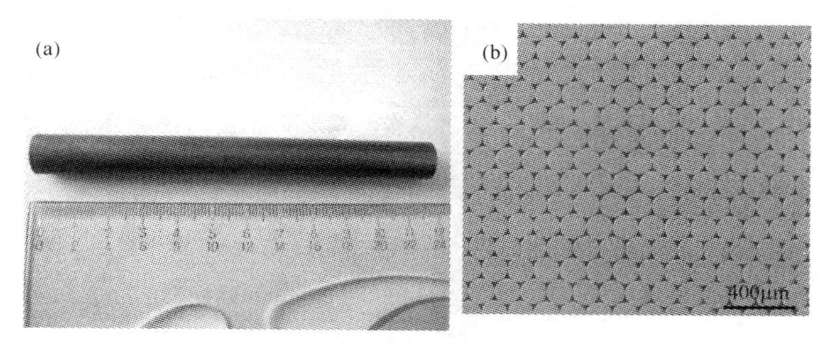

图 7-11　试验所用的 W_f/CuAlFeNi 复合材料弹体和微观组织
(a) 弹体照片；(b) 弹体组织扫描照片

经 2.2km/s 正侵彻(撞击时弹体与混凝土靶呈 90°角)后的剩余弹体照片示于图 7-12，图中给出了 93W 相同条件下的剩余弹体照片。可以看到，弹体在混凝土靶的侵蚀下长度明显减小，W_f/CuAlFeNi 复合材料弹体的剩余长度为 17mm，93W 合金弹体的剩余长度为 18mm，弹体的弹头形貌都保持完好，为尖头状。

W_f/CuAlFeNi 复合材料弹体纵剖面的形貌示于图 7-13(a)，可以观察到在弹体边缘钨纤维发生了劈裂，劈裂的钨纤维可以从弹体剥离，劈裂只发生在距弹体前

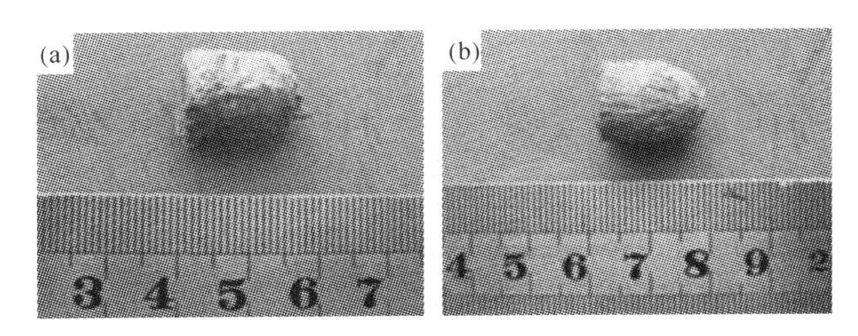

图 7-12　侵彻后弹体的宏观形貌

(a) W_f/CuAlFeNi 复合材料；(b) 93W 合金

缘 0.1～0.5mm 的范围内，这预示了在本撞击条件下纤维的临界长度。钨纤维发生劈裂后，劈裂的部分从弹体剥离，剥离部分仅限制在 0.1～0.5mm 范围内，这说明 W_f/CuAlFeNi 复合材料弹体具有优秀的自锐性，其自锐机理是弹体前端 0.1～0.5mm（相当于钨纤维直径的 1～5 倍处）钨纤维陆续劈裂剥离。

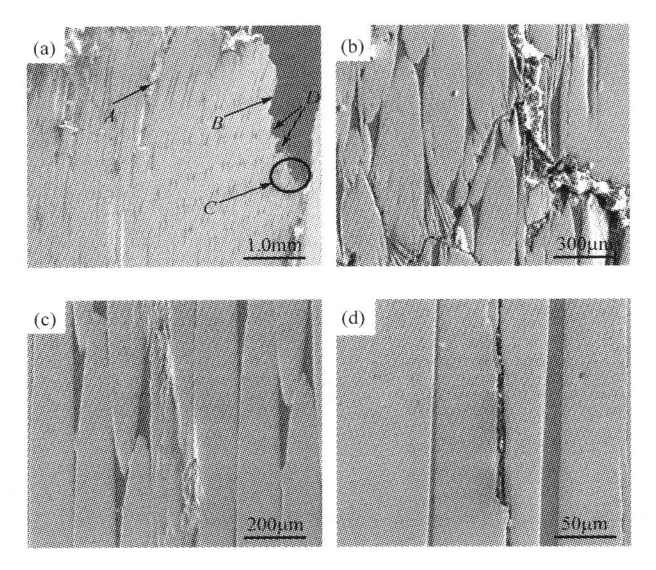

图 7-13　W_f/CuAlFeNi 复合材料弹体内部的纤维损伤形式

(a) 弹头部的破坏；(b)、(c)和(d) 弹体中部的破坏

图 7-13(b)、(c)和(d)还表明，弹体内部的破坏大都发生在钨纤维中，在界面的破坏很少，在冲击过程中高强度界面有效地将载荷均匀传递给钨纤维，使高强度钨纤维发挥出了强度的极限特性，所以带来了较好的侵彻性能。

W_f/CuAlFeNi、93W 合金、W_f/Cu 三种弹体对混凝土靶侵彻试验结果的照片示于图 7-14，侵彻深度分别为 190mm、192mm、142mm。对比试验表明，含有固溶体界面的 W_f/CuALFeNi 复合材料较机械结合界面的 W_f/Cu 复合材料的侵彻能力大幅提高，侵彻深度增加了 25%，具有固溶体界面的 W_f/CuALFeNi 复合材料可以达到与 93W 合金相媲美的侵彻性能。

图 7-14　不同种材料侵彻后混凝土靶的形貌

(a)、(b) W_f/CuALFeNi 复合材料；(c)、(d) 93W 合金；(e)、(f) W_f/Cu 复合材料

作者还注意到了弹体侵彻过程中的一些现象，弹体由 0.25mm 的钨丝以 0°方向铺设成弹芯，再用 0.1 mm 钨丝横向 90°缠绕以加固，基体为 $Cu_{83}Al_{10}Fe_{3.5}Ni_{3.5}$ 合金。然后制成 ϕ12×120mm 的尖头状试验弹体。

将经过与混凝土靶的撞击后的剩余弹体解剖，观察了纵向剖面的宏观形貌，结果示于图 7-15。从照片可以看出，弹体芯部原来整齐排布的钨丝发生了变化，出现钨丝与钨丝间交错的痕迹，交错点的轨迹呈现出双曲线形状。图 7-15(a)所示的浅色部分为钨丝截面，深色空隙为铜合金。图 7-15(b)、(c)为图 7-15(a)局部放大的扫描照片。通过对比可以观察到，复合材料撞击后中心线附近的钨丝排列没有变化，而边侧钨丝与弹体剖面的截面呈椭圆状，上下椭圆形态交叉的切点分布在平滑的、形似双曲线的带状区域内。撞击后出现这种形态一时尚难以解释，一种观点疑似为纤维受到顿挫而周期性破坏。一位高二学生见到此照片，提出了自己的推断[19]，认为这样的形貌与钨丝倾斜有关，造成钨丝倾斜的直接原因是弹体绕中心轴线发生了扭转。

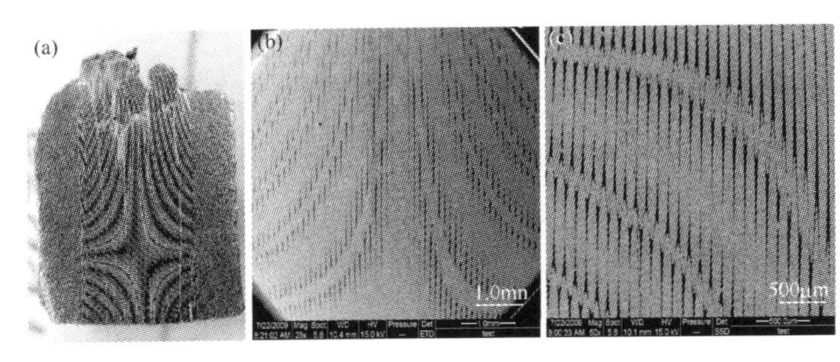

图 7-15　剩余弹体的轴向剖面照片

(a) 剩余弹体的宏观照片；(b) 剩余弹体的 SEM 局部照片；(c) 为 a)的局部放大照片

随即对上述推测进行了计算证明：

引入如图 7-16(a)所示的坐标系，弹体的底面中心为 $O(0,0,0)$，撞击方向为 Z 轴方向，以平面 XOZ 为切面建立柱坐标系。假设已经发生倾斜的任意一根钨丝为 AB，它位于图 7-16(a)所示的坐标系中，钨丝 AB 端部表面与 X 轴相切。设弹体与底面距离为 L(mm)处的平面旋转角度为 ω，则

$$\theta = \omega \cdot L \tag{7-1}$$

如图 7-16(b)所示，椭圆切面的长轴端点的柱坐标为 $A(r,0,0)$，$B(r, 0,z)$，钨丝过 A、B 且平行于平面 XOY 的截面中心分别为 $O_1(r',-\varphi,0)$，$O_2(r',\varphi,z)$。

由于钨丝直径远小于 r，则

$$r \approx r', \tag{7-2}$$

$$\varphi \approx \sin\varphi \approx d/2r'。 \tag{7-3}$$

式中，r 为 A 点距圆心 O 的距离；r' 为 O_1 点距圆心 O 的距离；d 为钨丝直径。

由式(7-1)～(7-3)可得，距底面高度为 z 处的平面旋转角度为

$$\omega \cdot z = \theta = 2\varphi \approx 2\sin\varphi \approx d/r' \approx d/r。$$

故 $z \approx d/\omega \cdot r$ 为双曲线。通过从照片上测量的椭圆长短轴可以得出 $\omega \approx 0.0356$rad/mm。

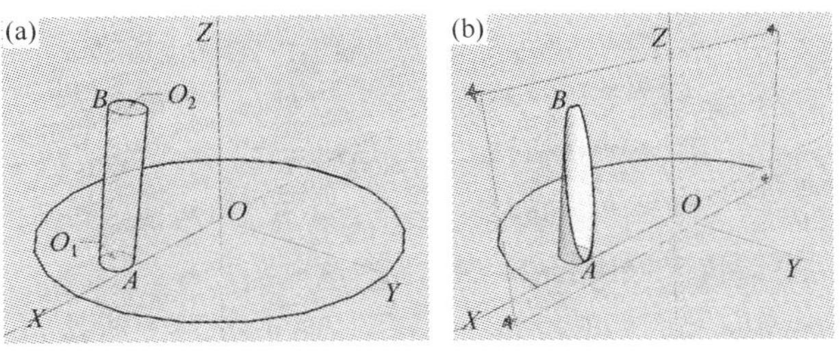

图 7-16　单根钨丝倾转后的模拟图

(a) 实际方位；(b) 弹体纵向剖面

图 7-17(a)为扭转弹体中部分钨丝束的 3D 模拟图形，可以发现图中钨丝束轴向截面的几何图形与试验后弹体轴向剖面的图形规律与图 7-15(b)相吻合。这证明弹体在撞击混凝土靶的过程中发生了扭转，弹体中的每一根钨丝相对弹体的中轴线发生倾斜如图 7-18(b)，导致钨丝束与试样轴向剖面相交产生了椭圆形截面的形貌，同时椭圆截面的切点分布在平滑的、形似双曲线的带状区域内。

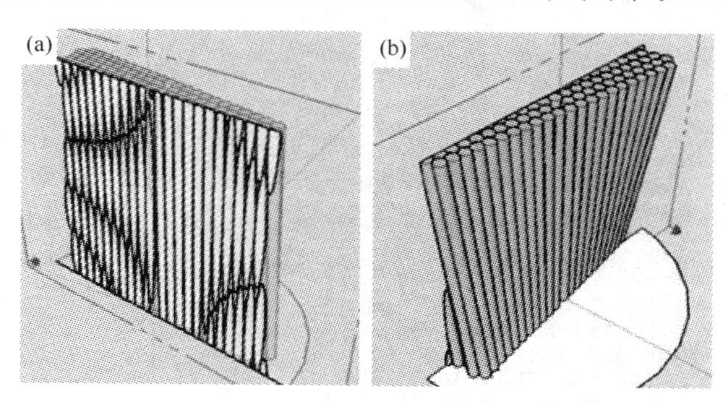

图 7-17　弹体扭转后的 3D 示意图

(a) 轴向剖面图；(b) 钨丝束扭转图

表观形貌分析和数学计算证明了弹体发生扭转的事实。在二级轻气炮发射的条件下没有使弹体旋转的动力，造成弹体撞击混凝土靶后发生扭转的原因与弹体受到混凝土靶的不均匀摩擦力和冲击波的共同作用有关。由此也间接证明，W-Cu 之间的高强韧性固溶体界面，保证了弹体发生扭转而不分散的事实。另外，动能弹侵彻过程中会发生弹体扭转的现象，这对于动能弹力学分析、失效分析有一定的启示。

参考文献

[1] Güngör S. Residual stress measurements in fiber reinforced titanium alloy composites. Acta Materialia, 2002, 50: 2053～2073.

[2] Aghdam M M, Kamalikhah A. Micromechanical analysis of layered systems of MMCs subjected to bending-effects of thermal residual stresses. Composite Structures, 2004, 66(1): 563～569.

[3] Hall I W, Ni C Y. Thermal stability of an SCS-6/Ti-22Al-23Nb composite. Materials Science and Engineering A, 1995, 192～193(4): 987～993.

[4] 廖利华，滕新营，张修庆，等. 镁基复合材料界面显微结构与优化. 热加工工艺，2004，(5)：53～55.

[5] 陶国林，胡华. 石墨(碳)纤维增强镁基复合材料的界面问题. 重庆工商大学学报，2005，22(5)：497～500.

[6] 杨海宁，顾明元，蒋为吉，等. 石墨碳纤维增强 Al 基复合材料界面反应机制研究. 金属学报，1994，30(8)：379～383.

[7] 杨盛良,卓钺,尹新方,等. 碳纤维增强铝复合材料的界面微观结构. 材料工程,2001,(7):19～21.
[8] Sobczak N, Sobczak J, Seal S, et al. TEM examination of the effect of titanium on the Al/C interface structure. Materials Chemistry and Physics, 2003, 81(2-3):319～322.
[9] 李坤,裴志亮,宫骏,等. 碳纤维表面 SiO2 涂层制备及其在镁基复合材料中的应用. 金属学报,2007,43(12):1282～1286.
[10] 赵慧锋,夏存娟,马乃恒,等. 涂层碳纤维增强镁基复合材料. 材料热处理,2007,36(12):37～39.
[11] Li K, Shi N L, Gong J, et al. Interfacial interaction in coated carbon fiber reinforced aluminous Mg-based composites . Journal of Materials Science, 2008, 24(6):936～940.
[12] McDanels D L, Jech R W, Weeton J W. Stress-strainbehavior of tungsten fiber-reinforced copper composite. NASA TND-1881, 1963(10):1～45.
[13] 韩圭焕,武高辉. 蔡-希尔失效判据在 W/420/Cu 复合材料中的实验研究. 哈尔滨工业大学学报,1983,(3):79～91.
[14] McLennan J C, Smithells C J. A new alloy specially suitable for use in radium beam therapy. Journal of Scientific Instruments, 1935, 12:159～160.
[15] 范景莲,刘军,严德剑,等. 细晶钨铜复合材料制备工艺的研究. 粉末冶金技术,2004,22(2):83～86.
[16] Herrmann A, Schmid K, Balden M, et al. Interfacial optimization of tungsten fiber-reinforced copper for high-temperature heat sink material for fusion application. Journal of Nuclear Materials, 2009, 386(5):453～456.
[17] 袁慎坡,李树奎,张朝晖. 集束式钨纤维穿甲弹穿甲性能研究. 新技术新工艺,2007,4:58～60.
[18] 洪昌仪. 兵器工业高新技术. 北京:兵器工业出版社,1994:317.
[19] 武睿,吴哲,武高辉. 钨纤维/铜合金复合材料超高速撞击后的宏观变形分析. 材料科学与工艺,2010,18(6):835～837.
[20] Wu Z, Kang P C, Wu G H, et al. The effect of interface modification on fracture behavior of tungsten fiber reinforced copper matrix composites. Materials Science and Engineering: A, 2012, 536(28):45～48.
[21] 宋卫涛,武高辉,吴哲,等. W_f/Cu 杆弹高速侵彻混凝土的数值模. 材料科学与工艺,2011,19(增刊):173～177.
[22] Wu Z, Kang P C, Wu G H, et al. Effect of heating process on fracture behaviors of $W_f/Cu_{82}Al_{10}Fe_4Ni_4$ composites. Journal of Materials Science, 2011, 46(16):5541～5545.
[23] Wu Z, Wu G H, Kang P C, et al. High temperature fracture behavior of tungsten fiber reinforced copper matrix composites under dynamic compression. Materials and Design, 2011, 32(10):5022～5026.
[24] Wu Z, Wu G H. Fabrication of SiC/Cu Composites for Electronic Packaging. The 7th Graduate Students Symposium on Materials Science and Engineering. Harbin, 2010, 33.

[25] 吴哲,武高辉,康鹏超,等. 钨纤维增强铜基复合材料的动态力学性能及断裂特性. 稀有金属材料与工程,2011,40(9):1580～1583.

[26] 吴哲,康鹏超,孙鹏飞,等. 钨纤维增强铜合金复合材料的制备及其力学性能研究. 材料科学与工艺,2011,19(增刊):195～199.

[27] 吴哲,武高辉,康鹏超,等. 钨合金的高温动态力学性能及断裂特性的研究. 2010 中国材料研讨会论文集,长沙:中国材料研究学会,2010.

[28] 孙鹏飞,康鹏超,吴哲,等. 钨纤维增强铜复合材料的力学性能及其界面分析. 2010 中国材料研讨会论文集,长沙:中国材料研究学会,2010.

[29] 吴哲. 钨纤维增强铜基复合材料的制备及其动态冲击损伤行为. 哈尔滨:哈尔滨工业大学博士学位论文,2011.

[30] 孙鹏飞. 钨纤维增强铜基复合材料的力学性能研究. 哈尔滨:哈尔滨工业大学博士学位论文,2010.

[31] 宋卫涛. W_f/Cu 复合材料杆弹侵彻混凝土靶的数值模拟研究. 哈尔滨:哈尔滨工业大学博士学位论文,2011.

[32] 武高辉,吴哲,康鹏超,等. 一种钨纤维或钨合金丝增强复合材料棒:中国,200910121355. 5. 2012-7-25.

[33] Conner R D,Dandliker R B,Scruggs V,et al. Dynamic deformation behavior of tungsten-fiber/metallic-glass matrix composites. International Journal of Impact Engineering,2000,24(5):435～447.

[34] 印协世. 钨纤维生产原理工艺及其性能. 北京:冶金工业出版社,1998. 493～505.

[35] Johnson J L,German R M. Phase equilibria effects on the enhanced liquid phase sintering of tungsten- copper. Metallurgical and Materials Transactions A,1993,24(11):2369～2377.

[36] Zweben C. High performance thermal management materials. Electronic Cooling Magazine,1999,5(3):36～42.

[37] Batra I S,Kale G B,Saha T K,et al. Diffusion bonding of Cu-Cr-Zr alloy to stainless steel and tungsten using nickel as an interlayer. Materials Science and Engineering A,2004,369(1-2):119～123.

[38] 王玉庆,唐凤军,郑久红,等. C_f/Al 复合材料界面质量控制研究. 金属学报,1995,(14):86～90.

[39] 胡连喜,丛飞,李念奎,等. 加压浸渗工艺制备 C_f/Al 复合材料的研究. 轻金属,1998,10:53～56.

[40] 汪峰涛. 新型钨铜复合材料的设计、制备与性能研究. 合肥:合肥工业大学博士学位论文,2009.

[41] 范景莲. 钨合金及其制备新技术. 北京:冶金工业出版社,2006:17～36.

[42] 娄花芬,马可定,李宏磊. 铜加工生产技术问答. 北京:冶金工业出版社,2008:17.

[43] 邓至谦,唐仁政. 铜及铜合金物理冶金基础. 长沙:中南大学出版社,2010:58.

后　　记

本书初稿自获得中国科学院科学出版基金资助以来，又经过近几年的修改过程，仍不尽满意，深感做学问不难，而把学问做严谨不易！

我是1981年在哈尔滨工业大学进行毕业设计时开始接触金属基复合材料的，有幸经历了金属基复合材料研究由高潮到低谷、再次跃升的过程。可以预料，在工业技术升级换代的当今时代，金属基复合材料将为新一代装备注入不可或缺的活力！这个可以让人尽情发挥想象力和创造力的研究方向，即使倾终生精力为之探索亦唯恐不及。

在我的金属基复合材料研究生涯中，幸运地得到了多位恩师的指导和提携。1981年，韩圭焕老师将我引领到这个奇妙无比的研究领域；1987年至1993年赴日期间，渡边久藤教授、河野纪雄教授、山口猛非常勤讲师的亲切指点使我的工作发生了质的变化；诸住正太郎教授的提携推举、小岛阳教授的热心支持使我的工作得到升华并获得了博士学位，期间还获得了中日科学技术交流协会的奖项；回国后，雷廷权院士的悉心规划和指导使我在学术方向上目标清晰并有所作为，本书也是雷廷权院士生前指点敦促后才下决心写成的，这使作者将多年的研究所获系统分析整理成书，得以答谢祖国、恩师的培育，并回馈学术界同仁。恩师们的帮助和期待令作者没齿难忘。

还要感谢周玉院士、徐惠彬院士对本书的热情推荐，使拙作能够获得科学出版社的采纳和支持。感谢耿林教授对本书提出的积极建议和帮助。要感谢的人很多，经历告诉我，身边的良师益友是终生的财富！在本书出版之际，愿以此书向恩师、益友及我的家人表达真诚的感谢！